"十三五"江苏省高等学校重点教材 2019-2-097

"高等学校本科计算机类专业应用型人才培养研究"项目规划教材

Linux 应用编程技术

Linux Application Programming

南京软件研究院
中科院软件所　　卓越工程师项目教材编写组

高等教育出版社·北京

内容提要

本书着眼于 Linux 的基本操作、编程环境和编程基本开发等方面的内容，系统介绍 Linux 开发所需相关的基础知识，以培养学生的动手能力，进而加强对基本概念的认识。书中对主要概念和知识点都给出了实例分析。全书分为 4 部分，共 8 章。第一部分 Linux 入门介绍和基本概念（第 1 章），主要介绍 Linux 的发展简史、开源许可证和版权制度 Linux 环境下软件的体系结构、常用开发调试工具等知识。第二部分 Linux 环境编程基础（第 2—3 章），主要介绍 Shell 编程、程序和编译链接以及静态库和共享库的概念。第三部分 Linux 环境编程核心（第 4—6 章），详细介绍在 Linux 环境下如何编写程序操作进程、线程、文件和目录编程以及操作系统相关背景知识。第四部分 Linux 环境编程提高（第 7—8 章），主要介绍 Linux 环境下的网络 Socket 编程以及如何编写安全的程序。

本书可作为应用型高校本科计算机类专业 Linux 相关课程教材，也可供技术人员阅读参考。

图书在版编目（CIP）数据

Linux 应用编程技术／南京软件研究院，中科院软件所，卓越工程师项目教材编写组编．--北京：高等教育出版社，2020.8（2023.11 重印）

ISBN 978-7-04-054215-8

Ⅰ.①L… Ⅱ.①南… ②中… ③卓… Ⅲ.①Linux 操作系统-教材 Ⅳ.①TP316.85

中国版本图书馆 CIP 数据核字（2020）第 102574 号

策划编辑	倪文慧	责任编辑 倪文慧	封面设计 张 志	版式设计	杜微言
插图绘制	邓 超	责任校对 陈 杨	责任印制 高 峰		

出版发行	高等教育出版社	网 址	http://www.hep.edu.cn
社 址	北京市西城区德外大街 4 号		http://www.hep.com.cn
邮政编码	100120	网上订购	http://www.hepmall.com.cn
印 刷	固安县铭成印刷有限公司		http://www.hepmall.com
开 本	787 mm×1092 mm 1/16		http://www.hepmall.cn
印 张	19.5		
字 数	390 千字	版 次	2020 年 8 月第 1 版
购书热线	010-58581118	印 次	2023 年 11 月第 3 次印刷
咨询电话	400-810-0598	定 价	38.00 元

本书如有缺页、倒页、脱页等质量问题，请到所购图书销售部门联系调换

版权所有 侵权必究

物 料 号 54215-00

Linux 应用编程技术

南京软件研究院
中科院软件所

卓越工程师项目教材编写组

1. 计算机访问 http://abook.hep.com.cn/187799，或手机扫描二维码、下载并安装 Abook 应用。
2. 注册并登录，进入"我的课程"。
3. 输入封底数字课程账号（20 位密码，刮开涂层可见），或通过 Abook 应用扫描封底数字课程账号二维码，完成课程绑定。
4. 单击"进入课程"按钮，开始本数字课程的学习。

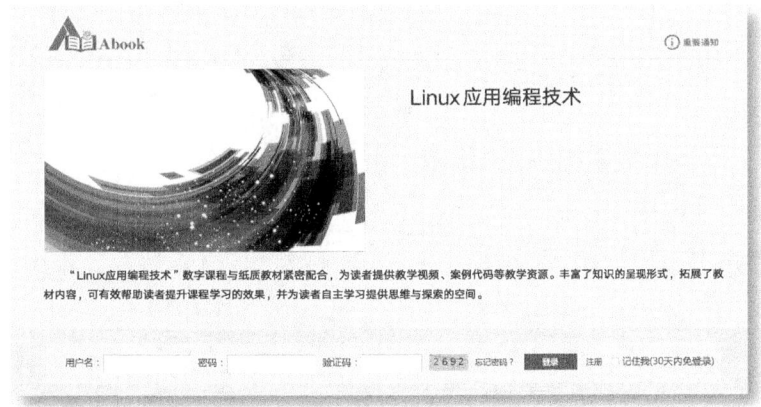

课程绑定后一年为数字课程使用有效期。受硬件限制，部分内容无法在手机端显示，请按提示通过计算机访问学习。

如有使用问题，请发邮件至 abook@hep.com.cn。

扫描二维码
下载 Abook 应用

http://abook.hep.com.cn/187799

前言

随着开源软件技术的发展，Linux 操作系统的应用范围越来越广泛，无论是在企业级别的各种服务器应用领域还是在嵌入式产品应用领域中，都能一窥 Linux 操作系统的身影，这也促使业界产生了更多的需求，希望 IT 从业者能够掌握在 Linux 上开发应用的技能。本书主要介绍 Linux 操作系统的基础操作和 Linux 的基础应用开发，初学者通过本书的学习，可熟悉和掌握 Linux 的基本概念与在 Linux 系统上开发应用程序的技能。

本书的编写集中了作者多年来在"Linux 应用编程技术"课程教学实践中所积累的经验。"Linux 应用编程技术"是一门实践性和应用性都很强的课程，在教学过程中，我们发现学生虽然学习过程序设计、算法、数据结构和操作系统等核心课程，但无法将所学的操作系统理论真正和软件设计与开发相结合，难以形成对操作系统等底层软件的设计与开发能力。另外，相较于国外计算机专业的学生，国内的学生对 Windows 等图形界面软件的操作方式非常熟练，但对应用更广泛的 UNIX/Linux 上的命令行操作模式却非常陌生。为此，本书着眼于 Linux 基本操作、Linux 编程环境和 Linux 编程基本开发等方面内容，立足于全面介绍 Linux 开发所需的基础知识，力求提高学生的动手能力，进而加强对基本概念的认识。书中对主要概念和知识点都给出了实例分析。本书按照基本概念介绍—使用方法说明—详细案例分析的思路进行编写，便于学生在了解知识的基础上进行理解和实践。全书主要分为以下 4 部分：

① Linux 入门介绍和基本概念(第 1 章)。主要介绍 Linux 的发展简史、开源许可证和版权制度 Linux 环境下软件的体系结构、常用开发调试工具等知识。

② Linux 环境编程基础(第 2—3 章)。主要介绍 Shell 编程、程序和编译链接以及静态库和共享库的概念。

③ Linux 环境编程核心(第 4—6 章)。详细介绍在 Linux 环境下如何编写程序操作进程、线程、文件和目录编程以及操作系统相关背景知识。

④ Linux 环境编程提高(第 7—8 章)。主要介绍 Linux 环境下的网络 Socket 编程以及如何编写安全的程序。

为方便高校师生教学，随书提供课程知识点讲解微视频、电子教案、示例代码等教学资源。

本书为操作系统定制化课程群系列教材的第一本，由张燕负责教材整体编写目标与方案、编写规范以及内容组织结构的制定，同时负责编写过程的组织与指导。

书中的案例基于南京软件研究院中科院软件所卓越工程师项目的教学材料。该教学材料主体为中科院软件所开发，由金陵科技学院沈奇、闵建、徐秀云、苗丽娟、董如婵、尹娟、阚建霞、江露等人完成本地化建设。

本书第1、2、7章由徐秀云编写，第3、4、8章由王娜编写，第5、6章由孙菲艳、闵建编写；陶玉婷、江露参与了本书示例代码的整理。全书由张燕统稿、审稿。

感谢中科院软件所李明树、滕东兴、武延军、李彦峰、罗云翔、李丽颖、于佳耕、王建民、赵珊、慈轶为、王凯、吴敬征、钱熙、卢欣晔、侯朋朋、李昂、李程、周鹏、王瑜、王枫、王坦、李延鹏、赵晓柯、谢沛东、王勃、郝春亮、杨牧天、武志飞、罗天悦、吴西飞、付豪、赵亚楠对卓越工程师项目的支持，以及对金陵科技学院本地化教学团队的培养！

作者在编写本书的过程中参考了部分书籍和网络资料，受益良多，在此向相关作者表示衷心的感谢。在编写本书期间，作者还得到很多同事和高等教育出版社有关人员的帮助，在此一并表示感谢。

由于时间仓促，书中不足之处在所难免，敬请读者批评指正。如有问题，可通过电子邮箱 nsiedu@jit.edu.cn 与作者进行交流。

教材编写组

2020 年 7 月

目录

第 1 章　Linux 系统及开发调试工具 …… 1
　1.1　Linux 发展历史 ………………… 1
　　1.1.1　UNIX 系统 …………… 1
　　1.1.2　Linux 系统简介 ……… 3
　　1.1.3　Linux 发行版谱系 …… 6
　　1.1.4　Linux 桌面环境 ……… 9
　1.2　许可证和版权 ………………… 10
　1.3　软件的体系结构 ……………… 15
　1.4　Linux 下常见开发工具 ……… 16
　　1.4.1　VIM 编辑器 ………… 17
　　1.4.2　GCC 编译器 ………… 22
　　1.4.3　Makefile …………… 23
　　1.4.4　程序调试工具 GDB … 31
　【本章小结】 ………………………… 34
　【研讨与思考】 ……………………… 35
　【练习与实践】 ……………………… 35
第 2 章　Shell 与 Shell 编程 ……… 37
　2.1　Shell 简介 …………………… 37
　　2.1.1　初识 Shell …………… 37
　　2.1.2　Shell 脚本的作用 …… 40
　2.2　Shell 基本知识 ……………… 41
　　2.2.1　Linux 基本命令 ……… 41
　　2.2.2　输入/输出重定向 …… 44
　　2.2.3　管道 …………………… 46
　　2.2.4　系统管理 ……………… 49
　　2.2.5　权限管理 ……………… 56
　　2.2.6　作业管理 ……………… 64
　2.3　Shell 脚本 …………………… 66
　　2.3.1　变量 …………………… 66

　　2.3.2　函数 …………………… 68
　　2.3.3　结构化控制 …………… 69
　　2.3.4　跟踪调试 ……………… 77
　　2.3.5　Shell 安全编程 ……… 78
　2.4　正则表达式、AWK/GAWK
　　　 和 SED ……………………… 80
　　2.4.1　正则表达式 …………… 81
　　2.4.2　AWK/GAWK ………… 83
　　2.4.3　SED …………………… 86
　【本章小结】 ………………………… 88
　【研讨与思考】 ……………………… 89
　【练习与实践】 ……………………… 89
第 3 章　程序和库 …………………… 90
　3.1　程序的概念 …………………… 90
　　3.1.1　目标文件 ……………… 92
　　3.1.2　程序的加载和运行 …… 95
　3.2　静态库 ……………………… 100
　　3.2.1　静态库的概念 ……… 100
　　3.2.2　静态库的创建和使用… 101
　3.3　共享库 ……………………… 102
　　3.3.1　共享库的概念 ……… 102
　　3.3.2　共享库的创建和使用… 103
　　3.3.3　运行库 ……………… 110
　3.4　静态链接与动态链接 ……… 112
　【本章小结】 ………………………… 113
　【研讨与思考】 ……………………… 114
　【练习与实践】 ……………………… 114
第 4 章　进程 ………………………… 116
　4.1　进程的概念 ………………… 116

4.1.1	什么是进程	116
4.1.2	进程的模式	117
4.1.3	进程的状态	117
4.2	进程控制	118
4.2.1	进程控制块	118
4.2.2	Linux 进程管理操作	120
4.2.3	进程的一生	123
4.2.4	进程组、会话和控制终端	133
4.3	进程间通信	133
4.3.1	无名管道	134
4.3.2	有名管道	136
4.3.3	信号	138
4.3.4	消息队列	143
4.3.5	信号量	147
4.3.6	共享内存	153
【本章小结】		158
【研讨与思考】		159
【练习与实践】		159

第 5 章 线程 …… 162

5.1	线程的概念	162
5.1.1	什么是线程	162
5.1.2	线程的状态	163
5.1.3	线程的分类	163
5.2	多线程编程基础	164
5.2.1	线程的创建与终止	168
5.2.2	线程的属性	172
5.3	线程同步	178
5.3.1	互斥锁	179
5.3.2	条件变量	181
5.3.3	读写锁	184
5.3.4	自旋锁	187
5.4	多线程的调试	187
【本章小结】		194
【研讨与思考】		194
【练习与实践】		194

第 6 章 Linux 文件及目录编程 …… 196

6.1	Linux 文件系统简述	196
6.1.1	Linux 文件系统与传统文件系统的区别	196
6.1.2	Linux 虚拟文件系统	197
6.1.3	文件系统操作命令	204
6.2	Linux 文件编程	206
6.2.1	Linux 文件分类	206
6.2.2	文件操作 API	209
6.3	Linux 目录编程	214
6.3.1	当前工作目录	214
6.3.2	读取目录	215
6.3.3	读取文件信息	217
【本章小结】		219
【研讨与思考】		219
【练习与实践】		219

第 7 章 Linux Socket 网络编程 …… 221

7.1	TCP/IP 协议	221
7.1.1	TCP/IP 体系结构的层次	222
7.1.2	TCP/IP 协议通信模型	226
7.1.3	IP 地址和端口号	229
7.2	套接字概述	229
7.2.1	套接字基本概念	229
7.2.2	套接字地址结构	230
7.2.3	套接字基本操作	232
7.3	TCP 套接字编程	236
7.3.1	TCP 套接字编程基本流程	236
7.3.2	关键函数讲解	237
7.3.3	TCP 套接字编程	242
7.3.4	异常情况	249

7.4 UDP 套接字编程 ………………… 250
    7.4.1 UDP 套接字编程基本
          流程 ………………………… 250
    7.4.2 关键函数 …………………… 251
    7.4.3 UDP 套接字编程 ………… 252
    7.4.4 TCP 和 UDP 比较 ………… 257
【本章小结】………………………………… 257
【研讨与思考】……………………………… 257
【练习与实践】……………………………… 258

第 8 章 Linux 安全编程 …………… 259

8.1 安全编程的重要性 …………………… 259
8.2 编程中常见的安全问题 ……………… 261
    8.2.1 缓冲区溢出 ………………… 262
    8.2.2 返回值安全检查 …………… 266
    8.2.3 临时文件安全 ……………… 267
    8.2.4 注入漏洞问题 ……………… 268
    8.2.5 竞争条件问题 ……………… 269
    8.2.6 接口封装漏洞 ……………… 270
8.3 代码安全性检测 ……………………… 272
    8.3.1 静态分析 …………………… 273
    8.3.2 动态分析 …………………… 281
8.4 用户鉴别与验证 ……………………… 285
    8.4.1 Linux 登录器 GDM ……… 285
    8.4.2 Linux 用户验证模块
          PAM ………………………… 288
【本章小结】………………………………… 296
【研讨与思考】……………………………… 296
【练习与实践】……………………………… 297

参考文献 ……………………………………… 298

第 1 章 Linux 系统及开发调试工具

知识框图

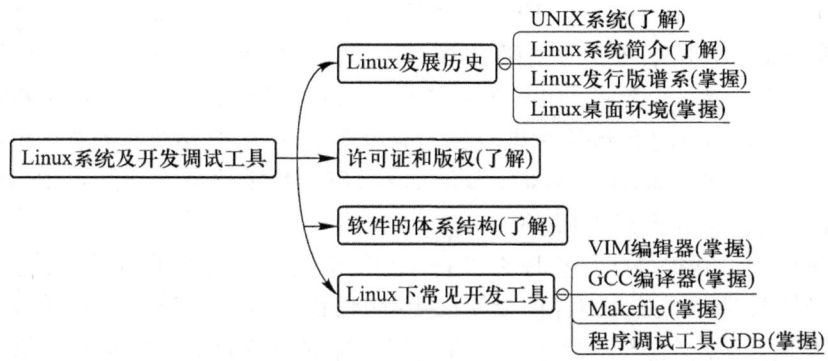

1.1 Linux 发展历史

1.1.1 UNIX 系统

微视频：
Linux 发展历史

UNIX 是最早的通用操作系统，而 Linux 是一套免费试用和自由传播的类 UNIX 操作系统。Linux 是在 UNIX 基础上，借鉴其优点，由大量程序员设计和实现的贴近大众使用的操作系统。由于 UNIX 和 Linux 的种种关系，下面先简要介绍 UNIX 系统的发展历程。

1. UNIX 系统的诞生

1964 年，贝尔实验室、麻省理工学院（MIT）及美国通用电气公司（GE）共同研发了分时操作系统 MULTICS（multiplexed information and computing service）。MULTICS 安装在大型主机上，支持多人多工使用，成为现代操作系统的基础。

由于 MULTICS 研发进度缓慢，1969 年 Ken Thompson 和 Dennis Ritchie 开始研发 UNIX，1974 年正式发表关于 UNIX 的第一篇文章，标志着 UNIX 的诞生。

由于研发初期使用的主机能支持的使用者很少，UNIX 被戏称为"uniplexed information and computing service"，缩写为 UNICS，取其谐音就是"UNIX"。multiplexed 是"多"的意思，而 uniplexed 是"唯一"的意思，从名称也可看出 UNIX 的风格和 MULTICS 是不同的。

2. UNIX 系统的发展及 POSIX

① 1975 年，UNIX 第 6 版引入多道技术，成为真正的多用户分时系统。

② 1980 年，贝尔实验室公布了适用于 Vax11/780 系统平台的 32 位操作系统 UNIX32V。

③ 在 UNIX32V 的基础上，UNIX 走向以 AT&T 贝尔实验室和加州大学伯克利分校主导研发的两条发展道路。

④ 1980 年，加州大学伯克利分校先后公布了 UNIX BSD 4.0 和 UNIX BSD 4.1，1983 年公布了 UNIX BSD 4.2。

⑤ AT&T 贝尔实验室在 1982 年、1983 年先后发布了 UNIX System Ⅲ 和 UNIX System Ⅴ。

UNIX 系统分叉发展几年之后，逐渐在系统调用、库函数、基本命令等方面有所区别，由此产生了移植问题，迫切需要一个统一的 UNIX 系统标准解决不同系统版本之间的差异。美国电气与电子工程师协会(IEEE)的 POSIX 标准委员会应运而生，以解决移植性问题。POSIX 指可移植的操作系统接口(portable operating system interface)，POSIX 委员会专门从事 UNIX 的标准化工作，并按照其定义的标准重新实现 UNIX。

POSIX 标准的目的是提高应用程序在各种 UNIX 系统环境之间的可移植性。它定义了"依从 POSIX 的"操作系统必须提供的各种服务及接口(编程接口、系统工具接口等)。此标准已被大多数计算机制造商采用(甚至有些供应专有操作系统的制造商也声称其系统依从 POSIX)，经过近 20 年的发展，目前相关标准已成熟稳定。

3. UNIX BSD 家族

自 UNIX32V 系统之后，BSD 作为 UNIX 的两条发展路线之一，在 20 世纪 70 年代由加州大学伯克利分校的学生 Bill Joy 开创。由于使用授权非常宽松，BSD 常被当作工作站级别的 UNIX 系统。在 20 世纪 80 年代成立的计算机公司中有不少都从 BSD 获益，比较著名的如 DEC 的 Ultrix，以及 Sun 公司的 SunOS。1994 年 4.4BSD 发布，继而该开发小组解散。此后，几种基于 4.4BSD 的发行版(FreeBSD、OpenBSD 和 NetBSD)仍在继续维护。

4. UNIX System Ⅲ & Ⅴ 家族

AT&T 贝尔实验室研发的 UNIX System 主要走的是商业路线，其中最知名的就是 System Ⅴ。System Ⅲ & Ⅴ 系列是 UNIX32V 系统的另一个发展分支。从 20 世纪 70 年代末开始，由 AT&T 贝尔实验室开发。1982 年，UNIX System Ⅲ 正式发布，它是 AT&T 的第一个商业 UNIX 版本。1983 年，UNIX System Ⅴ 发布，作为 System Ⅲ 的加强版，被认为是 BSD 之外的另一种 UNIX 风格。许多商业公司以 System Ⅴ 为基础开发了自己的 UNIX 操作系统(如 HP 公司的 HP-UX、IBM 公司的 AIX 等)。

5. UNIX 发展史

图 1.1 描述的是 UNIX 的发展史。其中 iOS 发展的路线是由 BSD4.4 延伸而来，NextStep 3.3 是乔布斯(Steve Jobs)在离开 NEXT 之前开发的操作系统。Darwin 是 Apple 公司 2000 年研发的一个类 UNIX 的操作系统。Mac OS X 是在 NextStep 3.3 和 Darwin 基础上研发的 iOS 等嵌入式操

作系统,是针对手机硬件经过裁剪精简而来。

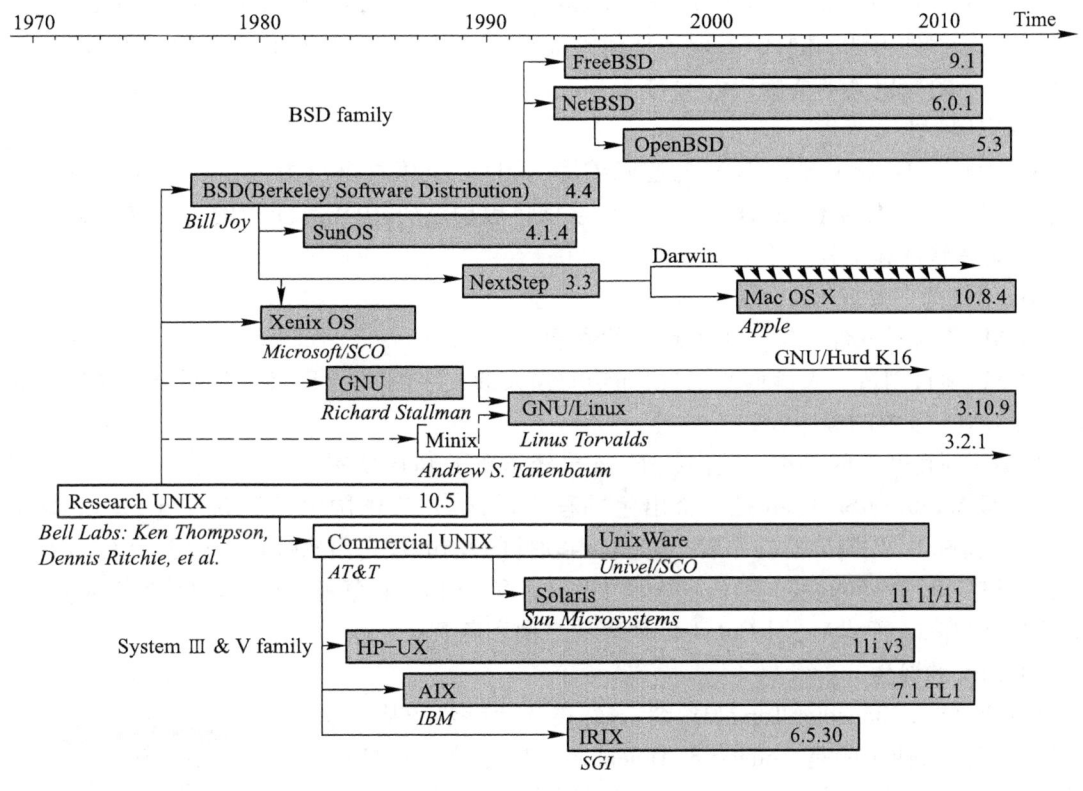

图 1.1 UNIX 发展史

1.1.2 Linux 系统简介

说起 Linux 的发展过程,不得不提到自由软件运动。Linux 和 UNIX 的最大不同之处在于 Linux 是一款开放、自由的操作系统,这得益于自由软件运动的兴起。

计算机工业发展初期,软件是硬件的附属品,公司只卖硬件,软件是随系统赠送的。设计思想、新的算法和软件源代码在专家、学者和公司研究人员之间自由交流,促进了软件的迅速发展。此后商业公司开始对软件实施版权控制,他们逐渐认识到软件的价值,限制源代码的发布,软件开发方式转变为以公司为主体的封闭开发模式。

早期的 UNIX 在协作基础上开发,但 AT&T 贝尔实验室在 20 世纪 70 年代末期对 UNIX 的使用和发布强制实施版权控制。1985 年 10 月,在 MIT 支持下 Richard Matthrew Stallman 创建了自由软件基金会(free software foundation,FSF)。该基金会认为计算机系统应该对用户开放,软件应该自由使用,并提出源代码属于全人类的公共知识产权,源代码可以在编写和使用程序的人之间自由传播。

GNU 通用公共许可证(general public license,GPL)由 Richard Matthrew Stallman 等编制。与传统的商业软件许可证不同,GPL 保证任何人拥有共享和修改软件的自由。GPL 的最新版本为第 3 版,Linux 内核以其第 2 版协议发布。

1. GNU 项目

GNU 项目是 GNU's Not UNIX 的递归缩写,其目标是建立可自由发布和可移植的类 UNIX 操作系统,大部分关键组件在 GPL 下发布。该项目启动之初,由于高质量的自由软件较少,大多从系统的应用软件和工具入手。

GNU 项目的主要成果如下:

① GNU 项目对软件开发产生了重要的影响。

② GNU 项目创造了大量重要工具,如功能强大的文字编辑器 Emacs、C 语言编译器 GCC 以及大部分 UNIX 系统的程序库和工具等。

③ GNU 项目开发的操作系统内核 Hurd 已经发布了 Beta 版本。

Richard Matthrew Stallman 是一个出色的程序员,他是美国国家工程院院士,GCC 编译器、Emacs 编辑器和 GDB 调试器的作者,还是自由软件的发起者、自由软件概念的创始人,GNU 项目的创始人和 GNU 计划的发起者,Copyleft 的提出者和 GPL 的起草者。很多软件会有 Copyright 的版权标志,自 Linux 面世后,用 Copyleft 来表示自由和免费。

2. Linux 的诞生

1990 年,Linus Benedict Torvalds(图 1.2)在芬兰赫尔辛基大学学习 UNIX 课程,使用的是 Anderw S. Tanenbaum 自行设计的 Minix(轻量的 UNIX 操作系统)。由于学校上机需要排很长时间队,Linus 自费买了一台 PC,以 Minix 系统为平台练习底层编程技术,并开发了第一个程序。该程序包含两个进程,依次向屏幕上输出字母。Linus 设计使用一个定时器切换两个进程的运行,比如一个程序在屏幕上输出"A",另一个程序在屏幕上输出"B",于是在屏幕上可看到"AAAA""BBBB"如此重复的输出。

图 1.2 Linus Benedict Torvalds

Linus 起初并没有想到要编写操作系统内核,直到 1991 年,他需要开发一个简单的终端仿真程序来访问新闻组。该程序仍以之前建立的两个进程为基础,其中一个进程从键盘读取信息,并将信息发送到 Modem 与学校的计算机建立联系;另一个进程则从 Modem 读数据,接收反馈回来的消息并发送到屏幕。这两个进程成为一个简单的操作系统雏形。要实现这两个进程,显然还需要显示器、键盘等终端设备,于是为显示器、键盘和 Modem 编写驱动程序成为必然。

1991 年夏,Linus 发现在下载文件时需要读写磁盘,于是他编写了磁盘驱动程序,之后是文件系统。当有了任务切换、文件系统和设备驱动程序后,Linux 应运而生。

1991年10月5日，Linus在新闻组comp.os.minix发表了Linux V0.01，约有1万行代码。

1992年，全世界约有100人使用Linux，并有不少人提供初期的代码上载和评论（这些贡献对Linux的发展至关重要）。

1993年，Linux V0.99约有10万行代码。1993年12月，Linux全球用户数为10万左右。

1994年3月，Linux的第一个产品版Linux 1.0发布，实现了基本的TCP/IP功能，源代码量约有17万行。半年之后，Linus将Linux正式转向GPL版权。

Linux与GPL结合之后，软件开发人员很快将GNU项目C库、GCC、bash等移植到Linux内核上。Linux系统的另一个重要组成部分来自加州大学伯克利分校的BSD和麻省理工学院的X Windows项目。

Linus将Linux内核和操作系统的其他组成部分组合在一起进行发布，构成了众多的Linux发行版，读者可以访问Linux内核官网进行查看。

基于Linux内核构建的Linux操作系统被Microsoft、Apple等公司视为最强有力的竞争对手。Linux当前在技术和产业上都有很高的使用率，其中服务器端占到38.6%，超过了Windows。在嵌入式领域和一些移动端方面Linux用得比较多，移动端平台安卓系统占70%之多。目前仅桌面PC领域市场占有率较低。

3. Linux发展迅猛的原因

Linux能够异军突起的原因有如下几方面。

① 早期黑客（hacker）参与。Linux在发布时源代码可以免费获得，这引起了黑客的注意，他们通过计算机网络加入Linux的内核开发。高水平黑客的加入，使Linux发展迅猛。

② 开放和协作的开发模式。普通的软件工程强调统一规划、集中管理。自由软件以互联网为纽带，通过BBS、新闻组论坛及电子邮件汇集了一大批软件爱好者，形成"Bazaar（集市）模式"，这种开发模式激励了开发人员的积极性和创造热情。

③ 与GNU紧密联系。Linux内核发布时，GNU已完成除内核外各种必备软件的开发，在Linus等人的努力下，GNU组件可以运行于Linux内核。

4. Linux的特征

作为类UNIX操作系统，Linux系统的基本特征如下：

- 真正的多用户、多任务操作系统，支持32位、64位处理器模式。
- 符合POSIX标准的系统。
- 提供具有内置安全措施的分层文件系统。
- 提供Shell命令解释程序和编程语言。
- 提供强大的管理功能，包括远程管理功能。
- 内核提供系统调用编程接口。
- 具有虚拟内存和共享库。
- 具有图形用户接口。

- 具有大量实用程序和通信、联网工具。
- 具有面向屏幕的编辑软件。

此外,Linux 还有许多独到之处,例如:
- 其源代码几乎全部都是开放的。
- 可以运行在许多硬件平台上。从低端的 ARM 到中高端的 X86,直到高端的超级并行计算机系统,都可以运行 Linux。
- 不仅可以运行自由发布的应用软件,还可以运行许多商业应用软件。
- 强大的网络功能。Linux 系统内核紧密集成了网络功能和大量网络应用程序,且在各种网络条件下表现出令人惊奇的健壮性。
- 几乎支持商业版 UNIX 的全部功能,而且支持很多 UNIX 系统所不具备的功能。

1.1.3 Linux 发行版谱系

Linux 发行版(Linux distribution,也称 GNU/Linux 发行版)为用户预先集成好 Linux 操作系统及各种应用软件。用户在直接安装之后,只需要小幅更改设置就可以使用,用软件包管理器进行应用管理。

Linux 发行版通常包含桌面环境、办公包、媒体播放器、数据库等应用软件。这些操作系统通常有 Linux 内核、来自 GNU 计划的大量函数库,以及基于 X Windows(或其他机制)的图形界面。

图 1.3 描述的是 Linux 发行版的一般架构图,其最底层部分是硬件(hardware);Linux 内核(Linux kernel)是在硬件层之上的一层,各种不同发行版本有相应的补丁去优化、修正;右侧的与常规 Linux kernel 平行的部分是经过定制化的 Andriod 内核,在 Linux 内核基础上做了一些修改,如添加了 binder、ashmem;Linux 内核上面一层是一些运行库,包括 X-Server、Glibc 等;运行库的上面一层是 GTK、Qt 之类的图形化编程语言;最上一层是具体应用层。

目前,Linux 有超过 300 个发行版,普遍使用的发行版有 10 多个。

图 1.4 列出一些常见的 Linux 发行版,如 Ubuntu、CentOS、Debian、Fedora、Mint、RHEL、SUSE 等。其中 Debian、Ubuntu、Mint 是开源的,SUSE 和 RHEL 是两种商业化的发行版。下面具体介绍以下几种常见的发行版本。

1. Debian

Debian 由美国普渡大学的学生 Ian Murdock 于 1993 年 8 月 16 日首次发表。最初该系统称为"Debian Linux Release",是以开源的方式发行的一套 GNU/Linux。Debian 可以算是迄今为止最遵循 GNU 规范的 Linux 系统。一般的 Linux 发行版或多或少会加一些非开源的软件,如音视频编解码软件、WPS 等,但对于 Debian,不开源的软件都不被放入系统。

Debian(其界面如图 1.5 所示)以稳定性闻名,很多服务器都使用 Debian 作为其操作系统,而很多 Linux 的 LiveCD 也以 Debian 为基础改写。可以说 Debian 是 Linux 发行版一个最早的雏形。

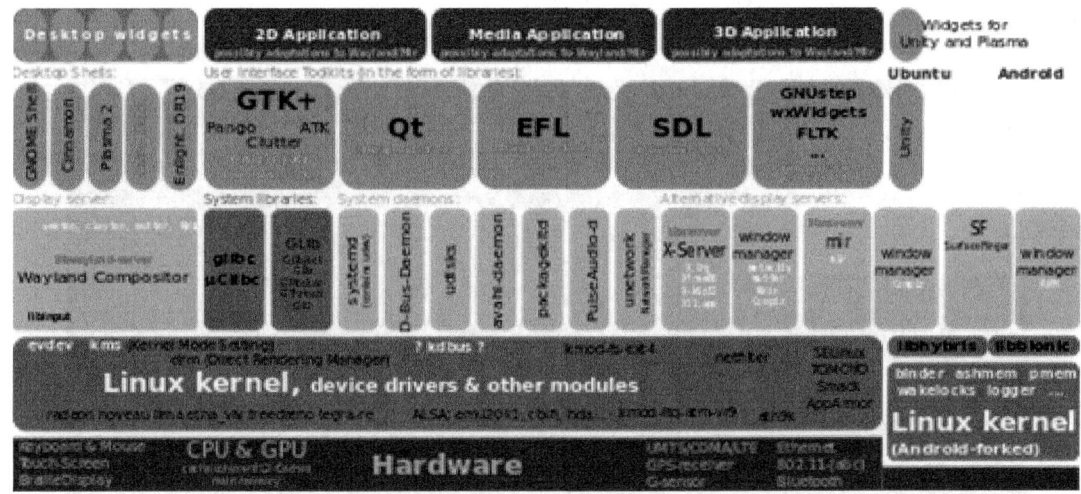

图 1.3 Linux 发行版架构

图 1.4 Linux 的发行版

2. Ubuntu

"Ubuntu"是一个南非的民族观念,它着眼于人们之间的忠诚和联系。马克·沙特尔沃斯(Mark Shuttleworth)是南非人,在其 Canonical 公司主导下,Ubuntu 的首个版本发布于 2004 年 10 月。Ubuntu 以 Debian 为开发蓝本,与 Debian 稳健的升级策略不同,它每 6 个月会发布一个新版,以便人们及时获取和使用新软件。Ubuntu 的界面如图 1.6 所示,其目的是使个人计算机变得简单易用,同时也提供针对企业应用的服务器版本。Ubuntu 现在已经成为一个最知名的发行版。

3. Mint

Mint 基于 Ubuntu 开发,但在下载量和使用量上已经超越了 Ubuntu。Mint 以优雅和简洁的用户界面见长，如图 1.7 所示。

图 1.5　Debian 界面

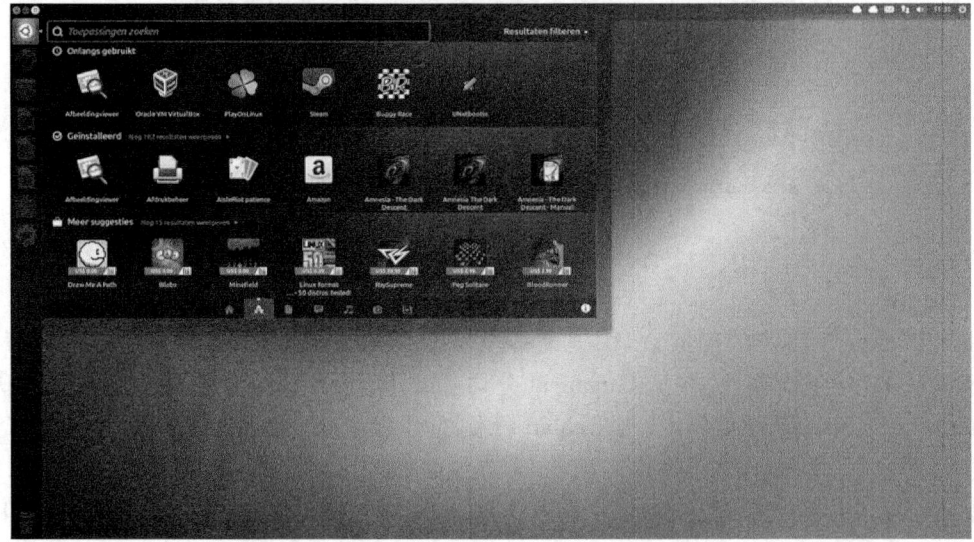

图 1.6　Ubuntu 界面

图 1.7　Mint 界面

1.1.4　Linux 桌面环境

桌面环境是一个图形化的界面,泛指由桌面的背景图片、桌面的应用程序软件、桌面的快捷方式、桌面的 DIY 小部件等组成的一个直观的视觉环境。就整体而言,桌面环境在设计和功能上的特性赋予了它与众不同的外观和感觉。如果没有桌面环境,现在使用的 Linux 就像使用 DOS 一样,完全在控制端(即黑屏)上操作。

一个典型的桌面环境提供图标、视窗、工具栏、文件夹、壁纸以及拖放等组件与功能。

在图形计算中,桌面环境(desktop environment)为计算机提供图形用户界面(graphical user interface,GUI)。GUI 这个名称来自"桌面"比拟,对应于早期的文字命令行界面(command line interface,CLI)。

图 1.8 显示的是常见的几种 Linux 桌面环境,表 1.1 是对各种桌面环境特点的一个总结。

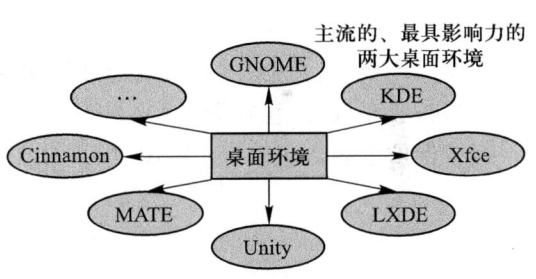

图 1.8　常见的 Linux 桌面环境

表 1.1　Linux 桌面环境特点

桌面环境	特点
GNOME	简单、易用、稳定
KDE	炫丽、尖端、应用软件多
Unity	充分利用屏幕空间

续表

桌面环境	特点
MATE	轻量级
Cinnamon	对新用户入手容易
Xfce	轻量级,实用、轻巧、简洁,效率和功能之间的平衡
LXDE	轻量级,占用资源较少,适合老机器
Enlightenment	轻量级,还可应用在移动设备上

1.2　许可证和版权

编写并发布 Linux 平台上的软件,必须了解许可证和版权。

1. 公有领域

出版物、产品以及发明方法等在未受到专利或著作权保护的情况下,属于"公有领域"(public domain),它是人类的一部分作品与一部分知识的总汇。领域内的知识财产,任何个人或团体都不具所有权益,领域内的作品属于公有文化遗产,任何人可以不受限制地使用和加工它们。

2. 版权

版权(图 1.9)也称为著作权,包含著作人格权和著作财产权。

著作人格权:公开发表权、姓名表示权及禁止他人以扭曲、变更方式,利用著作损害著作人名誉的权利。

著作财产权:包括公开口述权、公开播送权、公开上映权、公开演出权、公开传输权、公开展示权、改作权、散布权、出租权等。

版权保护的客体包括(图 1.10)以下几类。

图 1.9　版权标识

图 1.10　版权

① 文学作品、音乐作品、戏剧舞蹈创作、美术摄影作品、图形作品;
② 影视作品、建筑作品、书籍作品、其他著作;
③ 计算机程序作品。

版权是对知识产权的某种特定类型所有权的权利。版权的初衷是借由给予创作者一段时期的专有权利作为(经济)刺激,以鼓励作者从事创作。在没有明确声明放弃所有权的情况下,他人只能够"合理使用"创作者的知识产权。关于著作权保护的国际条约《伯尔尼公约》使用 Copyright ⓒ xxx(年份)声明版权(图 1.11)。

版权不是永久性的,它是有期限的权利。期限过后,版权进入"公有领域"。例如,对于作者为个人的版权保护期为作者有生之年及去世后 50 年,对于作者为法人或其他组织的保护期为作品首次发表日期之后第 50 年的 12 月 31 日。

图 1.11 版权声明

3. 许可证

(1) 许可条款

版权所有者可以自由决定作品的许可条款,常见的许可领域有使用、复制、分发和修改。GNU 通用公共许可证(GPL)没有对使用做出限制,只限制复制、分发和修改。GPL 不等于"公有领域",并没有把所有权交给公有领域。

(2) 地域限制和可分性条款

地域限制是指特定的许可限制在某些地域不一定具有法律效力。例如,欧洲国家允许特定项目对软件进行逆向工程。许可证的"可分性条款"是指本节中的某一部分在某种特定情况下被认为无效时,条款的其余部分依然可以使用。

(3) 自由软件许可证

随着知识产权保护的过度扩张,许多人认为知识产权的目已经从保护公众利益变为保护知识创造者的利益。为此一些支持自由软件的人士发起了自由软件运动。自由软件运动是一个推广用户有使用、复制、研究、修改和分发软件等权利的社会运动。

开放源代码促进会(open source initiative,OSI)是一个旨在推动开源软件发展的非营利组织。OSI 持有"OSI 认证的开放源码软件"商标,即经过认证的软件是合格的开源软件。OSI 描述开放源码许可证提供的权利包括源代码必须可获得、产品必须可以自由再分发、必须允许衍生作品、不允许歧视等。OSI 维护经认证的开源定义(OSD)许可证列表包括 GPL、LGPL、BSD 许可证等。

(4) GNU 宽通用公共许可证(lesser general public license,LGPL)

LGPL 的主要使用目标为软件库,它是 GPL 的变种,也是 GNU 为了得到更多商用软件开发商的支持而提出的。与 GPL 最大的不同是,可以私有使用 LGPL 授权的自由软件,开发出的新软件可以是私有的而不需要是自由软件。所以任何公司在使用自由软件之前应保证在 LGPL 或其他 GPL 变种的授权下。大多数软件库在 LGPL 的条款下发布(而非 GPL)。

(5) BSD 许可证

BSD 许可证(Berkeley software distribution license)是自由软件中使用最广泛的许可证之一。BSD 软件就是遵照这个许可证来发布的,该许可证也因此而得名。

和 GPL 相比,BSD 许可证更显宽松。BSD 许可证被认为是"copycenter"(中间版权),介于标准的"copyright"与 GPL 的"copyleft"之间。

BSD 的后续版本可以选择继续是 BSD 或其他自由软件条款或封闭软件等,比如微软产品中引入了 BSD 网络部分的代码,Mac OS X 中也使用了不少 FreeBSD 的组件。

(6) Apache 许可证

Apache 许可证是由 Apache 软件基金会发布的一个自由软件许可证,最初为 Apache HTTP 服务器编写。Apache 基金会下属所有项目都使用 Apache 许可证,许多非 Apache 基金会项目也使用了 Apache 许可证。2004 年 1 月,Apache 软件基金会公布了 2.0 版。

(7) 许可证的兼容性

创作衍生作品时,可能需要使用在不同许可证下发布的软件代码。大多数自由软件许可证,比如 MIT/X 许可证、BSD 许可证、LGPL 等,都是"GPL 兼容的",即它们的代码与 GPL 代码混用无冲突(但新代码则是 GPL 下的)。一般是直接向软件所有者进行咨询。

(8) 许可证的选择

开源许可证有上百种之多,最常用的有 LGPL、Mozilla、GPL、BSD、MIT 和 Apache 这 6 种许可证。通过图 1.12 可以清楚地看到它们之间的联系和区别。在选择许可证时,首先要确认如果其他人修改了源码是否可以闭源。如果可以闭源,则说明可能选择 BSD、MIT 或 Apache 许可证。如果对于修改过的文档不必放置版权说明,则选择 Apache 许可证,否则就需要考虑衍生软件的广告,根据是否可以用用户的名字进行促销来进行选择,如果可以则选择 MIT 许可证,否则选择 BSD 许可证。

如果不可以闭源,则说明将可能选择 LGPL、Mozilla 或 GPL 许可证。对于新增的代码如果可以采用同样的许可证,则选择 GPL 许可证,否则需要根据是否需要对源码修改的地方提供说明文档来进行选择,需要提供则选择 Mozilla 许可证,否则选择 LGPL 许可证。

(9) GPL 的"传染性"

Linux 内核以 GNU 通用公共许可证第 2 版(GPL v2)发行。由于 GPL 的"传染性",任何 Linux 内核的衍生产品必须使用 GPL 协议进行发布。有报告指出,由于 GPL 的约束限制,Linux 相对于其他 BSD 的 UNIX Like 操作系统不具有商业优势。

业界的"GPL 恐惧症"指的是以下常见问题。

① 链接使用了其他 GPL 类库的程序是否会被定性为衍生产品?答案为"是"。只要链接使用了其他 GPL 的类库,这个程序就被认为是衍生品,也即 GPL 的"传染性"。

② 主程序与 GPL 类库是静态链接,主程序是否必须限定为 GPL?答案为"是"。主程序动态

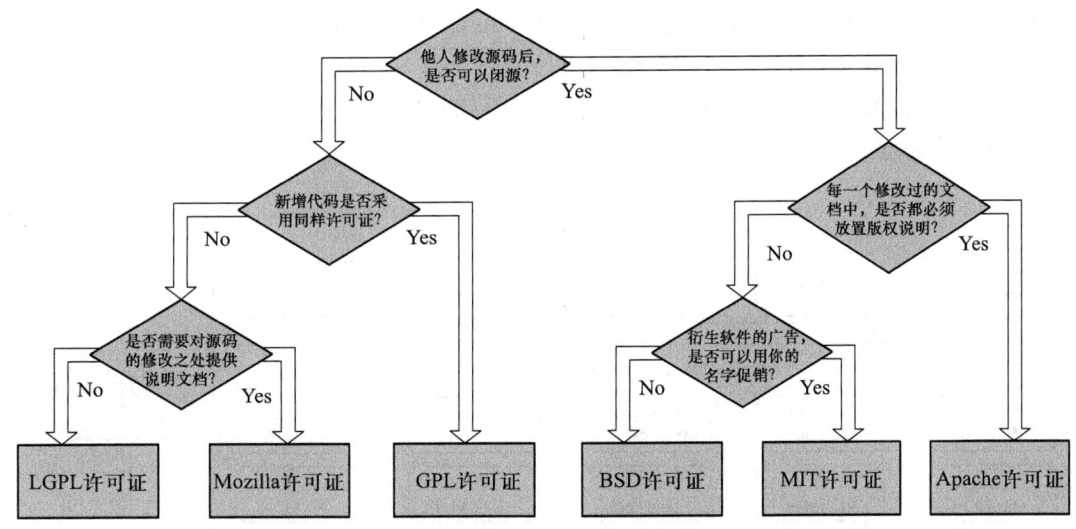

图 1.12 许可证的选择

链接 GPL 类库，一般认为也必须是 GPL 的，除非能够证明二者之间的"独立性和可区分性"。

③ 使用 Linux 内核头文件定义，进行系统调用的程序是否会被定性为衍生产品？答案为"否"。用户空间的类库以及程序使用 Linux 内核的系统调用，不被视为是 Linux 内核的衍生产品。Linus 在 Linux 源码的版权声明中明确了这一点，如图 1.13 所示。

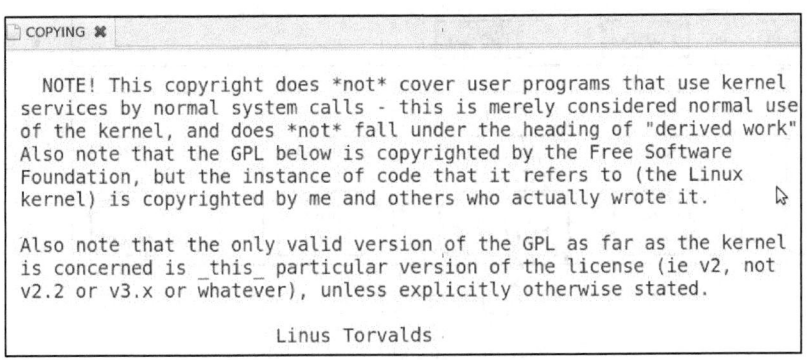

图 1.13 Linux 源码的版权声明

（10）Android 系统许可证

Android 目的在于促进移动世界的开放性，其宗旨是自由和选择，所以 Apache License 2.0 是 Android 的首选许可证。Apache License 是非营利开源组织 Apache 采用的协议。该协议和 BSD

类似,鼓励代码共享和尊重原作者的著作权,允许使用者修改代码后进行再发布(作为开源或商业软件)。该许可证需要满足的条件和 BSD 类似。

由图 1.14 可以看到 Linux 的内核使用的是 GPL 的许可证,Android 的库和框架使用的是 Apache 2.0 的许可证。

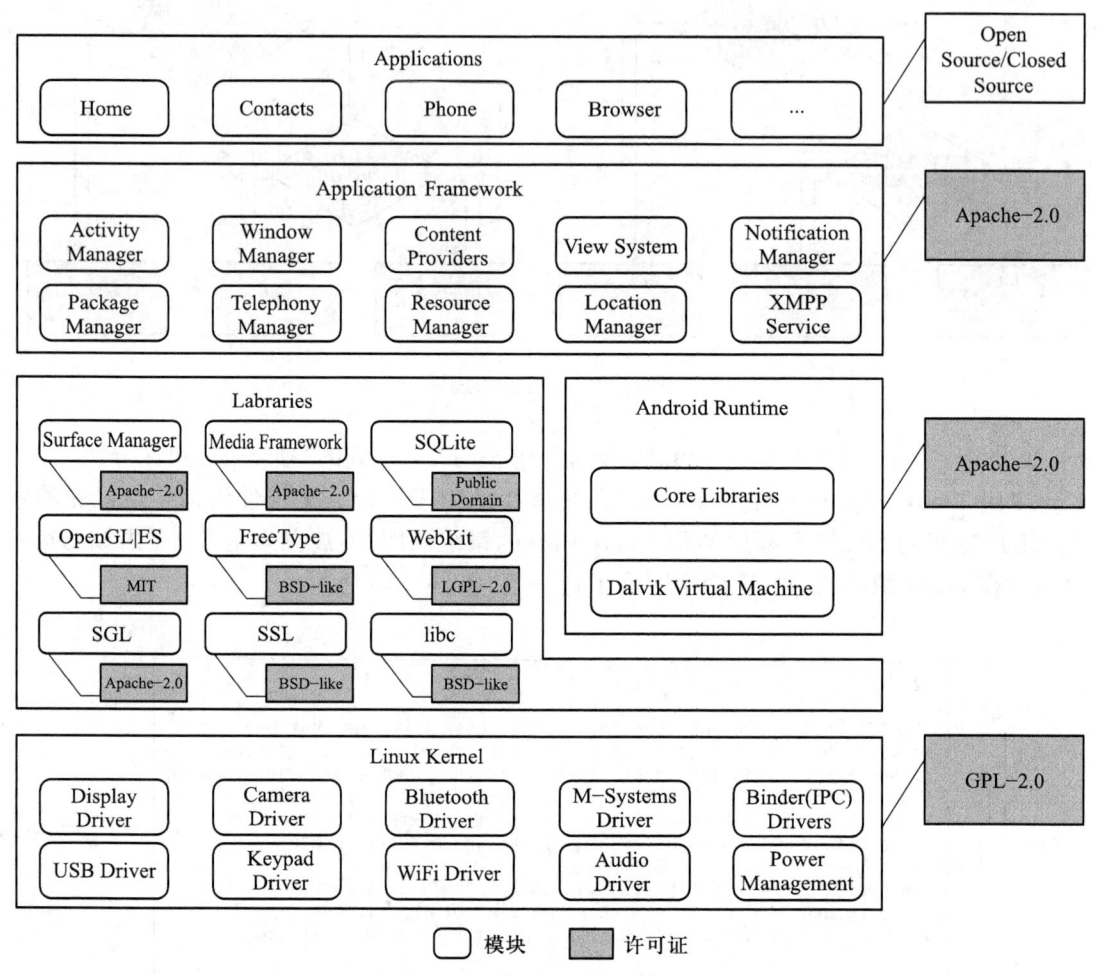

图 1.14　Android 许可证示例

正是由于 Linux 的版权与许可,才出现了后来的产权纠纷问题。比如,2010 年起,苹果公司开始在各个国家起诉 Android 手机厂商侵犯了自己的专利;2010 年 3 月,苹果对 HTC 提起法律诉讼,称其制造的 Android 智能手机侵犯了苹果 20 项技术专利;2010 年 8 月,Oracle 起诉 Google,称其 Android 系统侵犯了 Oracle 基于 Java 平台的几项知识产权,要求 Google 禁止使用相关专利技术,并希望得到合理的赔偿;2014 年 12 月 11 日,因涉嫌侵犯爱立信所拥有的 ARM、EDGE、3G

等相关技术等 8 项专利,爱立信在印度起诉小米至印度德里高等法院;等等。

1.3 软件的体系结构

为了更好地理解 Linux 操作系统的作用,有必要先从总体上介绍一下软件的体系结构。计算机软件的体系结构从底向上一般分为硬件、操作系统、运行库、应用程序(图 1.15)。操作系统的作用是对上层提供抽象的接口,对下层管理硬件资源。为了充分利用 CPU,硬件对 CPU 任务进行调度轮流执行,由操作系统进行调度更安全可控。

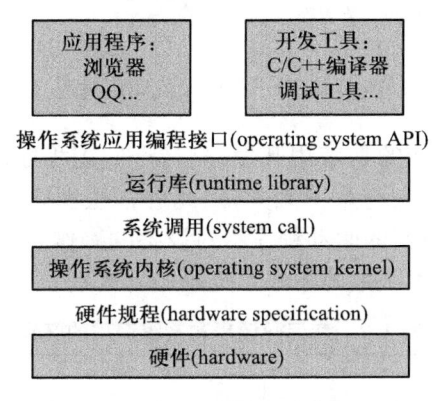

图 1.15 软件体系架构

一个稳定运行的 Linux 操作系统需要内核和用户应用程序之间的完美配合。内核提供各种各样的底层服务,应用程序通过某种途径使用这些底层服务,进而满足用户的不同需求。这种应用程序访问并使用内核所提供的各种服务的途径即系统调用。

在内核和用户应用程序交界之处,内核提供了一组系统调用接口。通过这组接口,应用程序可以访问系统硬件和各种操作系统资源,比如用户可以通过文件系统相关的系统调用,请求系统打开文件、关闭文件或读写文件。

系统调用接口层作为内核和用户应用程序之间的中间层,扮演了桥梁的角色。系统调用把应用程序的请求传达给内核,待内核处理完请求后再将处理结果返回给应用程序。

图 1.16 是 Linux 的系统调用过程。在用户态的应用程序中调用系统调用函数,在 libc 标准库中封装例程,调用软中断 int 0x80;进入内核态后,在内核中首先执行 system_call 函数,该函数即为系统调用,这里注意要将系统调用号和可以用到的所有 CPU 寄存器保存到相应的堆栈中。接着根据系统调用号在系统调用表中查找到对应的系统调用服务例程,执行服务例程;执行完毕后,调用返回例程函数,从系统调用返回。

Linux 对文件操作有两种方式:系统调用(system call)和库函数(library functions)调用。

系统调用实际上就是指最底层的一个调用,在 Linux 程序设计中就是底层调用的意思,面向

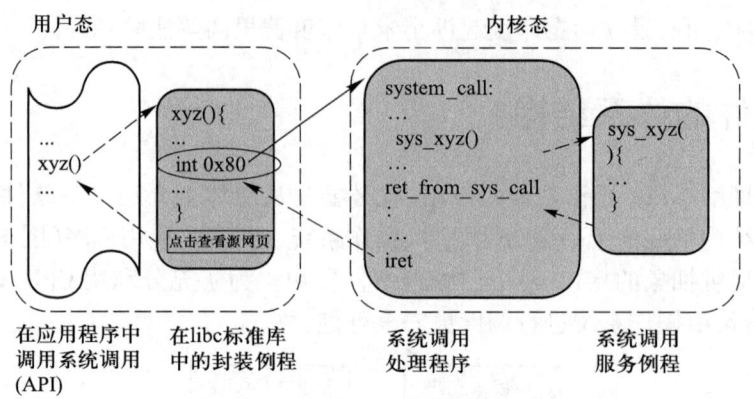

图 1.16 Linux 的系统调用过程

的是硬件。而库函数调用则面向的是应用开发,相当于应用程序的 API。库函数调用通常用于应用程序中对一般文件的访问,它与系统无关,因此可移植性好。由于库函数调用是基于 C 库的,因此也就不可能用于内核空间的驱动程序中对设备的操作。

表 1.2 从几个方面分析了库函数调用和系统调用的区别。

表 1.2 库函数调用和系统调用的区别

库函数调用	系统调用
在所有 ANSI C 编译器版本中,C 库函数相同	各操作系统的系统调用不同
调用函数库中的一段程序(或函数)	调用系统内核的服务
与用户程序相联系	是操作系统的一个入口点
在用户地址空间运行	在内核地址空间执行
运行时间属于"用户时间"	运行时间属于"系统时间"
属于过程调用,调用开销较小	需要在用户空间和内核上下文环境间切换,开销较大
典型的 C 函数库调用:scanf、printf	典型的系统调用:fork、write

1.4 Linux 下常见开发工具

从事软件开发往往需要借助一些开发工具。在不同的操作系统下都有一些被用户广泛使用的图形化集成开发环境(integrated development environment,IDE),如 Windows 平台下的 Microsoft Visual Studio,Mac OS 平台下的 Xcode,还有一些跨平台的开发环境,如 Code::Blocks、Eclipse、NetBeans 等。这些集成开发环境的特点是将代码的编辑、编译调试、工程管理、版本控制工具集成在一起,为开发者提供一体化程序构建及管理服务。

Linux 下也有很多 IDE 可用，为了让读者更清楚地了解相关工具的功能和运作方式，本节在源码编辑、程序编译器、工程创建管理、程序调试几部分分别选用 VIM 编辑器、GCC 编译器、Makefile、程序调试工具 GDB 这 4 个有代表性的工具来进行介绍。

1.4.1　VIM 编辑器

　　VIM 是从 Vi 发展出来的一个古老但又历久弥新的文本编辑器，其启动界面如图 1.17 所示。Vi 是一个从 UNIX 系统开始延续使用的文本编辑器，在编写脚本及配置文件中广泛使用。

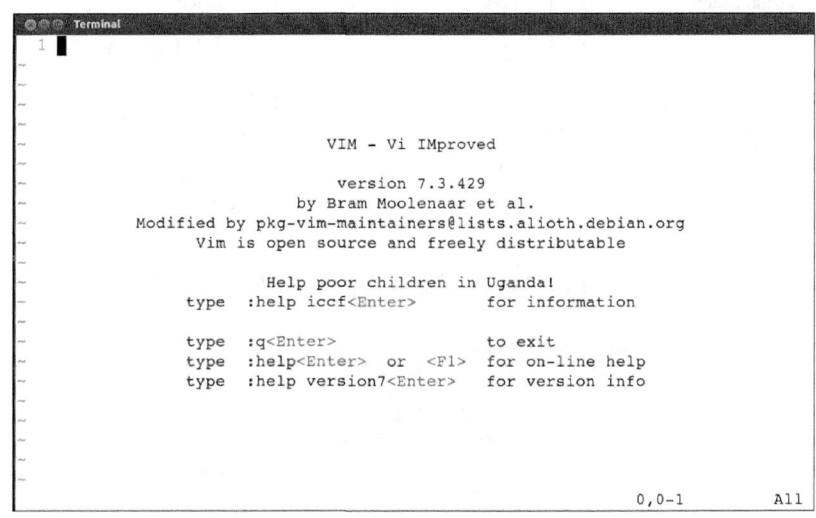

图 1.17　VIM 的启动界面

　　通过观察图 1.18 中几组常见编辑器的学习曲线，可以了解 Vi 和其他编辑器在学习难度及时间上的区别。

　　通过比较可以发现 Vi 的使用门槛比较高，对于初学者来说有难度，但是一旦掌握之后就会比较好用。

　　VIM 与经常在 Windows 下使用的 Notepad 和 Word 很不一样，后两者是一种所见即所得的编辑器，VIM 则不是。VIM 有命令模式、插入模式和底行模式三种特定模式，在不同模式下做不同的事情，图 1.19 展示了不同模式及其之间的相互切换。

　　在命令模式（或称 normal 模式）下，键入的字符被视作命令，即一些让 VIM 做的行为，如移动光标、准备插入或删除等操作。

　　在插入模式（或称 insert 模式）下，插入的字符被视作内容。

　　在底行模式下，可输入 VIM 的命令，执行一些设置、保存文件或退出 VIM 的操作；同时也可以执行设置编辑环境等操作，如列出行号、寻找字符串等。

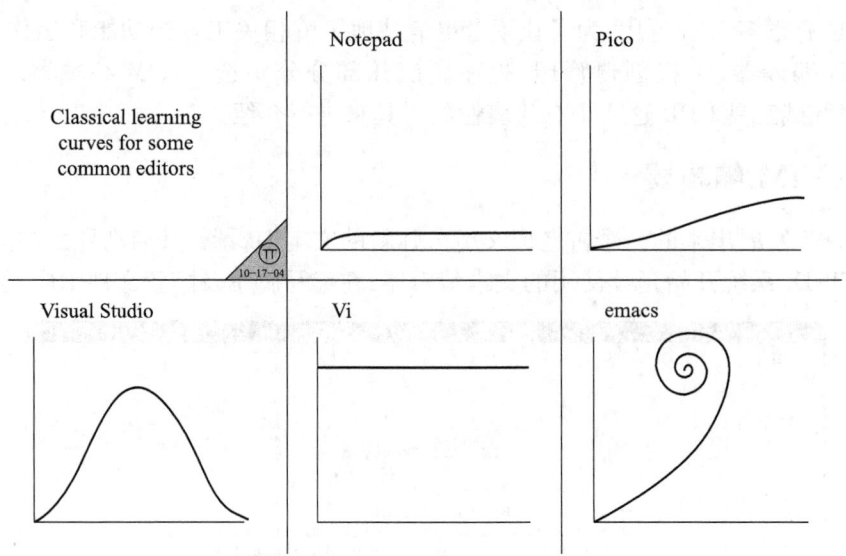

图 1.18　不同编辑器的学习曲线

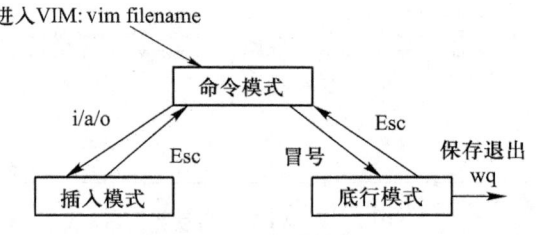

图 1.19　VIM 的模式

启动 VIM 后默认为命令模式。在该模式下通过一些字符可以进入特定的插入模式,如"i"字符可以在光标所在字符前插入,"a"字符是在光标所在字符后插入等。在插入模式单击 Esc 键即可返回命令模式。在命令模式键入":"可进入底行模式,而在底行模式单击 Esc 键同样可返回命令模式。

下面分别介绍 VIM 在使用中的一些常规操作。
（1）启动
命令格式：Vim 文件名
如果文件名存在即打开文件,没有则会创建一个名字为该文件名的文件。
（2）退出
退出 VIM 的方法有很多种,根据具体情况和使用习惯,通常绝大部分都是在底行模式下进行的。表 1.3 为退出 VIM 的常用命令。

微视频：
VIM 基本使用演示

表 1.3 退出 VIM 的常用命令

命令	说明
:w	保存,底行模式下输入 w
:wq	保存并退出,底行模式下输入 wq
:x	保存并退出,底行模式下输入 x
:q!	不保存强制退出,底行模式下输入 q!
ZZ	命令模式下输入 ZZ,相当于底行模式下的 wq

(3) 插入

插入命令是在命令模式下键入的,不同的命令会进入不同的编辑模式。表 1.4 为 VIM 中常用的插入命令。

表 1.4 VIM 中常用的插入命令

命令	说明
a	在光标之后插入
A	在行尾插入
i	在光标之前插入
I	在行首插入
o	另起下一行插入
O	在上一行插入

(4) 定位

在 VIM 中通常是返回到命令模式下移动光标,从而进行快速定位。表 1.5 为 VIM 中定位的常用命令。

表 1.5 VIM 中定位的常用命令

命令	说明
h	向左移动
j	向下移动
k	向上移动
l	向右移动
$	移动到行尾
0	移动到行首

命令	说明
gg	移动到篇首
G	移动到篇尾

(5) 删除

在 VIM 中删除内容的需求有多种,有删除一个字符、一个词、一行以及多行等。可以根据具体的应用场景来进行选择,从而提升操作效率。表 1.6 为 VIM 中常用的删除命令。

表 1.6 VIM 中常用的删除命令

命令	说明
x	删除当前字符
s	删除字符,并进入输入模式
S	删除行,并进入输入模式
dd	删除当前行

(6) 复制、粘贴

表 1.7 列出的是 VIM 中的复制粘贴相关命令。

表 1.7 VIM 中的复制粘贴命令

命令	说明
yy	复制一行,多行就是 $n$yy(n 取 1,2,3…)
p	粘贴

(7) 替换和撤销

在 VIM 编辑过程中,需要对内容进行替换或者是对一些操作进行撤销,抑或是对撤销的操作进行恢复,会用到表 1.8 中的一些命令。

表 1.8 VIM 中的替换及撤销命令

命令	说明
r	替换当前字符
R	替换到按下 Esc 键为止
u	撤销
ctrl+r	恢复

（8）查询和替换

如要在 VIM 打开的文本中查找具体内容或进行替换操作，可以用到表 1.9 介绍的一些命令。

表 1.9　VIM 中的查找和替换

命令	说明
/string	在命令模式下键入/会进入底行的查找模式，向前搜索下一条记录键入 n，向上搜索键入 N
:%s/old/new/g	在底行模式进行全文查找替换
:n1,n2s/old/new/g	在底行模式，从行 n1 到行 n2 的查找替换，例如，n1,n2/^/\/\//g 是对 C 语言注释

（9）扩展功能

VIM 的扩展功能很多，表 1.10 中列举了部分扩展功能。

表 1.10　VIM 的部分扩展功能

命令	说明
:r filename	在底行模式下，输入 r 后接文件名，将导入其他文件的内容到光标处
:!comand	在底行模式下执行:!date,是执行某项操作
:sp	水平分栏
:vsp	垂直分栏

（10）扩展设置

对经常使用 VIM 的开发者来说，可能对 VIM 有一些使用偏好设置，这些设置可以用脚本来进行配置，VIM 在每次运行时都会运行它的配置脚本。VIM 存在多个配置文件 vimrc，例如，/etc/vimrc，此文件影响整个系统的 VIM；~/.vimrc，此文件只影响本用户的 VIM，而且此文件中的配置会覆盖/etc/vimrc 中的配置。

比如在 VIM 脚本中进行如下所示的环境设置，则启动 VIM 后会默认执行这些命令，从而初始化编辑环境，其中"号是注释。

```
set showcmd             "Show (partial) command in status l
set showmatch           "Show matching brackets.
set ignorecase          "Do case insensitive matching
set smartcase           "Do smart case matching
set incsearch           "Incremental search
set autowrite           "Automatically save before commands
set hidden              "Hide buffers when they are abandone
set mouse=a             "Enable mouse usage (all modes)
set nu
```

（11）VIM 插件

如果想把 VIM 用得像一个功能强大的 IDE，还需要在 VIM 上安装各种插件。VIM 支持的插件非常多，需要由插件管理器工具进行管理，Vundle 就是一个常用的 VIM 插件管理器。Vundle 意即 VIM Bundle，可以很简单地实现插件的安装、升级、搜索或者清除，还能管理运行环境并且在标签方面提供帮助。PluginInstall 命令将会安装所有列在 .vimrc 文件中的插件。也可以通过传递一个插件名给它，来安装某个特定的插件，如输入 PluginInstall<插件名>。VIM 常用的插件有 Taglist、NERDTree、WinManager 等。

微视频：
GCC 基本使用演示

1.4.2 GCC 编译器

GCC 是由 GNU 开发的一套编程语言的编译器。它是 GPL 授权的自由软件，可以编译 C、Ada、Java 等语言。GCC 对 Linux 操作系统有通用的支持，被认为是跨平台编译的标准。

1. GCC 常用参数

表 1.11 为 GCC 的常用参数介绍。

表 1.11　GCC 的常用参数介绍

参数	说明
-o file	将经过 GCC 处理的结果存为文件 file，这个结果文件可能是预处理文件、汇编文件、目标文件或者最终的可执行文件
-c	只编译，不链接成为可执行文件
-g[gdb]	在可执行文件中加入调试信息，方便进行程序的调试
-O[0、1、2、3]	对生成的代码使用优化，[ ] 中的部分为优化级别，默认为 2 级优化，0 为不进行优化
-I dirname	将 dirname 所指出的目录加入程序头文件目录列表，是在预编译过程中使用的参数
-L dirname	将 dirname 所指出的目录加入程序函数档案库文件的目录列表，是在链接过程中使用的参数
-l name	在连接时，装载名字为"libname.a"的函数库，该函数库位于系统预设的目录或由"-L"参数确定的目录下。例如，"-lm"表示连接名为"libm.a"的数学函数库
-w	禁止所有警告
-W warning	允许产生 warning 类型的警告
-pedantic[-errors]	表示 GCC 只发出 ANSI/ISO C 标准列出的所有警告，而 pedantic -error 仅仅针对错误
-ansi	支持 ANSI/ISO C 的标准语法，取消 GNU 的语法中与该标准有冲突的部分，但并不保证生成与 ANSI 兼容的代码

2. GNU binutils

在 Linux 中开发 C 语言程序时通常还会用到一些工具,如 GNU binutils。GNU binutils 是一整套编程语言工具程序,用来处理多种格式的目标文件。这个工具程序通常搭配 GNU Compiler Collection、make 和 GDB 这些工具来使用。表 1.12 为 GNU binutils 的参数介绍。

表 1.12 GNU binutils 的参数介绍

参数	说明
addr2line	出现段错误时,通过查看系统日志中的地址定位源代码中的行数
ar	制作静态库
objdump	可用来查看目标程序中的段信息和调试信息,也可用来对目标程序进行反汇编,还有其他一些功能
objcopy	最重要的功能就是按照需要抽取程序文件中的段
ranlib	功能相对简单,用于在档案文件中生成文件索引,ar 中的 s 参数也有同样的功能
readelf	其功能 objdump 都有。objdump 和 readelf 都可以用来查看二进制文件的一些内部信息
size	功能相对简单,即列出程序文件中各段的大小
strings	用于查看程序文件中的可显示字符
strip	功能相对简单,即丢弃目标文件中全部或特定符号,减小文件体积

1.4.3 Makefile

当工程规模比较大时,编译分散到各个目录中的文件就会比较复杂。通过 Makefile 可以使工程的编译创建过程简单且高效。

微视频:
Makefile 基本使用演示

Makefile 采用 make 命令工具,能够识别 make 命令指定的整个工程的编译规则。这些规则说明了工程中的源文件哪些需要编译、如何编译、GCC 后面加什么样的参数等,都是在 Makefile 中描述的。它还包括创建哪些库文件、如何创建这些库文件、如何产生期望的可执行文件等。具体来说,Makefile 中有一个目标(target)列表,列出了期望生成的文件。

make 命令会在当前目录下按顺序查找名为"GNUmakefile""makefile""Makefile"的文件,找到了就解释文件。也可通过 make -f filename 执行自定义文件名的 makefile 文件。执行 make 命令时,会检测每个命令的返回码,如果命令返回成功,就会执行下一条命令;如果失败,make 命令终止,而且会打印出 make 失败的语句。

1. Makefile 的规则和优势

Makefile 的规则如下，分为两行，第一行给出依赖关系，以冒号分隔，第二行给出要执行的命令，以制表符开头。第一行依赖关系中冒号之前是要生成的目标文件，冒号之后是目标文件所依赖的文件。

```
target…: prerequisites…
    command…
    …
```

例 1.1 一个 hello.c 源文件，使用命令行创建可执行程序的方法为：

```
gcc hello.c -o hello;
```

采用 Makefile 方法如下：

```
hello:hello.c
    gcc hello.c -o hello
```

两种编译的方法中"gcc hello.c -o hello"这条命令是完全相同的，二者的主要差异体现在 Makefile 编译比命令行编译多了一行代码"hello:hello.c"来说明依赖关系。这样做的好处是什么呢？下面通过一个稍微复杂的例子来说明 Makefile 的使用。

例 1.2 假设工程由两个源文件 main.c 和 foo.c 组成，其中 main.c 文件有 main 函数并调用了 foo.c 文件的函数。

```
1   #include<stdio.h>
2   void foo()
3   {
4       printf("you are in foo.\n");
5   }


1   #include<stdio.h>
2   main()
3   {
4       printf("hello.\n");
5       foo();
6   }
```

对应的 Makefile 如下：

```
1   foo:main.o foo.o
2       gcc main.o foo.o -o foo
3   main.o:main.c
4       gcc -c main.c -o main.o
```

```
5   foo.o:foo.c
6       gcc -c foo.c -o foo.o
```

说明：

代码第 1 行确定目标为 foo，foo 依赖于 main.o 和 foo.o。第 2 行是 GCC 命令，表明生成目标文件 foo 所需要的 GCC 命令。第 3 行表示 main.o 为目标，该目标又依赖于 main.c，第 4 行是执行 GCC 命令。第 5、6 行是对 foo.o 一样的操作。

使用命令行编译的命令为：

```
#gcc main.c foo.c -o hello
```

使用命令行和 Makefile 两种方式都能生成最终的目标文件 hello，结果没有差异。但这并不影响说明 Makefile 的优势，因为 Makefile 的真正优势并不体现在结果上，而是体现在编译、链接的过程中。继续以这个工程为例，下面的代码是执行两次 make 的结果。第一次执行结果的标号 1 是工程首次编译，这时和命令行执行命令是无差异的，main.c 和 foo.c 都要编译。修改 foo.c 文件，即第二次运行结果代码的标号 2，修改完成后再次用 Makefile 编译，可以看到标号 3 中没有对未修改的 main.c 进行编译，而只对 main.o 和修改了的 foo.c 进行编译。另外，通过比较两次结果可以看到，foo.o 的生成时间有变化（标号 4 和标号 5），而 main.o 是没有变化的，也佐证了 main.c 没有被重新编译。这里就可以体会到 Makefile 的优点，即未修改的文件不会被重新编译（目标是最新的），从而可以提高编译效率。Make 命令通过分析源文件、目标文件以及可执行文件的时间戳，决定哪些文件需要重新编译、链接。

第一次 make 执行结果如下：

```
root@ubuntu:/home/linux/chapter_2# make
gcc -c main.c -o main.o
gcc -c foo.c -o foo.o                   1
gcc main.o foo.o -o foo
root@ubuntu:/home/linux/chapter_2# ll
total 88
drwxr-xr-x  2 root  root   4096 Apr  6 00:29 ./
drwxr-xr-x 42 linux linux  4096 Apr  5 19:24 ../
-rwxr-xr-x  1 root  root   7444 Apr  5 23:31 bracket*
-rw-r--r--  1 root  root    602 Apr  5 23:29 bracket.c
-rwxr-xr-x  1 root  root   7200 Apr  6 00:29 foo*
-rw-r--r--  1 root  root     64 Apr  6 00:29 foo.c
-rw-r--r--  1 root  root   1020 Apr  6 00:29 foo.o    4
-rwxr-xr-x  1 root  root   7143 Apr  5 22:40 func*
-rw-r--r--  1 root  root    135 Apr  5 22:43 func.c
-rwxr-xr-x  1 root  root   8037 Apr  5 22:19 g*
-rw-r--r--  1 root  root     80 Apr  5 22:31 gdb.c
-rwxr-xr-x  1 root  root   8043 Apr  5 20:19 hello*
-rw-r--r--  1 root  root     77 Apr  5 19:28 hello.c
-rw-r--r--  1 root  root     61 Apr  6 00:29 main.c
-rw-r--r--  1 root  root   1052 Apr  6 00:29 main.o
-rw-r--r--  1 root  root    117 Apr  6 00:28 Makefile
-rw-r--r--  1 root  root    220 Apr  5 23:58 malloc.c
```

第二次 make 执行结果如下：
```
root@ubuntu:/home/linux/chapter_2# vi foo.c          2
root@ubuntu:/home/linux/chapter_2# make
gcc -c foo.c -o foo.o                                3
gcc main.o foo.o -o foo
root@ubuntu:/home/linux/chapter_2# ll
total 88
drwxr-xr-x  2 root  root  4096 Apr 6 00:33 ./
drwxr-xr-x 42 linux linux 4096 Apr 5 19:24 ../
-rwxr-xr-x  1 root  root  7444 Apr 5 23:31 bracket*
-rw-r--r--  1 root  root   602 Apr 5 23:29 bracket.c
-rwxr-xr-x  1 root  root  7200 Apr 6 00:33 foo*
-rw-r--r--  1 root  root    64 Apr 6 00:33 foo.c     5
-rw-r--r--  1 root  root  1020 Apr 6 00:33 foo.o
-rwxr-xr-x  1 root  root  7143 Apr 5 22:40 func
-rw-r--r--  1 root  root   135 Apr 5 22:43 func.c
-rwxr-xr-x  1 root  root  8037 Apr 5 22:19 g*
-rw-r--r--  1 root  root    80 Apr 5 22:31 gdb.c
-rwxr-xr-x  1 root  root  8043 Apr 5 20:19 hello*
-rw-r--r--  1 root  root    77 Apr 5 19:28 hello.c
-rw-r--r--  1 root  root    61 Apr 6 00:29 main.c
-rw-r--r--  1 root  root  1052 Apr 6 00:29 main.o
-rw-r--r--  1 root  root   117 Apr 6 00:28 Makefile
-rw-r--r--  1 root  root   220 Apr 5 23:58 malloc.c
```

分析 Makefile 编译链接的细节过程可以看到，采用命令行编译时，全部相关文件都会重新编译，效率相对较低；而采用 Makefile 的方式，make 命令会分析源文件、目标文件以及可执行文件的生成时间，决定哪些文件需要重新编译、链接。没有修改的文件不需要重新编译，从而提高了效率。

2. Makefile 的变量、伪目标、标准目标与嵌套规则

在 Makefile 中可以使用变量来提升脚本的可读性和易维护性。Makefile 中变量的形式是一个字符串，可以类比于 C 语言中宏的定义。

我们基于例 1.2 中的 Makefile 进行改写，其中分别定义了 PROC、CC、SOURCES、OBJECT 等变量，这些变量以 $(变量) 的形式得以引用，代码如下所示。

```
PROC=hello
CC=gcc
SOURCES=hello.c func.c
OBJECTS=hello.o func.o
```
```
$(PROC):$(OBJECTS)
    $(CC) -o $(PROC) $(OBJECTS)
hello.o:hello.c
    $(CC) -o hello.o -c hello.c
```

```
func.o:func.c func.h
    $(CC) -o func.o -c func.c
```

下面的代码展示的是伪目标的使用方法。伪目标不是一个要输出的文件,它只是一个标签,标记着下面要执行的一组命令,可以以 make+伪目标名的形式直接执行该规则下的命令序列。为了防止存在和该伪目标(标签)同名的文件,使得本条规则无法顺利执行,需要通过 .PHONY 关键字显式地指明该目标是一个伪目标。比如下面代码中的框起来的语句指定伪目标的显示目标为 clean,则 make clean 时就会找到这个伪目标 clean,执行相应的清除命令。

```
hello:hello.o func.o
    gcc hello.o func.o -o hello
hello.o:hello.c
    gcc -c hello.c -o hello.o
func.o:func.c func.h
    gcc -c func.c -o func.o

.PHONY:clean
clean:
        rm -rf hello hello.o func.o
```

此外,Makefile 有一个嵌套规则。一个庞大的工程,源码通常会分目录进行管理,比如 Linux 内核下有内核所带的工具 Tools 目录,有与架构相关的 Arch 目录。只有当编译 X86 架构的目标内核时,内核源码下与 X86 相关的内容都会编译。Makefile 就是通过这套规则来进行控制的。一般根目录下会部署一个总控的 Makefile,下面分布式结构,每一个子目录也都有自己的 Makefile,如图 1.20 所示。这个总控 Makefile 会依次调用下面每个分布式的 Makefile 来负责各目录下文件的编译。

例如,Makefile 要调用 subdir1 的 Makefile,同时也要调用 subdir2 目录的 Makefile,伪目标 both 如下。它有 a、b、c 三个依赖(第 2 行),a 依赖就是要 GCC 编译当前目录下的 a.c 文件(第 4 行),b 和 c 的命令(第 6、8 行)是进入各自的 subdir 子目录执行 make。需要注意 cd 和 make 两条命令在同一行并以分号隔开,这里的分号就是保持上一个命令的状态,目的是进入 subdir1,调用其中的 Makefile 执行。如果不加分号,则等到执行完就会跳回到根目录上,然后再执行 make 时不会调用子目录的 makefile。

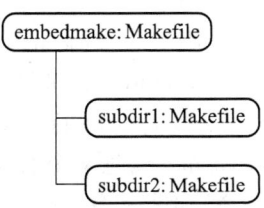

图 1.20 分布式的 Makefile 示意图

```
1.  PHONY:both
2.  both:a b c
3.  a:
```

```
 4.     gcc a.c -o a
 5. b:
 6.     cd subdir1;make
 7. c:
 8.     cd subdir2;make
```

例 1.3 通过一个相对综合的例子来实际认识一下 Makefile 的主要组成部分。代码如下。

```
 6  CC=gcc                                      ①
 7  #2. Path to parent kernel include files directory
 8  LIBC_INCLUDE=/usr/include
 9  # Libraries
10  ADDLIB=
11  # Linker flags
12  LDFLAG_STATIC=-Wl,-Bstatic
13  LDFLAG_DYNAMIC=-Wl,-Bdynamic                ②
14  LDFLAG_CAP=-lcap
15  LDFLAG_GNUTLS=-lgnutls-openssl
16  LDFLAG_CRYPTO=-lcrypto
17  LDFLAG_IDN=-lidn
18  LDFLAG_RESOLV=-lresolv
19  LDFLAG_SYSFS=-lsysfs
20
21  #
22  # Options
23  #
24
25  # Capability support (with libcap) [yes|static|no]
26  USE_CAP=yes                                 ③
27  # sysfs support (with libsysfs - deprecated) [no|yes|static]
28  USE_SYSFS=no                                ④
```

说明：

代码第 6 行(标记①)将 GCC 赋值给 CC，表示所有调用 CC 的地方都使用 GCC 进行编译。

第 8 行指定头文件是从/usr/include 中来。

第 12 行—13 行(标号②)表示一些链接库的选项。LDFLAG 即 Library Flag，它有 static 静态和 dynamic 动态两个选项；-wl 选项告诉编译器将后面的参数传递给链接器。

第 14 行—第 19 行表示整个工程需要加载的库。这里使用变量来表示相应的库名，方便以后修改。

接下来第 26、28 行(标号③和标号④)都是定义一些设置开关的变量。

下面是第 49 行—第 56 行语句。其中，第 52 行(标号①)-fno-strict-aliasing 是为了和老版本兼容。标号②-Wall 选项表示如果这个函数声明或定义没有指出类型，则编译器发出警告。这在实际工程中非常有用，如果没有指定类型就会报错。-Wall 打开所有警告，让编译发现警告时就能将这种问题修正过来；-g 是把调试信息编译进去。第 53 行(标号③)中 O3 是使用 3 级的优化。第 54 行(标记④)GNU_SOURCE 表明这个程序是遵循 GUN_SOURCE 源码规范的。

```
49  # -------------------------------------
50  # What a pity, all new gccs are buggy and -Werror does not work. Sigh.
51  # CCOPT=-fno-strict-aliasing -Wstrict-prototypes -Wall -Werror -g
52  CCOPT=-fno-strict-aliasing -Wstrict-prototypes -Wall -g      ①
53  CCOPTOPT=-O3    ③
54  GLIBCFIX=-D_GNU_SOURCE    ④
55  DEFINES=
56  LDLIB=
```

第 123—135 行语句如下。其中,第 124 行(标号①)中 .PHONY 表明它后面的目标全部都是伪目标。第 126 行(标号②)表明 all 这个伪目标依赖于 TARGETS 变量。通过一系列搜索代换,可以发现 TARGETS 变量包括 tracepath、ping、clockdiff 等文件或文件夹。第 128、129 行(标记③)表明生成汇编文件。

```
123  #-------------------------------------
124  .PHONY: all ninfod clean distclean man html check-kernel modules snapshot
125
126  all: $(TARGETS)     ②                                                   ①
127
128  %.s: %.c                                                                ③
129         $(COMPILE.c) $< $(DEF_$(patsubst %.o,%,$@)) -S -o $@
130  %.o: %.c                                                                ④
131         $(COMPILE.c) $< $(DEF_$(patsubst %.o,%,$@)) -o $@
132  $(TARGETS): %: %.o                                                      ⑤
133         $(LINK.o) $^ $(LIB_$@) $(LDLIBS) -o $@
134
135  # -------------------------------------
```

这里主要介绍第 130、131 行(标记④)中出现的%、$<、$@,可以通过把这两行代码等价变换来说明这些符号的含义。

假设 Makefile 所在的当前目录与子目录的全部 c 文件为 1.c、2.c、3.c。

首先看 130 行的%号,它是通配符,%.c 表示所有以 .c 结尾的文件。把%扩展开来,则 130、131 两行代码转换为

```
1.o:1.c
    $(COMPILE.c) $< $(DEF_$(patsubst %.o,%,$@)) -o 1.o
2.o:2.c
    $(COMPILE.c) $< $(DEF_$(patsubst %.o,%,$@)) -o 2.o
3.o:3.c
    $(COMPILE.c) $< $(DEF_$(patsubst %.o,%,$@)) -o 3.o
```

再看$<和$@,这两个符号称为自动化变量。$<表示所有的依赖文件集,即所有的 .c 文件。$@ 表示目标集,也就是所有的 .o 文件。130、131 行代码进一步转换为

```
1.o:1.c
    $(COMPILE.c) 1.c $(DEF_$(patsubst 1.o,1,1.o)) -o 1.o
2.o:2.c
```

```
            $(COMPILE.c) 2.c $(DEF_$(patsubst 2.o,2,2.o)) -o 2.o
    3.o:3.c
            $(COMPILE.c) 3.c $(DEF_$(patsubst 3.o,3,3.o)) -o 3.o
```

第 131 行(标记④)中的 COMPILE.c 是 GCC 中默认置入的宏,是一个 GCC 编译选项的合集。可以理解为和 C 语言中的 printf 一样,不必知道 printf 是怎么实现的,只要正确地去调用这个函数就可以了。

patsubst 是模式字符串替换函数,它表示把所有的 .o 文件都去掉 .o 后缀。例如,ping.c 编译后生成 ping.o,patsubst 函数就是把 ping.o 变成 ping。变量$(DEF_$(patsubst %.o,%,$@)),就变成了 DEF_ping 变量。

总结第 130、131 行的意思,是把所有的 c 编译成目标文件 o,并且把目标文件的后缀 .o 去掉。

3. AutoMake 工具

在实际的工程应用中当系统很大时会涉及很多子系统,每个子系统又会分为多个小模块,那么自己写 Makefile 就会变得很难。在这种情况下出现了 AutoMake 系列工具,使用该工具可以自动生成 Makefile 文件。

图 1.21 所示为一个软件项目的源码目录结构示例。其中,src 是源文件目录,include 目录存放其他库的头文件,lib 目录存放用到的库文件;下面是功能模块,每个模块都有一个对应的目录,模块下再分子模块(子目录),如 apple、orange 等。每个子目录下又分 core、include、shell 三个目录,其中 core 和 shell 目录存放 .c 文件,include 目录存放 .h 文件,其他类似。编写一个 Makefile 去管理类似结构的工程创建比较复杂,但是采用 AutoMake 工具过程就会简单得多。使用 AutoMake 生成项目的 Makefile 流程比较固定,其操作过程大致如图 1.22 所示。

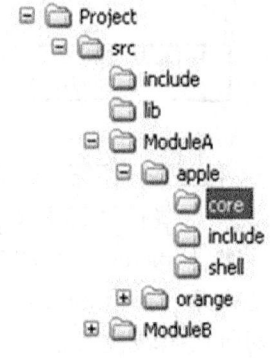

图 1.21 软件项目目录结构示例

具体步骤如下:

① 进入源码根目录,运行 autoscan 命令(标记①),该命令会在当前目录下自动生成 autoscan.log 和 configure.scan 两个文件。autoscan.log 是日志文件,configure.scan 被 autoconf 调用产生 configure 文件。configure 是一个 shell script,它可以自动设定一些编译参数,使程序能够条件编译以符合各种不同的平台。

configure.scan 需要手动改名为 configure.in(标记②),该文件内容是一系列 GNU m4 的宏,这些宏经 autoconf 处理后会变成检查系统特性的 shell scripts。configure.in 文件中宏的顺序并没有特别的规定,但是每一个 configure.in 文件必须在所有其他宏前加入 AC_INIT 宏,然后在所有其他宏的最后加上 AC_OUTPUT 宏。

② 在源码目录下新建 Makefile.am 文件(标记③、④、⑤),在其中定义所要产生的目标,按照

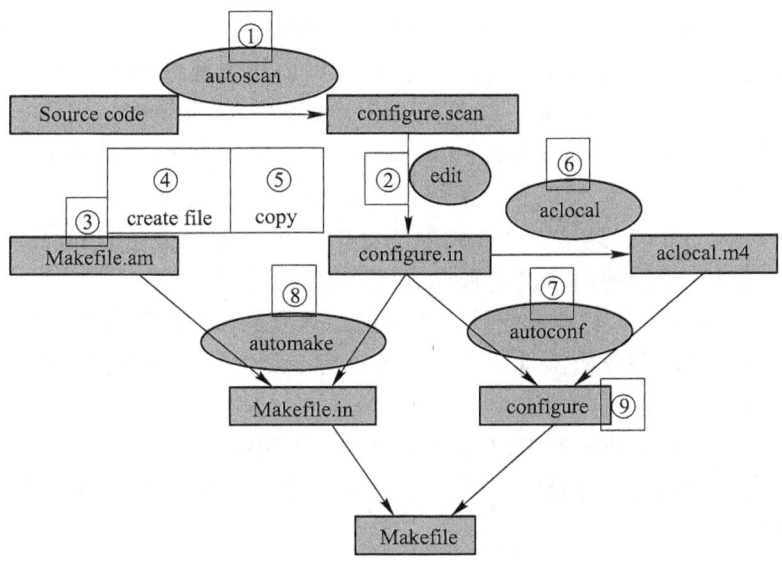

图 1.22 生成 Makefile 文件的步骤

相应规则列出可执行文件、静态库、头文件和数据文件目标格式。

③ 运行 aclocal 命令(标记⑥),产生 aclocal.m4 文件。在使用 AutoMake 时还需要一些其他的宏,这些额外的宏用 aclocal 来帮助产生。用 aclocal 所产生的宏会告诉 AutoMake 如何动作。有了 configure.in 及 aclocal.m4 两个文件以后,便可以执行 autoconf 来产生 configure 文件了。

④ 运行 autoconf 命令生成 configure(标记⑦)。

⑤ 运行 automake -a 命令(标记⑧),AutoMake 工具会根据 configure.in 中的宏并在 perl 的帮助下把 Makefile.am 转成 Makefile.in 文件。

⑥ 运行 ./confiugre 脚本,则在对应目录下生成了 Makefile 文件(标记⑨)。

1.4.4 程序调试工具 GDB

前面介绍了 Linux 下 C 语言程序开发使用的相关工具,本小节介绍程序调试的常见方法并主要介绍 GDB 工具。

内存错误是一种常见而又后果严重的错误,用于内存错误的调试工具通常有 GDB、Catchsegv、Backtrace、Splint 和 Valgrind。

GDB 是在 Linux 下用来调试 C 语言程序的一个工具,功能非常强大。一般 Linux 发行版都自带该工具。

在多人协作的项目中,通过 Catchsegv 工具可以很快地将问题定位到某个函数,然后再交给负责该函数的程序员去检查,对于调试工作比较方便。

Backtrace 工具的功能和 Catchsegv 工具基本上一样,也是输出函数出错时函数之间的调用堆栈关系。不同的是,Catchsegv 是直接对生成的可执行程序进行调试;而 Backtrace 是通过 backtrace 函数在程序出错时给出程序的调用堆栈关系,但只是几个地址的关系而不是函数名。函数 backtrace_symbols 和 backtrace_symbols_fd 是把几个地址调用关系转换成可读的函数名,这样就能定位到具体的函数。backtrace_symbols 和 backtrace_symbols_fd 函数的区别是,前者会把函数调用关系输出到屏幕上,而后者会把函数调用关系输出到文本里。

微视频:
GDB 基本使用演示

　　Splint 工具是一个代码静态分析工具。静态分析是指代码没有运行,而是通过对代码的语法检查来查看代码是否有问题。

　　Valgrind 工具是业界公认的功能齐全且性能比较强的工具。它是一个比较典型的动态分析工具。动态分析是指不对代码本身进行检查,而是对编译后的可执行文件进行检查。

　　下面具体介绍 GDB 的使用方法。GDB 的使用需要满足一个前提,即原来在使用 GCC 编译程序时并不需要加-g 选项,但在使用 GDB 进行调试时必须要加上,示例代码如下。

```
$ gcc -g -Wall hello.c -o hello
$ g++ -g -Wall hello.cpp -o hello
```

只有把调试信息包含到程序中,才可以使用 GDB 对程序进行调试。常用的 GDB 命令如表 1.13 所示。

表 1.13　常用的 GDB 命令

命令	作用
list	显示源码
break NUM	设置断点
run	运行可执行文件
next	单步执行(不进入函数)
step	单步执行(进入函数)
bt	显示调用栈

例 1.4　使用 GDB 工具对如下源代码 hello.c 进行调试。

```
root@ubuntu:/home/linux/chapter_2# gcc hello.c -o hello -g -Wall   ①
root@ubuntu:/home/linux/chapter_2# gdb hello   ②
GNU gdb (Ubuntu/Linaro 7.4-2012.04-0ubuntu2.1) 7.4-2012.04
Copyright (C) 2012 Free Software Foundation, Inc.
License GPLv3+: GNU GPL version 3 or later <http://gnu.org/licenses/gpl.html>
This is free software: you are free to change and redistribute it.
There is NO WARRANTY, to the extent permitted by law.  Type "show copying"
```

```
and "show warranty" for details.
This GDB was configured as "i686-linux-gnu".
For bug reporting instructions, please see:
<http://bugs.launchpad.net/gdb-linaro/>...
Reading symbols from /home/linux/chapter_2/hello...done.
(gdb) list  ③
1         #include<stdio.h>
2         int main()
3         {
4           printf("hello, everyone!\n");
5           return 0;
6         }
(gdb) break 3  ④
Breakpoint 1 at 0x80483dd: file hello.c, line 3.
(gdb) run  ⑤
Starting program: /home/linux/chapter_2/hello

Breakpoint 1, main () at hello.c:4
4           printf("hello, everyone!\n");
(gdb) next  ⑥
hello, everyone!
5           return 0;
(gdb) q  ⑦
A debugging session is active.

        Inferior 1 [process 3182] will be killed.

Quit anyway? (y or n) y
root@ubuntu:/home/linux/chapter_2#
```

具体过程如下。

① 打开终端。

② 代码的标记①处生成带有调试信息的可执行文件,输入

`gcc hello.c -o hello -g -Wall`

③ 使用 GDB 调试,输入如下:

gdb hello	见标记②处,执行 hello 程序;
(gdb)list	见标记③处,输出所有代码;
(gdb)break 3	见标记④处,设置一个断点;
(gdb)run	见标记⑤处,运行程序;
(gdb)next	见标记⑥处,继续运行下一步;
(gdb)q	见标记⑦处,退出 GDB。

在具体操作中可通过 help 命令查看 GDB 各选项的用法。

在 C 语言开发过程中内存错误是一个开发者很容易犯的错误,比如定义了一个指针但没有给指针分配内存,当给指针赋值时就会发生错误。值得注意的是,从程序员角度看"内存的操作越界,如数组的越界"。数组越界会导致内存错误,但对于数组越界 GCC 有时并不会给

出任何提示。

例 1.5 没有给指针分配内存的例子。

```
1   #include<stdio.h>
2   #include<stdlib.h>
3
4   void main()
5   {
6       char * c=NULL;①
7       *c='s';②
8   }
```

在标记①处定义了指针 c，但没有分配内存，在标记②处给指针赋值。GDB 的调试结果如下。

```
root@ubuntu:/home/linux/chapter_2# gcc -o g gdb.c -g
root@ubuntu:/home/linux/chapter_2# gdb ./g
GNU gdb (Ubuntu/Linaro 7.4-2012.04-0ubuntu2.1) 7.4-2012.04
Copyright (C) 2012 Free Software Foundation, Inc.
License GPLv3+: GNU GPL version 3 or later <http://gnu.org/licenses/gpl.html>
This is free software: you are free to change and redistribute it.
There is NO WARRANTY, to the extent permitted by law.  Type "show copying"
and "show warranty" for details.
This GDB was configured as "i686-linux-gnu".
For bug reporting instructions, please see:
<http://bugs.launchpad.net/gdb-linaro/>...
Reading symbols from /home/linux/chapter_2/g...done.
(gdb) run ①
Starting program: /home/linux/chapter_2/g

Program received signal SIGSEGV, Segmentation fault.
0x080483c4 in main () at gdb.c:7
7           *c='s';
(gdb)
```

标记①是在 GDB 工具中执行 run 命令时，发出一个提示信号 SIGSEGV。每当内存发生错误时都会发出这样的信号，通过这个信号可以进行内存错误的定位。这里提示第 7 行发生错误，可以回到源码进一步定位错误，最后发现错误之处是给一个未分配内存的指针赋值。

【本章小结】

本章介绍了 Linux 的发展历史、Linux 的发行版本谱系、Linux 的桌面环境，许可证和版权的概念，软件的体系结构和常用开发工具。通过本章的学习可对 Linux 的历史有所了解，并对许可证和版权有所认识，理解操作系统的作用并掌握常用的开发和调试工具。

【研讨与思考】

研讨主题：调研 Linux 环境下内存错误检测工具。

题目说明：内存错误包括使用未初始化的内存、读写已释放的内存、访问已分配的一段内存之后或之前的内存、读写栈上不正确的位置（通常意义上的栈缓冲区溢出的方式）、内存泄露。内存检测有很多工具，在 Linux 平台下比较典型的有 Valgrind、MemWatch、Splint 等。请对 Linux 环境下内存错误检测工具进行调研，对每种工具进行分析。要求对三种及以上内存错误检测工具进行分析对比（着重进行一种工具的调研），应清晰简洁地描述每种工具的特点及用法。

调研关键词：内存泄露、内存溢出

【练习与实践】

1. 掌握 VIM 编辑器的基本操作，认真学习 Linux 正文编辑的相关基础知识，了解其编辑方式、插入方式和命令方式。打开 VIM 依次执行以下操作。

（1）进入插入模式；

（2）复制正文 nyy　复制 n 行；

（3）删除正文 ndd　删除 n 行；

（4）替换正文；

（5）查找定位；

（6）文件操作：!cmd　　:r!cmd；

（7）分屏显示文件:vsp　　:sp　nyy。

2. 创建 hello.c 文件，编写一个简单的 helloworld 程序，先使用命令行的方法手动编译 hello.c 文件，然后编写 hello.c 文件的 Makefile 文件，并使用 make 命令生成可执行文件；查询 GCC 创建目标的过程，由预处理到链接的过程，确定依赖关系，分步执行，并生成中间文件。

3. 对习题 2 编写的 Makefile 文件采用变量和隐晦规则进行优化，并确保能正确运行。使用的变量需用到所有提及的变量定义方法（至少包括预定义变量，自定义变量）。

4. 在同一目录下创建三个源文件，hello.c 输出"helloworld"，my_info.c 打印自己的名字，还有一个头文件 my_info.h 用于将自己的名字定义为宏。为这三个源文件编写两个 Makefile 文件：一个主 Makefile；一个变量相关定义 hello.mk，被主 Makefile 包含。正确执行，输出结果。要求在 Makefile 中使用自动变量、自动匹配、内部函数（wildcard 和 patsubst）和 Makefile 包含等功能。

5. 下面的项目含有多个子目录，多个源文件。

```
$ tree
```

```
.
|- common
|   |_ main.c
|- hello.mk
|- include
|   |- sub_mod1.h
|   |_ sub_mod2.h
|- Makefile
|- sub_mod1
|   |_ sub_mod1.c
|_ sub_mod2
    |_ sub_mod2.c
```

编写两个 Makefile 文件：一个主 Makefile；一个变量相关定义 hello.mk，被主 Makefile 包含。正确执行，输出结果。分别用 VPATH 和 vpath 两种方法实现目录管理，要求用到多种自动变量、自动匹配、内部函数和 Makefile 包含等功能。

6. 以下为一个存在内存泄露的测试程序，使用 mktrace 进行测试并分析是否发生内存泄露，并定位内存泄露的代码位置。

```
int main(int argc, char **argv)
{
    char *p=malloc(16);
    free(p);
    p = malloc(32);
    return 0;
}
```

7. 编程实现下列图像的输出，使用 GDB 设置断点，采用单步、断点跳跃等方式对程序进行调试，使断点停留在中心"A"字符处，记录此时相关的函数调用栈和函数上下文的信息。

```
* * * * * * * * *
 * * * * * * * *
   * * * A * * *
    * * * * *
     * * *
      *
```

第 2 章　Shell 与 Shell 编程

知识框图

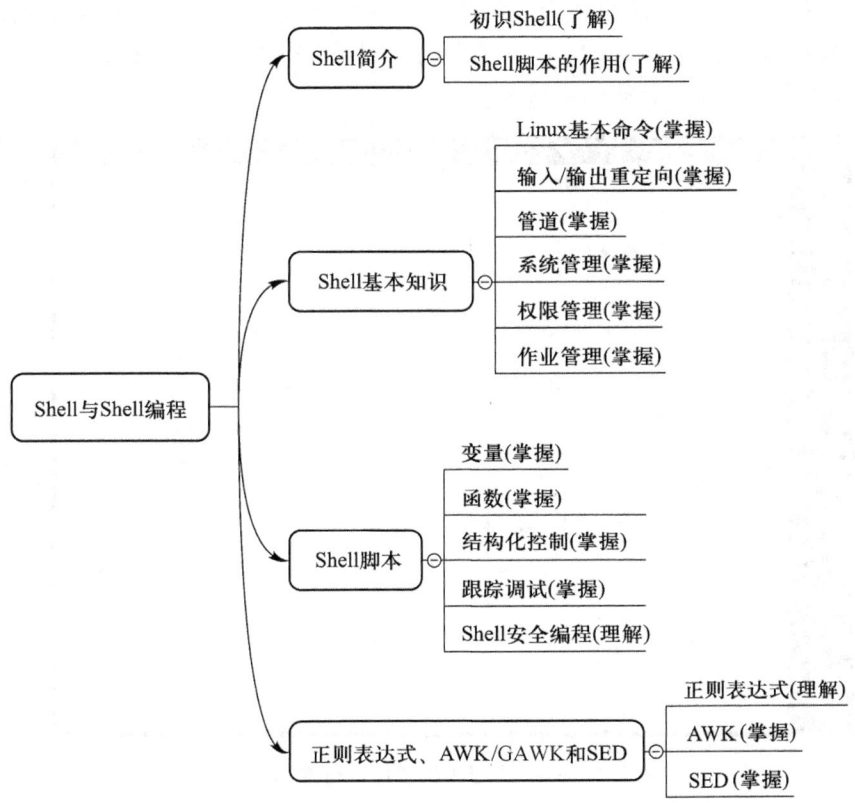

2.1　Shell 简介

2.1.1　初识 Shell

Shell,即"果壳""外壳"的意思。顾名思义,Shell 是 Linux 系统的一层"外壳",用户通过这层"外壳"使用 Linux 系统。它类似于 DOS 下的 command 或

微视频:
Shell 基本知识

cmd.exe,能够接收用户输入的命令,然后调用相应的应用程序去执行。

用户直接使用操作系统的内核是不现实的,而通过 Shell 这层"外壳"可以方便有效地调用内核(kernel)资源,并保护内核资源不被破坏。

Shell 本身是使用 C 语言编写的程序,可以说 Shell 是为用户提供使用操作系统的接口,它是命令语言、命令解释程序及脚本编程语言的统称。

之所以说 Shell 是命令语言,是因为它能够执行用户输入的命令。Shell 为用户与操作系统提供了交互界面,当用户通过交互界面成功登录后,操作系统执行 Shell 程序。Shell 进程提供了命令行提示符,如图 2.1 所示。用户在命令行提示符后输入命令并单击回车键之后,经过 Shell 解释,然后传给 Linux 内核。作为默认值,对普通用户用"$"作提示符,对超级用户(root)用"#"作提示符。这两个符号都表示等待用户输入。

图 2.1　Shell 进程提供了命令行提示符

Shell 是一个命令解释程序,能够解释执行 Shell 脚本编写的程序。它拥有自己内建的 Shell 命令集,也能被系统中其他应用程序调用。

Shell 是一种脚本编程语言,它包含许多高级语言中使用的程序元素,如变量、程序控制结构、函数和数组等。Shell 本身是一种解释型的程序设计语言,通过解释器读入代码,解释并执行,不需要像高级语言那样编译之后再执行。

图 2.2 显示了 Shell 在 Linux 操作系统中的位置。最中心的部分是硬件(Hardware),用来完成具体的功能。硬件外围是内核(Kernel),用来完成进程管理、进程间通信、文件管理、内存管

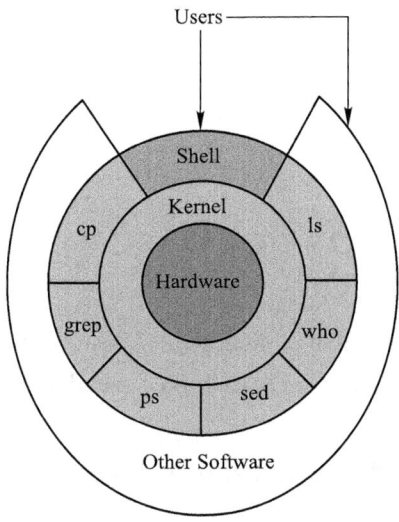

图 2.2 Shell 在 Linux 操作系统中的位置

理、网络管理等功能。内核的外围是 Shell,用来与用户进行交互。以声卡芯片为例,Kernel 提供支持该声卡芯片的驱动程序。用户输入发声的命令后,Shell 把该命令传达给 Kernel,Kernel 通知声卡芯片开始工作。

由此可以看出,Shell 起到了用户与系统沟通的中间桥梁作用。

不同于 DOS 下仅有一个 command.com,在 Linux 下 Shell 解释器有多种,每种 Shell 都有各自的特点,一般的 Linux 系统都将 Bash 作为默认的 Shell。常见的 Shell 有以下几种。

/bin/sh:即 Bourne Shell,是 UNIX 上的标准 Shell,已被/bin/bash 取代。

/bin/bash:Linux 预设的 Shell。

/bin/ksh:即 Korn Shell(由 AT&T 贝尔实验室开发),共有 42 条内部命令,兼容 Bash。

/bin/tcsh:整合了 C Shell,比 C Shell 提供更多的功能。

/bin/csh:已被/bin/tcsh 所取代。

/bin/zsh:基于 ksh 开发,功能更强的 Shell。

查看/etc/shells 文件,可以看到 Linux 下有哪些 Shell。

本书涉及的是 Bash Shell,它是一个增强的 Bourne Shell,是 UNIX 下的标准 Shell,也是 Linux 下默认的 Shell。通过查看环境变量 SHELL 可以知道当前运行的 Shell 类型,在当前的命令行提示符 linux@ ubuntu:~$ 下输入 echo $SHELL,屏幕上会显示出 /bin/bash。

例 2.1 用 cat 命令查看登记在本系统上合法的 Shell 解释器。

```
linux@ubuntu:~$ cat /etc/shells
# /etc/shells: valid login shells
/bin/sh
```

```
/bin/dash
/bin/bash
/bin/rbash
/bin/tcsh
/usr/bin/tcsh
/bin/ksh93
/bin/zsh
/usr/bin/zsh
```

经常使用的 Shell 有 Bash Shell 和 TC Shell 两种。Bash Shell 和 TC Shell 均有各自的优点：TC Shell 能够自动检测并且更正拼错的命令或单词，Bash Shell 有别名功能、记忆功能（通过使用上下键能够找到已使用过的命令）。

例 2.2 在终端输入相应的命令来切换使用的 Shell。

```
linux@ubuntu:~$ sh
$ whoami
linux
$ exit
linux@ubuntu:~$
```

本例中 sh 命令表示从默认的 Bash Shell 切换到 Bourne Shell。exit 表示退出并返回 Bash Shell。

2.1.2　Shell 脚本的作用

Shell 脚本运行在比编译型语言还要高的层级，能够轻易处理文件与目录之类的对象。Shell 主要具有如下优点：

① 简单性。Shell 作为一个高级脚本语言，可以简单地表达复杂的操作。可以把经常用到的功能写到一个脚本文件中，这个脚本还可以被其他更复杂的功能调用。比如对文件的操作，高级语言要实现取文件中满足条件的某几列功能，可能需要使用循环语句遍历整个文件，然后根据条件进行过滤，而 Shell 中的 awk 命令可以通过设置条件，仅用一条语句即可实现该操作。

② 可移植性。Shell 符合可移植的操作系统接口（POSIX）标准。为了给不同的操作系统及程序提供软件的可移植性，POSIX 标准的参与者制定了一套在不同平台之间实现应用程序的标准。有了这套标准，在一台机器上编写的软件可以在另外一台硬件配置不同的机器上运行。

③ 开发相对容易。可以在短时间内开发出功能强大的 Shell 脚本。例如一小时可以完成一个 Shell 脚本，而为了实现同样的功能，C 语言或 C++语言则可能需要一两天。原因是 Shell 本身有很多内建的命令，通过使用这些命令可以方便地实现复杂的功能，而不需要再从头编写这些功能的代码。尤其对于系统管理员来说，由于需经常查看每台主机的登录文件等相关信息，通过 Shell 提供的重定向以及管道命令即可快速地完成查看分析操作。

2.2 Shell 基本知识

2.2.1 Linux 基本命令

1. echo 命令

echo 命令用来显示文本行或变量，或配合一些操作把字符串输入文件。其命令格式为

echo string

echo 命令一般不需用引号来标记字符串，但如果字符串中有空格、引号等特殊字符就要用引号将其括起来，否则输出结果会与预期不符。可以通过例 2.3 和例 2.4 对比，echo 显示文本时加双引号与不加双引号的结果。

微视频：
Shell 基本命令

例 2.3 echo 不带双引号示例。

```
linux@ubuntu:~$ echo Let's see if this'll work
Lets see if thisll work
```

例 2.4 echo 带双引号示例。

```
linux@ubuntu:~$ echo "Let's see if this'll work"
Let's see if this'll work
```

例 2.3 中 echo 后的文本没用双引号括起来，在文本显示时"Let's"和"this'll"就丢了应有的单引号，而例 2.4 则正常显示。

echo 命令带有一些选项，使用这些选项可以达到一些特殊的输出要求，比如：

-n 不要在最后自动换行；

-e 解析输出内容中的转义符，转义符常用的有

    \a 发出警告声；

    \t tab 键；

    \n 换行符；

    \c 最后不加换行符号。

例 2.5 echo -e 示例。

```
linux@ubuntu:~$ echo -e "what's your name?\c"
what's your name?linux@ubuntu:~$
```

或者：

```
linux@ubuntu:~$ echo -n "what's your name?"
what's your name?linux@ubuntu:~$
```

从例 2.5 的执行结果可以看到，echo 加上 -e 选项后能够解析转义字符"\c"，它表示最后不

带换行符,与直接使用-n 选项的结果相同。

2. read 命令

read 命令的作用是从键盘读入信息,将其赋给一个变量,直到遇到回车或文件结束符为止。其命令格式为

read 变量1 变量2 变量3

例 2.6　从键盘读入字符串给变量 name 赋值,然后使用 echo 命令显示出来。

```
linux@ubuntu:~$ read name
Hello, I am a superman
linux@ubuntu:~$ echo $name
Hello, I am a superman
```

例 2.6 是仅为一个变量赋值,read 命令也可以为多个变量赋值。例 2.7 输入两个变量 name 和 surname,再输入两个字符串 John 和 Tom,最后通过 echo 显示出来。可以看到 John 赋值给了 name,Tom 赋值给了 surname。

例 2.7　read 同时读入两个变量的值。

```
linux@ubuntu:~$ read name surname
John Tom
linux@ubuntu:~$ echo $name
John
linux@ubuntu:~$ echo $surname
Tom
```

read 也可以加选项实现一些特殊输入要求的功能,主要的选项有:

-p　先显示提示信息,然后将键盘输入内容赋给变量;

-n　限定变量所接收的字符个数;

-s　隐藏输入字符。

例 2.8　read 的 p 选项示例。

```
linux@ubuntu:~$ read -p "please input var:" var
please input var:1
linux@ubuntu:~$ echo $var
1
```

例 2.8 使用-p 选项先输出提示信息"please input var:",然后通过键盘输入变量 1,使用 echo 显示变量 var 为 1。

例 2.9　read 的-n 选项示例。

```
linux@ubuntu:~$ read -n 6 var
123456linux@ubuntu:~$ echo $var
123456
```

例 2.9 使用-n 选项指定后面的变量 var 需要接收 6 个字符,当输到 6 个字符之后输入截止,var 的值就是 123456。

例 2.10 read 的-s 选项示例。

```
linux@ubuntu:~$ read -s var
linux@ubuntu:~$ echo $var
123
```

例 2.10 使用-s 选项指定输入的字符不显示,按回车键结束。-s 选项一般用于密码的输入。

例 2.11 read 的"<"输入重定向示例。

```
linux@ubuntu:~$ cat text.txt
first line in file
second line in file
linux@ubuntu:~$ read var<text.txt
linux@ubuntu:~$ echo $var
first line in file
```

变量不仅可以从键盘输入,还可以从文件输入。例 2.11 使用命令 read var<text.txt 实现了把文件 text.txt 中的第一行赋值给变量 var 的功能。"<"表示输入重定向,它有两个功能,① 从键盘输入,这是比较常规的方式;② 直接从文件输入,后面章节会具体讲解。在这里"<"表示从文件输入。

下面的代码(脚本名为 test.sh)综合上面的 echo、read 命令,判断一个文件如果是字符文件或块设备文件,则把该文件复制到/dev 目录下。

```
1   #!/bin/bash
2
3
4
5   echo -e "The program will judge a file is or not a device file \n \n"
6   read -p "Input a filename:" filename
7   if [ -b "$filename" -o -c "$filename" ]
8   then
9       echo "$filename is a device file" && cp $filename /dev/
10  else
11      echo "$filename is not a device file" && exit 1
12  fi
```

代码通过 echo -e 命令输出提示信息,通过 read -p 命令要求输入文件名,然后通过 if -b 判断是否为块设备文件,通过 if -c 判断是否为字符设备文件,-o 表示"或"的意思。如果输入的文件是字符设备文件或块设备文件,则把该文件通过 cp 命令复制到/dev 目录下。

```
linux@ubuntu:~$ ./test.sh
The program will judge a file is or not a device file

Input a filename:/dev/ram0
/dev/ram0 is not a device file
```

3. cat 命令

cat 是一个简单而常用的命令,用来显示文件内容或控制字符。cat 命令的一般形式为

cat 文件1 文件2

例 2.12 利用 cat 显示 myfile1.txt 和 myfile2.txt 两个文件的内容。

```
linux@ubuntu:~$ cat myfile1.txt myfile2.txt
I am a test file1
I am a test file2
```

例 2.13 利用 ">" 输出重定向到新的文件中。

```
linux@ubuntu:~$ cat myfile1.txt myfile2.txt >bigfile.txt
linux@ubuntu:~$ cat bigfile.txt
I am a test file1
I am a test file2
```

例 2.13 通用 ">" 把 myfile1 和 myfile2 两个文件输出重定向到 bigfile.txt 文件中,可以看到 bigfile.txt 已包含了这两个文件的内容。

例 2.14 用 cat 命令把屏幕上的内容输出重定向到文件 myfile3 中。

```
linux@ubuntu:~$ cat >myfile3.txt
It is a nice day
linux@ubuntu:~$ cat myfile3.txt
It is a nice day
```

例 2.14 利用 cat 命令把屏幕上的内容输出重定向到文件 myfile3 中。从键盘输入 "It's a nice day",输入完之后按〈Ctrl-D〉键结束输入,输入的内容已保存到该文件中。

2.2.2 输入/输出重定向

如图 2.3 所示,在 Linux 下每执行一个命令,都会由内核自动打开三个文件:标准输入文件(STDIN,代号为 0)、标准输出文件(STDOUT,代号为 1)和标准错误输出文件(STDERR,代号为 2)。默认情况下,键盘作为标准输入设备,屏幕作为标准输出和标准错误输出设备。

1. 标准输入

标准输入文件在/dev/stdin 路径下,这是一个软链接文件,链接到/proc/self/0 文件,而这个文件又链接到/dev/pts/1 文件,它是一个字符设备文件。

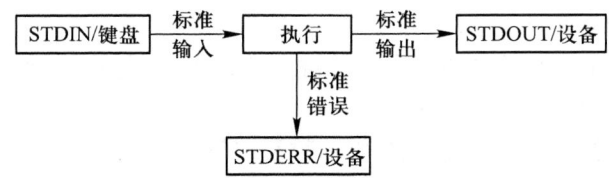

图 2.3 Linux 下标准输入、标准输出和标准错误输出示意

例 2.15 使用 file 命令查看标准输入的文件类型。

```
root@ubuntu:/dev# file stdin
stdin: symbolic link to '/proc/self/fd/0'
root@ubuntu:/dev# cd pts
root@ubuntu:/dev/pts# file /proc/self/fd/0
/proc/self/fd/0: symbolic link to '/dev/pts/29'
root@ubuntu:/dev/pts# file 1
1: character special
```

在 Linux 系统中，字符设备文件可以使用与普通文件相同的文件操作命令进行打开、关闭、读、写等操作。比如要安装声卡，需要在内核中增加一个新的声卡驱动，则使用 mknod 命令来为声卡驱动创建字符特别文件。假如该声卡驱动的设备文件名为/dev/tty10,命令如下：

```
mknod /dev/tty10 c 5 1
```

其中 c 表示字符型设备，5 表示主设备号，1 表示次设备号。

有了这个设备文件之后，可以通过 open、close、read、write 等系统调用对设备文件/dev/tty10 进行操作。设备与驱动程序的通信方式依赖于硬件接口。当设备上的数据传输完成时，硬件通过总线发出中断信号让系统执行一个中断处理程序。中断处理程序与设备驱动程序协同工作完成数据传输的底层控制。

2. 标准输出和标准错误输出

在执行 cat /etc/passwd 命令时，文件 passwd 的内容会显示到计算机屏幕上，这里的屏幕就是标准输出设备。如果执行 cat /etc/passwd_no 命令，但 passwd_no 文件不存在，则在屏幕上输出 cat: /etc/passwd_no: No such file or directory，这里的屏幕就是标准错误输出设备。由此可以看出，标准输出指的是命令执行结果的正确输出信息，标准错误输出指的是命令执行结果的错误输出信息。

3. 输入输出重定向

重定向的符号有：

<　　标准输入的重定向

<<　　输入结束

>　　标准输出的重定向

>> 追加方式输出重定向

输入重定向是指用某个文件的内容来代替键盘的输入。下面用简单的示例来说明什么是重定向。

例 2.16 用 wc 命令统计文件的行数、单词数和字符数。

```
root@ubuntu:~# wc /etc/passwd
  48   71  2403  /etc/passwd
```

另一种把/etc/passwd 文件内容传给 wc 命令的方法是重定向 wc 的输入。输入重定向的一般形式为

命令<文件名

可以用下面的命令把 wc 命令的输入重定向为/etc/passwd 文件。

```
wc</etc/passwd
```

输出重定向比输入重定向更常用,常用的场合有:

① 当一个命令的输出内容太多,屏幕上不能完全显示时,可以把输出重定向到文件中,再打开文件查看所有输出信息。

② 对于一个后台执行的程序,如果不希望它输入任何信息到屏幕上,可以通过把输出的信息放入空设备的方式进行隐藏。

③ 当需要将一个命令的输出当作另一个命令的输入时,可使用输出重定向。

例 2.17 使用 ls 命令列出本目录下的所有文件和文件名,并重定向到文件 filename 中。

```
linux@ubuntu:~$ ls >filename
linux@ubuntu:~$ cat filename
bigfile.txt
examples.desktop
myfile.txt
```

例 2.18 查看不存在的文件 file_noexist。

```
linux@ubuntu:~$ cat file_noexist
cat:file_noexist:No such file or directory
linux@ubuntu:~$ cat file_noexist 2>/dev/null
```

查看不存在的文件 file_noexist,系统输出错误提示"cat:file_noexist:No such file or directory",如果加上"2>/dev/null",则不提示任何错误。这里"2"表示标准错误输出,即把标准错误输出重定向到/dev/null 中,屏幕上不输出错误信息。

/dev/null 是一个空设备,可以理解为只写不可读的文件。利用/dev/null 可以隐藏错误输出,不输出到屏幕上。

2.2.3 管道

为了得到某个运行的结果或使结果以一定的格式输出,有时通过单一的命令是不能满足需

求的,需要多个命令顺序执行,即命令 1 执行完之后,输出结果作为命令 2 的输入,命令 2 处理完之后得到一个输出,再把输出交给命令 3 作为输入……如此一连串命令执行完之后,得到想要的结果。

管道是把一个命令的输出作为另一个命令的输入,用符号"|"表示,它的一般形式为

命令 1 |命令 2

即把命令 1 的输出作为命令 2 的输入。一个命令的输出可能来自键盘的输入,也可能来自另一个命令的输出。

例 2.19 管道示例 1。

```
linux@ubuntu:~$ ls |grep myfile
myfile1.txt
myfile2.txt
myfile3.txt
```

ls 命令表示在当前目录中执行文件列表操作,如果没有管道,则所有文件都会显示出来。本例中管道表示把所有 ls 命令列出的文件交给管道右边的命令 grep,即使用 grep 命令在 ls 的文件列表中搜索文件名中有 myfile 的文件。

例 2.20 管道示例 2。

```
linux@ubuntu:~$ ls |wc -w
19
```

本例目的是列出当前目录下文件或文件夹的个数。先使用 ls 命令列出目录下所有的文件,然后将 ls 输出的结果作为 wc 的输入,用 wc 命令统计文件个数。从运行结果可以看到,通过管道将两个命令连接,得到了统计目录下的文件个数。

读者可能会问,如果命令 1 是错误输出,那么命令 2 还能执行吗?自然不能,因为命令 2 没有了输入,无法进行处理。比如打开一个文件并对它进行排序:

```
linux@ubuntu:~$ cat fileone |sort
cat: fileone: No such file or directory
```

因为文件不存在,所以 sort 命令是无法执行的。

还要注意的是,管道后面的命令要有接收标准输入处理的能力,好比管道是一根两头开的水管,一端水流入,另一端水流出,而管道后面的命令必须能够接收流入的"水"。比如 sed、awk、cut、head、top、less、more、wc、join、sort、split 等命令都可以接收标准输入,都可以对文本进行处理;而 cp、ls、mv 命令则不能接收标准输入,这些命令后必须带有文件名或目录名。

下面简单介绍两个常用的管道命令。

1. sort 命令

sort 命令可以根据不同的数据类型进行排序,不改变文件。

命令格式:sort [-bdfgi…] filename

参数说明：

-u：删除重复的行；

-r：默认的排序方式是升序，-r 表示降序排序；

-n：以数值排序。

例 2.21 用 sort 命令对文件中的内容进行排序。

```
linux@ubuntu:~$ cat Num.txt
10c
jjj
wsd
four
linux@ubuntu:~$ sort Num.txt
10c
four
jjj
wsd
linux@ubuntu:~$ cat Num.txt
10c
jjj
wsd
four
```

从例 2.21 可以看出，经过 sort 排序之后，输出的结果默认是根据 ASCII 码升序排列，但是文件本身没有改变。

2. split 命令

split 命令按指定的行数或大小截断文件。

命令格式：split [-n] file [name]

参数说明：

-n：指定截断的每一文件的长度，默认为 1 000 行；

file：要截断的文件；

name：截断后产生的文件的文件名的开头字母，默认为 x，即截断后产生的文件的文件名为 xaa,xab,…,xzz。

例 2.22 指定每 2 行截断。

```
linux@ubuntu:~$ split -2 Num.txt ff
linux@ubuntu:~$ cat ffaa
10c
jjj
```

```
linux@ubuntu:~$ cat ffab
wsd
four
```

本例对文件 Num.txt 中的内容指定每 2 行截断,文件名以 ff 开头。由于 Num.txt 文件中的内容有 4 行,所以被截断为两个文件 ffaa 和 ffab。

2.2.4 系统管理

系统管理命令一般是对文件、目录操作进行管理。对于 Linux 系统来说,无论是 CPU、内存、磁盘驱动器、键盘、鼠标,还是用户等都是文件,Linux 的系统管理命令是其正常运行的核心。

从文件管理的角度来看,Linux 和 Windows 系统有很大的不同。Windows 下硬盘分区可以有多个,每个硬盘分区下有多个目录。可以说,Windows 的目录结构是由"多棵树"构成。但是 Linux 所有的一切从"根"开始,把所有的分区都放在"根"下,因此 Linux 的目录结构可以看成是"一棵树"(如图 2.4 所示)。下面是 Linux 下常见的几个目录。

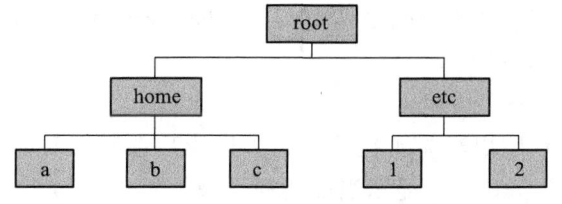

图 2.4 Linux 目录结构

/:根目录,一般根目录下只存放目录,不存放文件;
/home:系统默认的用户宿主目录;
/usr/bin:命令文件目录,也称为二进制目录;
/usr/sbin:该目录放置系统管理员使用的可执行命令;
/etc:系统配置文件目录,一些服务器的配置文件也在这里;
/var:经常变动的目录,/var 下有/var/log,是用来存放系统日志的目录;
/tmp:临时文件目录,有时用户运行程序会产生临时文件;
/dev:设备文件存储目录,如声卡、磁盘等。

说到 Linux 目录结构,不能不提到文件系统目录标准(filesystem hierarchy standard,FHS)。FHS 规定了在目录下如何存放文件,多数 Linux 版本采用这种文件组织形式。它采用树形结构组织文件,定义了系统中每个区域的用途、所需要的最小构成的文件和目录,同时还给出了例外处理与矛盾处理。

此外,根据文件名写法的不同,可将路径(path)定义为绝对(absolute)路径与相对(relative)路径。

绝对路径指由根目录(/)开始的文件名或目录名,如/home/jit。

相对路径指相对于当前路径的文件名写法,如 ./home/dmtsai 或 ../../home/jit/等。

- . 表示当前目录,也可以使用 ./
- .. 表示当前目录的上一层目录,也可以使用 ../
- ~ 表示 home 目录

必须要了解,相对路径是以"当前所在路径的相对位置"来表示的。

当需要切换到确切的目录下时会用到绝对路径。比如用户当前所在的路径是/home/jit/test,如果要切换到/usr/bin 目录下,只需要使用 cd /usr/bin 就可以直接切换到/usr/bin 目录下。此外,在写 Shell 脚本时也多用到绝对路径,以便脚本在不同的机器上执行,而不至于找不到路径。

如果用户已在主目录下,希望切换到主目录下的另外一个目录,而绝对路径又很长,使用相对路径就显得更方便。相对路径就是指定一个基于从当前位置开始的目标文件路径,不需要从根目录开始。比如,当前用户在/home/jit/book 目录下,为了切换到/home/jit/Music 目录,只需要 cd ../Music 就可以了,不需要使用绝对路径 cd /home/jit/Music。

1. 目录操作命令

(1) pwd 命令

pwd 命令的作用是显示用户当前所在的目录。当用户在某个目录下操作,但不知道自己所在的具体目录时,可以输入 pwd 命令显示当前所在目录。

例 2.23 pwd 命令示例。

```
linux@ubuntu:~$ pwd
/home/linux
```

pwd 命令一般单独使用,无需特别注意命令格式。目录位置(包括文件位置)可以使用绝对路径,也可以使用相对路径。

(2) cd 命令

cd 命令用来切换工作目录,可直接用 cd 命令切换到要进入的目录。cd 命令指定短横线"-"作为参数时,表示切换到前一次(执行 cd 命令前)所在的工作目录。

例 2.24 cd 命令示例。

```
linux@ubuntu:~$ cd Music/
linux@ubuntu:~/Music$ pwd
/home/linux/Music
```

(3) ls 命令

前面已简单对 ls 命令有过示例。ls 是 list 的简写,表示显示文件或目录中的内容。

命令格式:ls [选项]…[目录或文件名]

ls 命令常用选项如下。

-l:以长格式显示;
-a:显示所有子目录和文件的信息,包括隐藏文件;
-R:递归显示内容。
直接输入 ls 命令,表示显示当前目录下所有的文件。

例 2.25　使用 ls 命令显示当前目录下所有的文件。

```
linux@ubuntu:~$ ls
bigfile.txt     examples.desktop    ffab            myfile1.txt     test.txt
case.sh         exp_3_2_28.sh       filename        myfile2.txt     text.txt
ch_3_2          exp_3_2_71.c        groupadd.sh     myfile3.txt
ch_3_3          export_myenv.sh     if.sh           Num.txt
ch_3_4          ffaa                Music           test.sh
```

例 2.26　使用 ls -l 显示文件的信息。

```
linux@ubuntu:~$ ls -l
total 92
-rwxrw-r-- 1 linux linux   36 Mar 10 16:26 bigfile.txt
-rwxrw-r-- 1 linux linux  117 Mar 10 16:25 case.sh
```

ls -l 可以显示一些文件的信息,如文件权限、文件拥有者、组信息、文件大小、最后修改日期和文件名等。

例 2.27　使用 ls -R 命令递归显示每个文件夹下的内容。

```
ls -R
./ch_3_2:
bigfile.txt     exp_3_2_71.c        groupadd.sh     myfile3.txt     test.txt
case.sh         export_myenv.sh     myfile1.txt     Num.txt         text.txt
exp_3_2_28.sh   filename            myfile2.txt     test.sh
./ch_3_3:
caseTest.sh    funTest     if.sh        shellTest.sh    var.sh
forTest.sh     if.c        setTest.sh   untilTest.sh    whileTest.sh
```

(4) mkdir 命令

mkdir 命令用来创建一个新的目录(make directory)。

命令格式:mkdir [-p] [/路径/]目录名

-p 选项用于创建多级目录。

例 2.28　mkdir 命令示例。

```
linux@ubuntu:~$ mkdir test01
linux@ubuntu:~$ cd test01
linux@ubuntu:~/test01 $ mkdir -p test02/test03/test04
```

```
linux@ubuntu:~/test01 $ ls
test02
linux@ubuntu:~/test01 $ ls -R
.:
test02

./test02:
test03

./test02/test03:
test04

./test02/test03/test04:
```

例 2.28 中使用 mkdir test01 创建了一个目录 test01,然后在该目录下使用 mkdir -p test02/test03/test04 创建了三级目录,接着使用 ls -R 递归显示结果,即 test02 下有 test03 目录,test2/test03 下还有 test04 目录。

2. 文件操作命令

(1) touch 命令

touch 命令用来新建一个空文件或更新文件时间标记。时间标记是文件最后被修改的时间。

命令格式:touch 文件名 1 文件名 2 … 文件名 n

例 2.29 touch 命令示例。

```
linux@ubuntu:~$ touch file1.txt file2.doc
linux@ubuntu:~$ ls file*
file1.txt   file2.doc
```

例 2.29 使用 touch 命令创建了两个新文件,分别是 file1.txt 和 file2.doc,然后用 ls 命令查看显示这两个文件已经存在。

(2) file 命令

file 命令用来查看文件的类型。

命令格式:file 文件名 1 文件名 2 … 文件名 n

例 2.30 file 命令示例。

```
linux@ubuntu:~$ file test.sh
test.sh:Bourne-Again shell script,ASCII text executable
```

例 2.30 使用 file 命令查看文件 test.sh 的类型。".sh"是 Shell 脚本的扩展名,结果显示 test.sh 文件是符合 POSIX 规范的 Shell 脚本,是可执行的纯文本文件。

(3) cp 命令

cp 命令用来复制文件或目录。

命令格式:cp [选项]…源文件或目录…目标文件或目录

cp 命令常用选项如下。

-r:递归复制整个目录树;

-p:保持源文件的属性不变;

-f:强制覆盖目标同名文件或目录;

-i:需要覆盖文件或目录时进行提醒。

例 2.31　cp -rp 命令示例。

```
linux@ubuntu:~$ cp -rp test01 test06
linux@ubuntu:~$ cd test06
linux@ubuntu:~/test06 $ ls
test01
```

例 2.31 中用 cp -rp 复制整个目录,-p 表示保持源文件的属性、权限不变,即把 test01 目录复制到 test06 目录下。之后用 cd 命令切换到 test06 目录中,看到 test01 中的目录都复制过来了。

(4) rm 命令

rm 命令用来删除(remove)文件或目录。

命令格式:rm [选项]…文件或目录

rm 命令常用的选项如下。

-f:强行删除文件或目录,不进行提醒;

-i:删除文件或目录时提醒用户确认;

-r:递归删除整个目录树。

例 2.32　rm 命令示例。

```
linux@ubuntu:~$ rm -ir test06
rm: descend into directory 'test06'? y
rm: descend into directory 'test06/test02'? y
rm: descend into directory 'test06/test02/test03'? y
rm: remove directory 'test06/test02/test03/test04'? y
rm: remove directory 'test06/test02/test03'? y
rm: remove directory 'test06/test02'? y
rm: remove directory 'test06'? y
```

例 2.32 中使用 rm -ir 命令删除目录 boot。-i 表示在删除该目录时提醒用户确认,-r 表示把该目录下的所有文件和文件夹全删掉。

(5) mv 命令

mv 命令用来移动文件或目录,如果原位置和目标位置相同相当于把文件重命名。

命令格式：mv [选项]…源文件或目录…目标文件或目录

例 2.33　使用 mv 命令把文件 Num.txt 改名为 num.txt。

```
linux@ubuntu:~$ ls Num.txt
Num.txt
linux@ubuntu:~$ mv Num.txt num.txt
linux@ubuntu:~$ ls num.txt
num.txt
```

例 2.34　mv 命令示例。

```
linux@ubuntu:~/Music$ mv /home/linux/num.txt ./
linux@ubuntu:~/Music$ ls
num.txt
```

例 2.34 中使用 mv 命令移动文件，把/home/linux 下的文件 num.txt 移动到当前目录。用 ls 命令查看则文件 num.txt 已在当前目录下。

（6）find 命令

find 命令用于查找文件或目录。

命令格式：find [查找范围] [查找条件]

find 命令有以下 4 种常用的查找条件。

-name：按文件名称查找；

-size：按文件大小查找；

-user：按文件拥有者查找；

-type：按文件类型查找。

例 2.35　find -name 命令示例。

```
linux@ubuntu:~/Document$ ls
bigfile.txt   myfile1.txt   myfile3.txt   text.txt
file1.txt     myfile2.txt   test.txt
linux@ubuntu:~/Document$ find -name "my*"
./myfile3.txt
./myfile1.txt
./myfile2.txt
```

例 2.35 中 find -name "my*" 表示查找当前目录下以"my"开头的所有文件，如果不加范围表示是在当前目录下。

例 2.36　find -size 命令示例。

```
linux@ubuntu:~$ find -size +4K
./examples.desktop
```

例 2.36 中 find -size +4K 是指查找当前目录下大于 4KB 的文件；当命令是-size -4K 时，表示查找小于 4 KB 的文件。从执行结果看查找到了一个满足条件的文件。

(7) tar 命令

tar 命令用来制作归档文件,也就是将多个零散的文件做成一个包(可以压缩,也可以不压缩)。tar 命令常用的选项如下。

-c:创建 .tar 格式的包文件;

-x:解开 .tar 格式的包文件;

-v:输出详细信息;

-f:表示使用归档文件;

-p:打包时保留原始文件及目录的权限;

-P:打包时保持原始文件的绝对路径;

-t:列表查看包内的文件;

-C:解包时指定释放的目标文件夹;

-z:调用 gzip 程序进行压缩或解压;

-j:调用 bzip2 程序进行压缩或解压。

具体选项可参考"man tar"帮助。使用 tar 命令时,选项前的"-"号引导字符可以省略。在实际的备份工作中,通常在归档的同时将包文件进行压缩,以便节省磁盘空间。

例 2.37 tar -jcf 命令示例。

```
linux@ubuntu:~/Document$ tar -jcf test.tar.bz2 ffaa myfile1.txt
linux@ubuntu:~/Document$ ls *.bz2
test.tar.bz2
```

在当前目录下,使用 tar -jcf 来打包。-c 表示创建 tar 格式的包文件,相当于打包文件。-j 表示调用 bzip2 程序进行压缩或解压,bzip2 和 gzip 是两个压缩程序,一般情况下 bzip2 的压缩效率比 gzip 高。-f 表示使用归档文件。这三个选项是压缩的常用组合。在 -jcf 后面加上压缩后的文件名 test.tar.bz2,ffaa 和 myfile1.txt 是要压缩的两个文件。用 ls 查看当前目录多了一个压缩文件 test.tar.bz2。

例 2.38 tar -jxf 命令示例。

```
linux@ubuntu:~/Documents$ mkdir test.tar
linux@ubuntu:~/Documents$ tar -jxf test.tar.bz2  -C ./test.tar
linux@ubuntu:~/Documents$ ls *.bz2
test.tar.bz2
linux@ubuntu:~/Documents$ cd test.tar
linux@ubuntu:~/Documents/test.tar $ ls
ffaa  myfile1.txt
```

解包用的是 -jxf,其中 -x 表示解开 .tar 文件,-jxf 是解压缩常见的组合。
解 .bz2 的压缩包用 -x 选项,而解 .gzip 的压缩包用 -z 选项。-C 用来指定解压的目录,例 2.38 是在当前目录下创建新文件夹 test.tar，然后把压缩包 test.tar.bz2 中的内容解压到 test.tar 中，最后使用 ls 命令查看到解压出的两个文件在该目录下。

2.2.5 权限管理

所谓权限管理，是指 Linux 对操作系统中所有文件和目录都赋予一定的权限，只有被赋予了权限的用户和用户组才能查看或操作目录和文件。之所以使用权限管理对文件进行访问限制，是因为 Linux 是多用户多任务的操作系统，同时会有很多用户登录且对不同的文件进行操作。而用户根据工作性质和身份的不同，访问文件目录的权限也就不同。

下面介绍权限管理中用到的用户和用户组概念，并用简单实例介绍相应命令的用法。

1. 用户

Linux 基于用户身份对资源访问进行控制。用户有超级用户、普通用户和程序用户三类。

① 超级用户：即 root，具有使用系统所有权限的用户，其用户标识号(user ID,UID)为 0。超级用户类似于 Windows 系统中的 Administrator 用户，非执行管理任务时不建议使用 root 用户登录系统。

② 普通用户：即一般用户，使用系统的权限受限，其 UID 为 500—60 000。普通用户账号一般只在用户自己的宿主目录中有完全权限。

③ 程序用户：用于维持系统或某个程序的正常运行，其 UID 为 1—499。一般不允许登录到系统，如 bin、daemon、ftp、mail 等。

（1）/etc/passwd 文件

用户账号的基本信息保存在/etc/passwd 文件下面，每一行对应一个用户的账号记录。文件有多少行，系统就有多少用户。

例 2.39 查看/etc/passwd 的内容。

```
linux@ubuntu:~$ cat /etc/passwd
root:x:0:0:root:/root:/bin/bash
```

本例代码显示了用户的基本信息，几个字段(用冒号:隔开)含义如下：root 代表用户账号的名称，就是用户名；用户密码字串或者密码占位符 x，表示一般不把密码显式地展示到这个文件里；用户账号的 UID 和所属基本组账号的组标识号(group ID,GID)均为 0；root 代表用户全名；/root 为宿主目录；/bin/bash 为登录 Shell 信息。

基于系统运行和管理需要，所有用户都可以访问 passwd 文件中的内容，但是只有 root 用户才能进行更改。早期的 UNIX 操作系统中用户账号的密码信息保存在 passwd 文件中，不法用户可以很容易地获取密码字串并进行暴力破解，因此存在一定的安全隐患。后来经过改进，将密码转存入专门的 shadow 文件并严格控制权限，而 passwd 文件中仅保留密码占位符"x"。

例 2.40 用 tail -1 命令查看/etc/shadow 的内容。
root@ubuntu:/home/linux# tail -1 /etc/shadow
statd:*:17100:0:99999:7:::
master::17372:0:99999:7:::
doctor:6PlQ9lcKJ$SpAPwLYE.avW.MLxMykWyECdpupOYOqjnAZjVYmejPyesyirWaTvNenKT3a.
9czf91ymRKgBhzF32eGxwHBEu/:17372:0:99999:7:::
sshd:*:17401:0:99999:7:::

/etc/shadow 文件用于保存密码字串、有效期等信息,每一行对应一个用户的密码记录。本例用 tail 命令查看/etc/shadow 的内容,下面显示的每一行代表了一个用户的密码记录。

用户密码记录各字段的含义如下:

字段 1:用户账号的名称;
字段 2:加密的密码字串信息;
字段 3:上次修改密码的时间;
字段 4:密码的最短有效天数,默认值为 0;
字段 5:密码的最长有效天数,默认值为 99999;
字段 6:提前多少天警告用户口令将过期,默认值为 7;
字段 7:在密码过期之后多少天禁用此用户,默认为空;
字段 8:账号失效时间,默认值为空;
字段 9:保留字段(未使用),默认为空。

默认只有 root 用户才能读取文件中的内容,并且不允许 root 用户直接编辑该文件中的内容。上次修改密码的时间表示从 1970 年 01 月 01 日(可理解为 UNIX 系统的诞生日)算起到最近一次修改密码时间间隔的天数。

(2)添加、删除用户命令

① useradd 命令

useradd 命令用于添加用户。

命令格式:useradd [选项]…用户名

useradd 命令有如下常用选项。

-u:指定用户标识号 UID;
-m:自动建立用户的登入目录;
-g:指定用户组名(或组标识号 GID)。

② userdel 命令

userdel 命令用于删除用户。

命令格式:userdel [-r] 用户名

-r 选项表示连用户的宿主目录一并删除。

例 2.41 使用 useradd 命令增加一个新用户。

```
root@ubuntu:/home/linux# useradd test01
root@ubuntu:/home/linux# tail -1 /etc/passwd
test01:x:1053:1055::/home/test01:
```

在管理员 root 权限下使用 useradd 命令可以新增用户,最简单的添加用户方法是不添加任何选项,只使用用户名作为 useradd 命令的参数,按系统默认配置建立指定的用户账号。例 2.41 中的 useradd test01 表示添加一个用户 test01,通过 tail 命名查看 passwd 文件可以看到文件中多了一行用户记录,用户名是 test01。

例 2.42 创建名为 st02 的用户账号,并将其 UID 指定为 504。

```
root@ubuntu:/home/linux# useradd -u 504 st02
root@ubuntu:/home/linux# tail -1 /etc/passwd
st02:x:504:1054::/home/st02:
```

例 2.43 创建一个测试用的账号 exam01,指定其属于 users 组,该账号于 2019-07-30 失效。

```
root@ubuntu:/home/linux# useradd -g users -e 2019-07-30 exam01
root@ubuntu:/home/linux# tail -1 /etc/passwd
exam01:x:1054:100::/home/exam01:
root@ubuntu:/home/linux# tail -1 /etc/shadow
exam01:!:18332:0:99999:7::18107:
```

adduser 命令也可以添加用户账号,在 RHEL5 系统中 adduser 命令实际上是 useradd 命令的符号链接。

例 2.44 删除用户 test01 及宿主目录/home/test01。

```
root@ubuntu:/home# adduser test01
root@ubuntu:/home# cd test01
root@ubuntu:/home/test01# touch file1 file2
root@ubuntu:/home/test01# ls
examples.desktop    file1    file2
root@ubuntu:/home/test01#cd ..
root@ubuntu:/home# userdel -r test01
userdel: test01 mail spool (/var/mail/test01) not found
root@ubuntu:/home# ls test01
ls: cannot access test01: No such file or directory
```

通过 ls 命令可以看到/home/test01 目录已被删除。因为没有为 test01 用户创建邮箱目录,所以用 userdel 命令去删除邮箱的路径/var/mail/test01 时会找不到。

(3) passwd 命令

建立用户之后,需要对这个用户使用 passwd 命令设置密码。

命令格式:passwd [选项]…用户名

passwd 命令常用选项如下。

-d:清空用户的密码,使之无需密码即可登录;

-l:锁定用户账号;

-S:查看用户账号的状态(是否被锁定);

-u:解锁用户账号。

例 2.45 passwd 命令示例。

```
root@ubuntu:/home# useradd user01
root@ubuntu:/home# passwd user01
Enter new UNIX password:
Retype new UNIX password:
passwd: password updated successfully
```

未设置密码的用户账号尚未完成初始化,处于不可登录状态,这与空密码的情况(已经为用户设置密码,但密码字串为空)是不同的。未设置密码的用户将被禁止登录系统,被锁定的账号也无法登录,而拥有空密码的用户是可以在本地终端登录的。

普通用户也可以使用 passwd 命令,但只能更改自己的密码,密码要求有一定的复杂性(如不要直接使用英文单词,长度保持在 6 位以上),否则系统可能拒绝进行设置。

2. 用户组

用户的设定是为了区分不同所有者之间的权限,而文件用户组的设定是为了集中为一批所有者进行相同的权限操作。例如,可将同一个班级的学生设成一个组 student,这样对这个组进行操作时组里的所有学生都会有相同的权限,而不需要再分别对每一个学生设置权限。

Linux 下的用户至少属于一个用户组,系统可以对用户组中的所有用户进行集中管理。不同系统对用户组的规定有所不同,如 Linux 下的用户就默认属于与它同名的用户组,这个用户组在创建用户的同时创建,有相应的用户组标识号。组可以分为普通组、系统组和私有组。**普通组**是为普通用户建立的组,可以由管理员建立。**系统组**即加入一些 Linux 自带的系统用户。**私有组**也称基本组,当创建用户时如果没有为其指明所属组,则为其定义一个私有的用户组。

(1) 组账户文件

与用户账号文件相类似,组账户文件用来存放组账户的基本信息。其中/etc/group 保存组账号基本信息,/etc/gshadow 保存组账号的密码信息。

例 2.46 查看/etc/group 文件中包含组 adm 的信息。

```
root@ubuntu:/home# grep "adm" /etc/group
adm:x:4:syslog,linux
lpadmin:x:108:linux
```

例 2.46 查看/etc/group 文件中包含组 adm 的信息,第 2、3 行代码表示查找到两个组,分别用冒号":"来标识每个字段。其中,

第一个字段表示用户组名称,分别为 adm 和 lpadmin;
第二个字段表示用户组密码字串或密码占位符 x;
第三个字段为组标识符 GID,分别为 4 和 108;
第四个字段为用户列表,每个用户之间用","号分割。
(2)添加、删除组账户命令
① groupadd 命令

groupadd 命令用于添加组账户。

命令格式:groupadd [-g GID] 组账号名

-g 选项表示指定一个组标识号 GID。

② groupdel 命令

groupdel 命令用于删除组账户。

命令格式:groupdel 组账号名

例 2.47 添加一个 market 组账号。

```
root@ubuntu:/home# groupadd -g 3333 market
root@ubuntu:/home# tail -1 /etc/group
market:x:3333:
root@ubuntu:/home# groupdel market
root@ubuntu:/home# grep "market" /etc/group
root@ubuntu:/home#
```

例 2.47 先添加一个 market 组账号,GID 是 3333,使用 tail 命令查看这个组账号的信息,"-1"是查看最后一行的信息,可以看到/etc/group 文件中已经存在组"market"。之后用 groupdel 命令删除这个组,再用 grep 命令在文件/etc/group 中查找并显示 market 组,结果显示该组已经没有了。

3. 文件/目录的权限和归属

例 2.48 执行 ls -l 命令显示文件的信息。

```
root@ubuntu:/home/linux# ls -l
total 100
-rwxrw-r-- 1 linux linux   36 Mar 10 16:26 bigfile.txt
-rwxrw-r-- 1 linux linux  117 Mar 10 16:25 case.sh
```

例 2.48 中,第 3、4 行代码显示了文件的详细信息。其中"-rwxrw-r--"显示的是文件的权限,共 10 位,第一个字符表示文件类型,可以是 d(目录)、b(块设备文件)、c(字符设备文件)、-(普通文件)、l(链接文件)等。后面的 9 位字符每 3 位分别表示文件所有者、组用户和其他用户的权限。

文件的权限表示可以使用数字或字母 r(读)、w(写)、x(执行),见表 2.1 所示。比如 rwxr-xr-x,前三位"rwx"表示文件所有者具有读、写、执行权限;中间的三位"r-x"表示同组的用户有读、执行权限,"-"表示该位没有这个权限,所以组用户没有写的权限;最后的三位"r-x"表示其他用户具有读、执行的权限,没有写的权限。这里其他用户表示和文件的所有者不属于同一组的用户。

表 2.1 文件的权限表示

权限项	读	写	执行	读	写	执行	读	写	执行
字符表示	r	w	x	r	w	x	r	w	x
数字表示	4	2	1	4	2	1	4	2	1
权限分配	文件所有者			文件所属组			其他用户		

如果用数字表示 rwxr-xr-x 这个权限,根据表 2.1,那么文件所有者的权限为 4+2+1=7,组用户的权限为 4+1=5,其他用户的权限为 4+1=5,所以文件的权限是 755。因此,如看到数字 755 就知道文件的权限是 rwxr-xr-x。

(1) chmod 命令

chmod 命令用于改变文件和目录的访问权限,使用方法有文字设定法和数字设定法。文字设定法的格式如下:

chmod [who] [+ | - | =] [mode]文件名

操作对象 who 可以是下述字母中的任一个或其组合。

u:用户(user),即文件或目录的所有者;

g:同组(group)用户,即与文件属主有相同 GID 的所有用户;

o:其他(others)用户;

a:所有(all)用户,是系统默认值。

操作符号可以是

+:添加某个权限;

-:取消某个权限;

=:赋予给定权限并取消其他所有权限。

设置 mode 所表示的权限可用下述字母的任意组合:r 可读、w 可写、x 可执行。

注意要以空格分开要改变权限的文件列表,文件名支持通配符。

例 2.49 用 chmod 命令的文字设定法修改访问权限示例 1。

```
root@ubuntu:/home/linux# ls -l test.txt
-rw-rw-r-- 1 linux linux 65 Feb 28 22:43 test.txt
root@ubuntu:/home/linux# chmod ugo+x test.txt
root@ubuntu:/home/linux# ls -l test.txt
```

-rwxrwxr-x 1 linux linux 65 Feb 28 22:43 test.txt

本例通过命令 chmod ugo+x 对文件 test.txt 进行了权限更改,对其文件所有者、组用户、其他用户都赋予了执行权限。

例 2.50 用 chmod 命令的文字设定法修改访问权限示例 2。

root@ubuntu:/home/linux# ls -l test.txt
-rwxrw-r-- 1 linux linux 65 Mar 10 16:25 test.txt
root@ubuntu:/home/linux# chmod ugo=rw test.txt
root@ubuntu:/home/linux# ls -l test.txt
-rw-rw-rw- 1 linux linux 65 Mar 10 16:25 test.txt

chmod 命令的数字设定法格式如下:

chmod [mode] 文件名

这里,设置 mode 所表示的权限可用下述数字的任意组合。

4:表示可读 r;

2:表示可写权限 w;

1:表示可执行权限 x;

0:表示没有权限。

例 2.51 用 chmod 命令的数字设定法修改访问权限示例。

root@ubuntu:/home/linux# ls -l bigfile.txt
-rwxrw-r-- 1 linux linux 36 Mar 10 16:26 bigfile.txt
root@ubuntu:/home/linux# chmod 777 bigfile.txt
root@ubuntu:/home/linux# ls -l bigfile.txt
-rwxrwxrwx 1 linux linux 36 Mar 10 16:26 bigfile.txt

由于 3 类用户的 9 个属性是每 3 个一组,由前所述,可以使用数字来代表各个属性。使用 chmod 777 file 之后,文件 file 的权限修改为 rwxrwxrwx。

(2) chown 命令

chown 命令用来改变文件或目录的属组和属主。

命令格式:chown [选项] 属主文件或目录
         chown [选项] 属组文件或目录
         chown [选项] 属主:属组文件或目录

chown 命令的常用选项为-R,即递归修改指定目录下所有文件、子目录的归属。

例 2.52 用 chown 命令改变文件的属主和属组。

root@ubuntu:/home/linux# ls -l bigfile.txt
-rwxrwxrwx 1 linux linux 36 Mar 10 16:26 bigfile.txt
root@ubuntu:/home/linux# chown root:root bigfile.txt
root@ubuntu:/home/linux# ls -l bigfile.txt

-rwxrwxrwx 1 root root 36 Mar 10 16:26 bigfile.txt

例2.52 中查看文件 bigfile.txt 的属组是 linux，属主是 linux，使用 chown root:root 命令把该文件的属主和属组均改为 root。

(3) chgrp 命令

chgrp 命令用来改变文件或目录的属组。

命令格式:chgrp [选项] 组名 文件名

chgrp 命令的常用选项为 -R，即递归地改变指定目录及其下所有子目录和文件的用户组。

例 2.53 改变文件的属组。

```
root@ubuntu:/home/linux# ls -l Documents
total 24
-rw-rw-r-- 1 linux linux   144 Feb 28 23:46 ffaa
-rw-rw-r-- 1 linux linux    18 Feb 24 22:59 myfile1.txt
-rw-rw-r-- 1 linux linux    18 Feb 24 23:00 myfile2.txt
-rw-rw-r-- 1 linux linux    32 Feb 28 18:38 test.c
drwxrwxr-x 2 linux linux 4096 Feb 28 23:53 test.tar
-rw-rw-r-- 1 linux linux   415 Feb 28 23:47 test.tar.bz2
root@ubuntu:/home/linux# chgrp -R root Documents
root@ubuntu:/home/linux# ls -l Documents
total 24
-rw-rw-r-- 1 linux root   144 Feb 28 23:46 ffaa
-rw-rw-r-- 1 linux root    18 Feb 24 22:59 myfile1.txt
-rw-rw-r-- 1 linux root    18 Feb 24 23:00 myfile2.txt
-rw-rw-r-- 1 linux root    32 Feb 28 18:38 test.c
drwxrwxr-x 2 linux root 4096 Feb 28 23:53 test.tar
-rw-rw-r-- 1 linux root   415 Feb 28 23:47 test.tar.bz2
```

本例将 /home/linux/Documents 及其子目录下所有文件的用户组改为 root，文件的属主仍然是 linux。

例 2.54 权限管理命令的综合应用示例。

```
1   #!/bin/sh
2
3   PATH=/bin:/sbin:/usr/bin:/usr/sbin:/usr/local/bin:/usr/local/sbin:~/bin
4   export PATH
5   i=1
6   groupadd class
7   while [ $i -le 30 ]
```

```
 8    do
 9        if [$i -le 9];then
10            USERNAME=stu0${i}
11        else
12            USERNAME=stu${i}
13        fi
14        useradd -g class $USERNAME
15        mkdir /home/$USERNAME
16        chown -R $USERNAME /home/$USERNAME
17        chgrp -R class /home/$USERNAME
18        i=$(($i+1))
19    done
```

例 2.54 中用 groupadd 命令添加一个名为 class 的新组,然后用 useradd 命令添加属于该组的 30 个用户,用户名分别为 stu01—09 和 stu10—30。用 mkdir 命令在根目录下创建一个目录名,再用 chown 命令设置新添加组的归属,用 chgrp 命令变更新添加组的所属路径。

在命令窗口用 vi/etc/group 命令查看 class,可以看到其编号为 1058。

```
83    st02:x:1054:
84    user01:x:1055:
85    class7:x:1056:
86    class4:x:1057:
87    class:x:1058:
```

接着,在命令窗口用 vi/etc/passwd 查看该组下的 30 个用户,部分显示结果如下。

```
52    stu01:x:1056:1058::/home/stu01:
53    stu02:x:1057:1058::/home/stu02:
54    stu03:x:1058:1058::/home/stu03:
55    stu04:x:1059:1058::/home/stu04:
56    stu05:x:1060:1058::/home/stu05:
57    stu06:x:1061:1058::/home/stu06:
58    stu07:x:1062:1058::/home/stu07:
59    stu08:x:1063:1058::/home/stu08:
60    stu09:x:1064:1058::/home/stu09:
61    stu10:x:1065:1058::/home/stu10:
```

2.2.6 作业管理

Linux 可以使用户对作业进行控制,如提供后台服务、将作业挂起或移到后台或前台运行等。

1. 后台服务

后台服务符号"&"指 Shell 在后台执行该任务,同时继续执行其他任务。比如执行两条命令,其中一条是输出很多命令到显示屏,由于这条命令一直在输出,导致第二个命令不能输入,这时就需要在第一条命令的后面加上"&",或在加"&"的同时重定向到某个日志文件,这样就可以在日志文件中看到第一个命令的输出而不影响第二条命令的执行,例如:

① #d & e & f,表示在后台执行任务 d 和 e,而在前台执行 f。

② #(a,b)& c &,表示在后台先后执行命令 a 和 b,与此同时还在后台执行 c。这里注意任务 a 和 b 是相继启动的,而不是同时运行的

有时需要查看调入后台的作业,了解程序在后台执行的状态,可以使用 jobs 命令列出所有后台的作业。

2. 挂起作业

一般将一个作业从前台移到后台执行时,需要先挂起当前的作业,然后才能将其移到后台执行。快捷键 Ctrl+z 用来挂起前台的作业,而且挂起后会显示一条 Stopped 消息,例如:

```
[2]+ Stopped find /usr -name ace -print >findout
```

表示将 find /usr -name ace -print >findout 作业挂起了。

3. 将作业移到后台或前台运行

将作业挂起后,使用 bg 命令可将作业移到后台运行,例如:

```
$bg [2]+ find /usr -name ace -print >findout &
```

表示将 find /usr -name ace-print >findout 作业继续在后台执行。

如果想把后台的作业移到前台运行,可以使用 fg 命令。

例 2.55 作业管理示例 1。

```
root@ubuntu:/home/linux# sleep 600&
[2] 13533
root@ubuntu:/home/linux# jobs
[1]+  Stopped                 sleep 600
[2]-  Running                 sleep 600 &
root@ubuntu:/home/linux# fg 1
sleep 600
```

本例中 sleep 600 & 表示将当前作业延迟 600 s,并在后台执行。使用 jobs 命令查看当前后台执行的作业,发现 sleep 600 命令在第 1 个,使用 fg 1 命令将 sleep 600 这条命令移到前台执行。

例 2.56 作业管理示例 2。

```
root@ubuntu:/home/linux# vi test&
[3] 13534
root@ubuntu:/home/linux# jobs
[1]-  Stopped                 sleep 600
```

```
[2]    Running                  sleep 600 &
[3]+   Stopped                  vi test
root@ubuntu:/home/linux# fg
vi test
```

第一条命令将 vi test 放在后台执行,使用 jobs 查看到后台执行的命令,再使用 fg 命令将它移到前台去执行。此处 fg 命令后未指定作业号,则会将带有"+"号的作业移到前台执行。

2.3 Shell 脚本

微视频:
Shell 脚本

前面介绍了一些常见的 Shell 命令,本节介绍 Shell 作为解释性编程语言的使用。Shell 脚本由文件中的一系列命令组成,命令之间插入一些基本的程序结构,如变量赋值、条件测试和循环等。Shell 脚本不需要编译,它由 Shell 逐行解释并执行。Linux 下常用的 Shell 有 Bash、TC Shell 和 Z Shell 等,其中 Bash 是 Linux 默认的 Shell,本书后面的示例在没有特别指明的情况下均为 Bash。

2.3.1 变量

变量由字母、数字和下画线组成,其定义必须以字母或下画线开头,而不能由数字开头。

变量的赋值形式为

变量名=赋值

例如:

```
linux@ubuntu:~$ myvar=jinling
```

1. 变量的引用

取变量的值是通过符号$+变量名称得到的。例如,显示被赋值的变量 myvar:

```
linux@ubuntu:~$ echo $myvar
jinling
```

在变量的定义中经常会看到双引号,它可以屏蔽大多数字符的特殊含义,如空格,在 Shell 中通常以空格作为分隔符。

下列代码为变量 person 赋值:

```
linux@ubuntu:~$ person="Alice and Bob";echo $person
Alice and Bob
```

为变量 person 赋值"Alice and Bob",然后使用 echo 输出 person 值,可以看到输出的值就是双引号当中的值。如果不加双引号,则 Shell 在遇到空格符后会把"and"当作是一条命令去查找并执行,因为没有这条命令而报错,代码如下:

```
linux@ubuntu:~$ person=Alice and Bob
```

```
The program 'and' is currently not installed. to run 'and' please ask your administra-
tor to install the package 'and'
```

2. 数组变量

一般来说,数组的下标是从 0 开始的整数。数组的赋值形式为等号左边是数组名,等号右边是用圆括弧括起的具体的数组元素,数组元素之间用空格分开。

例如,定义数组 names 并将其初始化为 Alice、Bob、Mark 的代码如下:

```
linux@ubuntu:~$ names=(Alice Bob Mark)
```

数组元素的引用形如${names[$n$]},即表示下标为 n 的数组元素。${names[*]}表示所有的数组元素。

例 2.57 分别输出下标为 2 的数组元素和数组中的全部元素。

```
linux@ubuntu:~$ names=(Alice Bob Mark)
linux@ubuntu:~$ echo ${names[2]}
Mark
linux@ubuntu:~$ echo ${names[*]}
Alice Bob Mark
```

需注意数组元素个数的表示形如${#names[*]},这与表示数组所有元素的形式相比仅在数组名 names 前多个"#"号。

例如,输出数组元素的个数代码如下:

```
linux@ubuntu:~$ echo ${#names[*]}
3
```

3. 环境变量

环境变量一般是指用来指定操作系统运行环境的一些参数,比如设定临时文件夹位置和系统文件夹的位置等。这有点类似于 DOS 时期的默认路径。当运行某些程序时,除了在当前文件夹中寻找,还会到设置的默认路径中去查找。

Linux 系统中的环境变量是通过 Shell 命令来设置的,设置好的环境变量又可以被所有当前用户所运行的程序来使用,即环境变量具有继承性。

Linux 系统中常用到环境变量 PATH,它决定了 Shell 将到哪些目录中寻找命令或程序。PATH 的值是一系列目录,当运行一个程序时,Linux 将在这些目录下搜寻编译链接。具体路径和编译程序有关,C_INCLUDE_PATH 是 GCC 编译时查找头文件的路径。LIBRARY_PATH 是静态链接库文件的路径,在程序的链接阶段会用到。LD_LIBRARY_PATH 是程序运行时查找动态链接库的路径。

一般地,当进入系统时,Linux 就会读入系统的环境变量,这些环境变量存放在环境变量文件中。Linux 中有很多记载环境变量的文件,它们按一定顺序被系统读入。

首先是/etc/profile,该文件保存系统的环境变量,为系统内每个用户设置环境参数。当用户第一次登录时,该文件即被执行,并从/etc/profile.d 目录的配置文件中搜集 Shell 的设置。该文件是任何用户登录操作系统以后都会读取的文件(这里主要限于 Bash Shell),用于获取系统的环境变量,只在登录时读取一次。

在 Bash Shell 下,执行/etc/profile 文件之后,将会执行/etc/bashrc 文件。该文件用来设置 Bash Shell 的相关参数,当每次打开一个新的 Bash Shell 时,该文件都会被读取。

~/.profile 文件用来设置一些环境变量,功能和/etc/profile 文件类似,但是 ~/.profile 是针对单独用户来设定的,仅对被设定的用户生效。同样还有 ~/.bashrc 文件,它的作用类似于/etc/bashrc,只是针对单独用户进行设置,不对其他用户生效。

表 2.2 为环境变量常用文件的区别,从两方面来进行说明,一是哪些用户会访问到这个文件,另外就是执行该文件的时机。

表 2.2 环境变量常用文件的区别

文件名	访问用户	何时执行
/etc/profile	所有用户	登录
/etc/bashrc	所有用户	登录/打开 Bash Shell
~/.profile	单独用户	登录
~/.bashrc	单独用户	登录/打开 Bash Shell

2.3.2 函数

函数定义如下:

函数名()或 function 函数名()
{
　　命令1
　　…
}

函数有两种定义方式,即函数名+函数体和关键字 function+函数名+函数体。由于 Shell 脚本是逐行执行的,因此函数定义在前,使用在后。

例 2.58 函数的使用示例。

```
1    #!/bin/sh
2
3
4    DATE=`date`
5    Hello()
6    {
```

```
7    echo "Hello,today is $DATE"
8  }
9  Hello
linux@ubuntu:~$ ./funTest
Hello,today is Wed Mar 11 19:06:03 PDT 2020
```

代码第 1 行说明此 Shell 由/bin/sh 来解析。

第 4 行 DATE='date',表示将 date 命令的执行结果赋值给 DATE 变量。

第 5—8 行定义了一个 Hello 函数,输出"Hello,today is \$DATE",这里使用的是第一种函数定义方式。也可以在 Hello 函数前增加 function 关键字,即采用函数定义的第二种方式。

最后执行脚本,输出"Hello,today is Wed Mar 11 19:06:03 PDT 2020"。

2.3.3 结构化控制

在 Shell 的结构化控制中有 if、case、for、until、while 等语句,这和其他编程语言相似,只是语法上稍有区别。

1. if 语句

if 语句由 if-then-else 关键字构成,其流程图及格式如图 2.5 所示。其中,格式 1 和格式 2 的唯一区别是格式 2 的 then 没有另起一行,因此在 then 前需加";"与 if 分开。

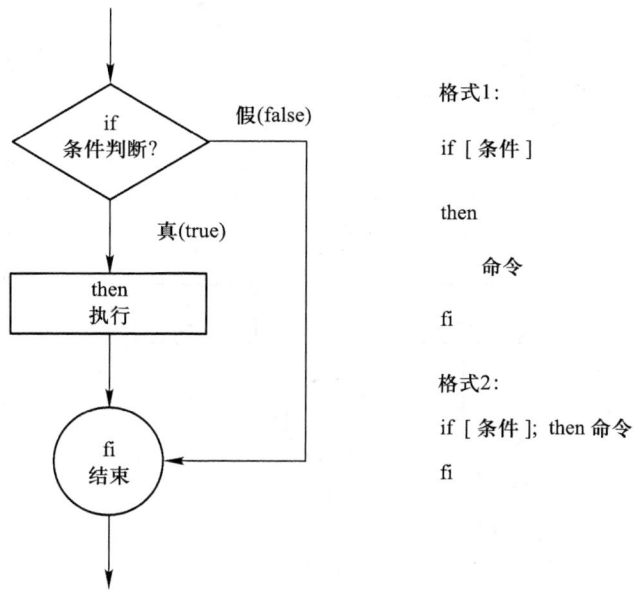

图 2.5 if-then 语句的流程图及格式

带有 else 分支的 if 语句流程图及格式如图 2.6 所示。

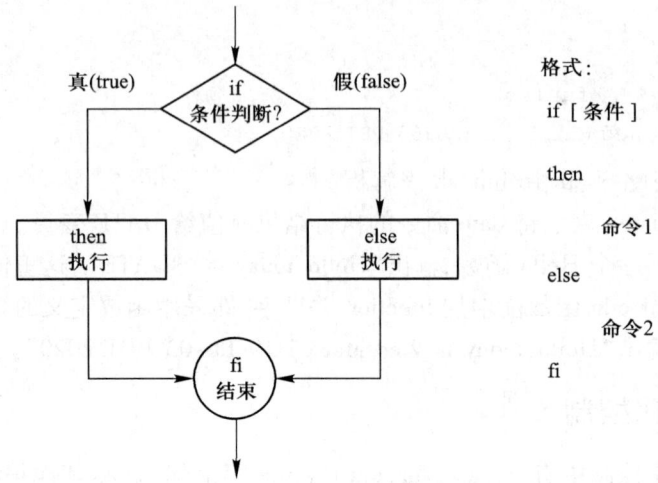

图 2.6　带有 else 分支的 if 语句流程图及格式

图 2.7 为 if 语句的嵌套结构流程图及格式,即在 else 分支中又进行 if-else 判断,注意这里的写法是 elif。

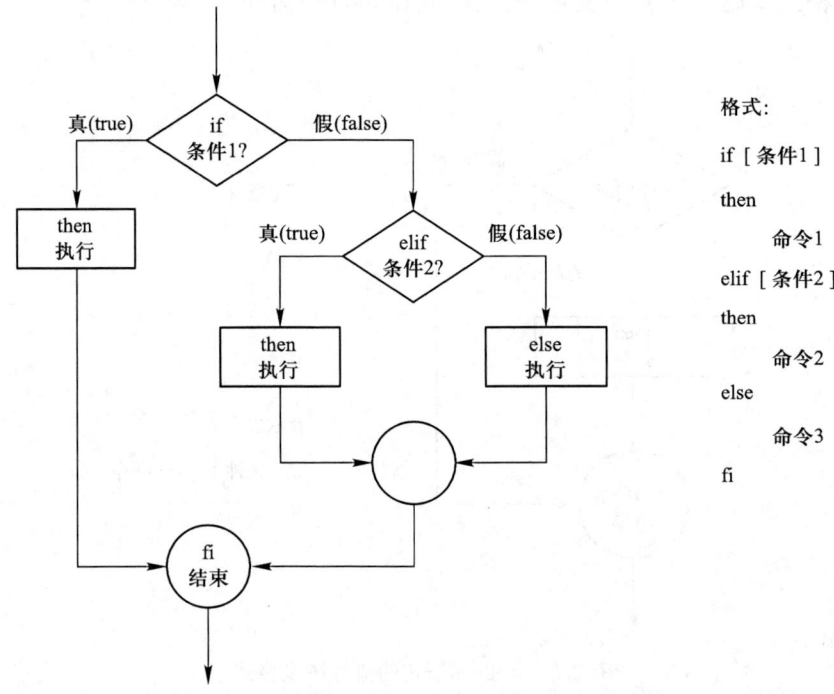

图 2.7　带 elif 嵌套结构的 if 语句流程图及格式

例 2.59 if 语句的综合示例。

```
1   #!/bin/bash
2   echo -e "Enter the first integer:\c"
3   read FIRST
4   echo -n "Enter the second integer:"
5   read SECOND
6
7   if [ "$FIRST" -gt "$SECOND" ]
8   then
9       echo "$FIRST is greater than $SECOND"
10  elif [ "$FIRST" -lt "$SECOND" ]
11  then
12      echo "$FIRST is less than $SECOND"
13  else
14      echo "$FIRST is equal to $SECOND"
15  fi
linux@ubuntu:~$ ./if.sh
Enter the first integer:3
Enter the second integer:4
3 is less than 4
```

代码第 2 行输出提示信息。注意 echo 的 -e 选项是使转义字符生效，\c 表示不换行。如果不加 -e 选项则双引号中的所有字符都会被输出，即 \c 会被输出。

第 3 行读取用户输入，并将输入值赋给变量 FIRST。

第 4 行输出提示信息，-n 表示不换行。

第 5 行读取用户输入，并将输入值赋给变量 SECOND。

第 7 行是对两次输入的值进行判断，如果第一个数值大于第二个数值，那么输出"××× is greater than ×××"，否则输出"××× is less than ×××"，如果两者均不是则输出"××× is equal to ×××"。

例 2.60 C 语言中 if -else 语句示例，由此比较 if 语句在 Shell 与 C 语言中的不同。

```
linux@ubuntu:~$ cat if.c
#include<stdio.h>
void main()
{
    int first, second;
    printf("Enter the first integer:");
    scanf("%d",&first);
```

```
        printf("Enter the second integer:");
        scanf("%d", &second);
        if(first>second)
        {
            printf("%d is greater than %d\n",first, second);
        }
        else if(first<second)
            { printf("%d is less than %d\n",first, second);}
        else
            { printf("%d is equal to %d\n",first, second);}
}
linux@ubuntu:~$ gcc -o ifc if.c
linux@ubuntu:~$ ./ifc
Enter the first integer:3
Enter the second integer:4
3 is less than 4
```

比较说明：

① C 代码需要一个 main 函数，而 Shell 是从上往下执行，不需要定义 main 函数。

② if 后条件判断的写法不同。C 语言中 if 后面接的是()，而 Shell 中 if 后面是[ ]，[ ]是条件测试，"["后和"]"前有空格。

③ Shell 中 if 语句是以"fi"结束，而 C 语言中以"{"和"}"匹配结束。

2. case 语句

case 语句的流程图及格式如图 2.8 所示。在 case 语句中值后必须有"in"，每一个模式后必须加右括号")"，每一个模式结束都有";;"符号。

当值与所有模式不匹配时，使用"*"捕获该值并执行相应处理。

最后以 esac 作为结束标记，即 case 的逆拼写。

例 2.61 case 语句示例。

```
1   #!/bin/bash
2   USER='whoami'
3   echo "you are" $USER
4   case $USER in
5       root)echo "You can do all the operations"
6       ;;
7       Dave)echo "You can do some operations"
```

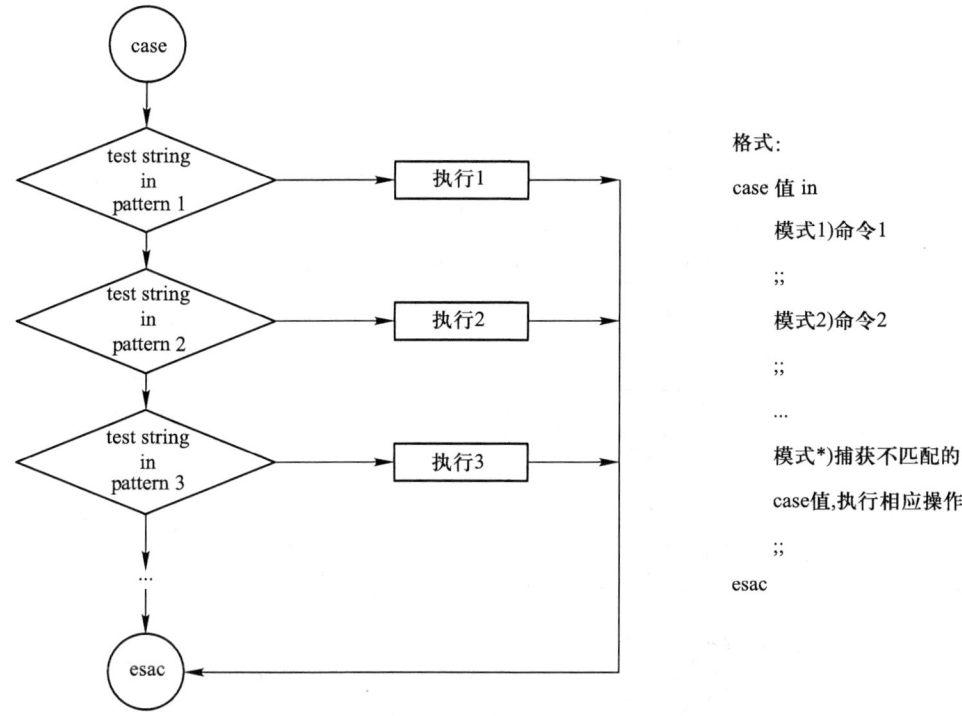

图 2.8　case 语句流程图及格式

```
8         ;;
9         *)echo "Sorry,you can not do anything"
10        ;;
11  esac
linux@ubuntu:~$ ./caseTest.sh
you are linux
Sorry,you can not do anything
```

代码第 2 行"whoami"命令是输出当前的登录用户。该语句将 whoami 命令的输出赋值给 USER。

第 3 行输出登录用户名。

第 4 行根据 USER 值执行相应分支。当$USER 为"root",则输出"You can do all the operations";当$USER 为"Dave",则输出"You can do some operations";否则输出"Sorry,you can not do anything"。

最后执行脚本,输出当前用户是"linux",因此执行的是"*"分支。

3. for 语句

for 语句的流程图及格式如图 2.9 所示。该语句由 for-in-do-done 几个关键字组成。

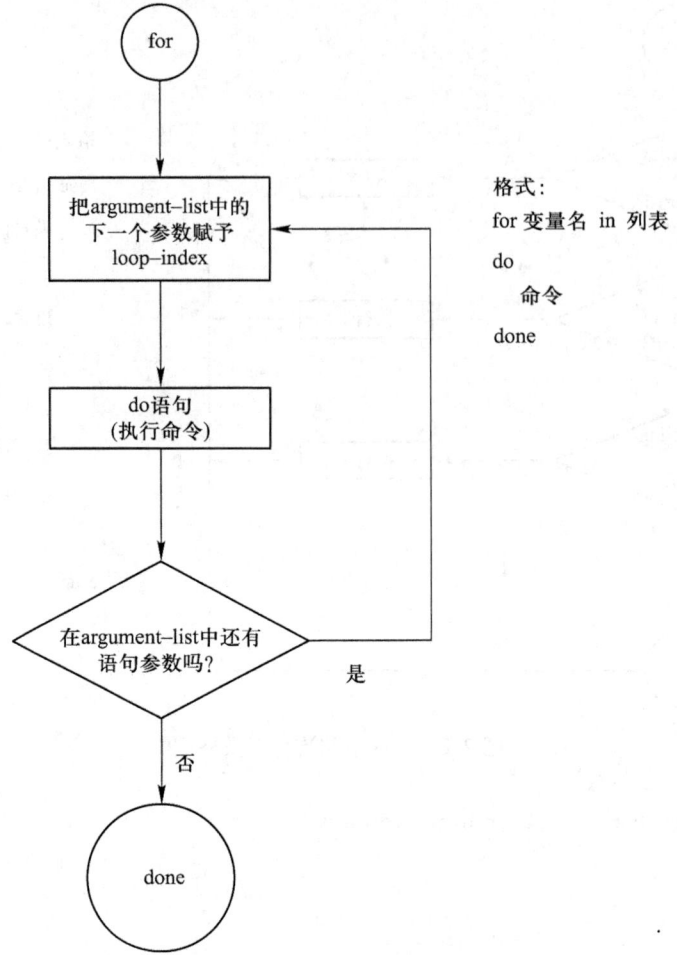

图 2.9 for 语句流程图及格式

当变量值在列表里,for 循环即执行一次所有命令,使用变量名访问列表中取值。for 循环可以嵌套使用。

例 2.62 for 语句示例。

```
1   #!/bin/sh
2
3   COUNTER=0;
4   for FILES in *
5   do
6       COUNTER=`expr $COUNTER + 1`
7   done
```

```
8    echo "There are $COUNTER files in 'pwd'"
linux@ubuntu:~$ ./forTest.sh
There are 37 files in /home/linux
```

代码第 3 行将 COUNTER 初始值设为 0。

第 4 行 "＊" 表示当前目录下的文件列表,然后对当前文件列表中的每个文件执行 COUNTER＋1 操作,直到遍历完所有文件。这里的 expr 命令主要用于四则运算和字符串操作。

第 8 行输出当前目录下的文件个数。

4. until 语句

图 2.10 为 until 语句流程图及格式。until 后的条件是指当条件为真时循环退出。

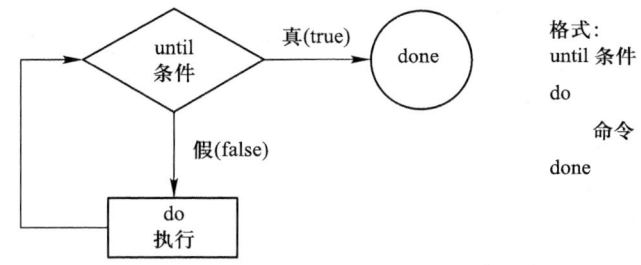

图 2.10　until 语句流程图及格式

例 2.63　until 语句示例。

```
1    #!/bin/sh
2
3    COUNTER=0
4    until [ 5 -lt $COUNTER ]
5    do
6        echo $COUNTER
7        COUNTER=`expr $COUNTER + 1`
8    done
```

代码第 3 行将 COUNTER 初始值设为 0。

第 4 行当 5≤COUNTER 值时循环结束,否则继续执行 do…done 循环体,即输出 COUNTER 并执行 COUNTER 加 1 操作。

本例程序执行到 COUNTER＝5 时,仍然执行循环体,输出 5,并对 5 执行加 1 操作。此时 COUNTER＝6,执行 until 后面的条件判断 5<6,结果为真,循环结束。

5. while 语句

while 语句和 until 语句类似,但不同的是 while 后面的条件为真才会执行 do…done 之间的循环体,而 until 后面的条件为真则结束循环。图 2.11 为 while 语句流程图及格式。

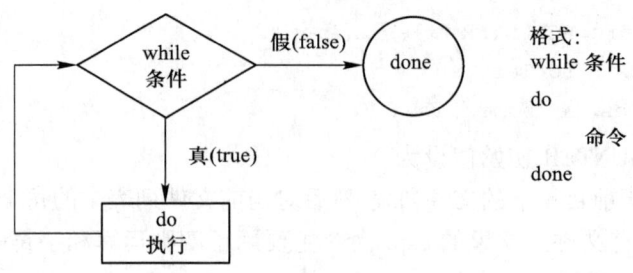

图 2.11　while 语句流程图及格式

例 2.64　while 语句示例。

```
1   #!/bin/sh
2
3   COUNTER=0
4   while [$COUNTER -lt 5]
5   do
6       echo $COUNTER
7       COUNTER='expr $COUNTER + 1'
8   done
```

代码第 3 行将 COUNTER 初始值设为 0。

第 4 行是指在 COUNTER 小于 5 时，才会执行 do…done 循环体，否则退出循环。

第 6、7 行输出 COUNTER 值，并对 COUNTER 执行加 1 操作。

本例程序执行过程中，在 COUNTER 等于 0、1、2、3、4 时，while 后面的条件测试结果都为真，因此执行循环体。当 COUNTER 等于 5 时，条件测试结果为假，退出循环。因此只输出数字 0—4。

6. break 语句和 continue 语句

break 语句和 continue 语句与 C 语言中的作用是类似的。

例 2.65　continue 语句示例。

```
1   #!/bin/bash
2
3   for index in 1 2 3 4 5 6 7 8 9 10
4   do
5       echo $index
6       if [$index -gt 3]; then
7           continue
8       fi
9   done
```

在本例中，for 语句中 index 分别取 $1,2,\cdots,10$ 列表中的值，对每一次 index 取值都先输出 index 值，然后进行 if 判断，如果 index 大于 3，那么继续执行下一次循环。最后执行结果应输出 $1,2,\cdots,10$。

但如果将例子中的 continue 变成 break，那么当执行到 index 等于 4 时，直接退出循环，即只能输出 1,2,3,4。

2.3.4 跟踪调试

本小节介绍两种 Shell 调试的方法，一种是在 Shell 脚本中输入 set 命令跟踪脚本的执行，另一种是用 Shell 的执行选项进行调试。

1. 在 Shell 脚本中输入 set 命令跟踪脚本的执行

set -x 命令：打开跟踪功能，使 Shell 脚本执行时输出每个被执行到的命令，输出结果前会加上"+"。
set +x 命令：关闭跟踪功能。
在 set -x 和 set +x 之间的代码就是想要跟踪的代码。

例 2.66 跟踪调试示例。

```
1    #!/bin/bash
2
3    set -x
4    echo test1
5    echo test2
6    set +x
7    echo test
linux@ubuntu:~$ ./setTest.sh
+ echo test1
test1
+ echo test2
test2
+ set +x
test
```

代码第 4、5 行是想要跟踪的代码。接下来看代码的执行结果，带有"+"表示的是被执行的语句。这里注意，在执行 set-x 命令后才开启跟踪功能，因此 set-x 命令不会输出。在执行完 set+x 命令后才关闭跟踪功能，因此 set+x 命令会被输出。

2. 用 Shell 的执行选项进行调试

用 Shell 的执行选项进行调试可以不修改源代码来跟踪 Shell 脚本的执行。

这里主要介绍-x、-n 和-c 选项。

(1)"-x"选项

该选项与 set 命令的 x 选项作用一样,输出每条被执行的语句。

例 2.67 通过-x 选项来执行脚本。

```
1    #/bin/bash
2
3    ##set -x
4    echo test1
5    echo test2
6    ##set +x
7    echo test
linux@ubuntu:~$ bash -x setTest.sh
+ echo test1
test1
+ echo test2
test2
+ echo test
```

可以看到,-x 选项显示了每一条被执行的语句。

(2)"-n"选项

该选项用于测试 Shell 脚本是否存在语法错误,但不会执行实际的命令。在 Shell 脚本编写完成开始实际执行之前,使用"-n"选项来测试脚本是否存在语法错误是一个很好的习惯。因为某些 Shell 脚本在执行时会对系统环境产生影响,比如生成或移动文件等,如果在实际执行时才发现语法错误,则须做一些系统环境的恢复工作才能继续测试脚本。

(3)"-c"选项

该选项用来测试一个字符串中的代码,主要用于编程过程中需临时测试部分代码的运行结果的场合。

2.3.5 Shell 安全编程

在 Shell 脚本编程中需要时刻考虑编程的安全问题,从而提升系统安全性和 Shell 编程质量。下面就列举说明在 Shell 编程中需要注意的问题和解决方法。

① 不要将当前目录放在 PATH 中。可执行程序应放在标准的系统目录下,如果将当前目录(.)放在 PATH 中会引入安全隐患。例如,假设当前路径 ./在 PATH 中的第一个,而在该目录下有一个名为"cat"的恶意程序(将删除/etc 目录下的所有文件)。为了查看某个文件内容,输入 cat 命令和文件名,此时/etc 目录将会被全部删除。因为在执行 cat 命令时,系统根据 PATH 的路径顺序首先搜索当前目录下是否为 cat 命令,此时将会执行同名的恶意程序,导致产生不良后果。

② 为 bin 目录设置保护,以防没有权限的用户运行可执行代码。因为系统命令通常都放在 bin 目录下,需要确保仅所有者才能对它进行写操作,其他任何人都不可以。常用的设置文件/目录权限的命令有 chmod、umask 等。chmod 用来设置用户、所属组、其他用户的读写权限,umask 用来设置文件/目录的默认权限。

③ 确定程序的执行流程和结果,以及发生错误和失败时该如何处理。例如创建一个文件时有可能创建不成功,所以创建后要检查命令的返回值。

④ 对所有的输入参数进行有效性检查。如果期待的输入是数字,那么就要检查提供的输入是数字,并处于正确的范围内;如果是字符串,则需要考虑是否为合适的字符串模式。例如统计学生的成绩,假设在 0—100 之间,那么在脚本里第一次使用时要检查是否在 0—100 范围内。

⑤ 在使用位置变量时尽量使用引号。

例 2.68 输出每一个参数。

```
1   #!/bin/bash
2
3   echo "test"
4   for x in $@;do
5     echo "parameter:$x"
6   done
linux@ubuntu:~$ ./shellTest.sh 'good morning' after evening
test
parameter:good
parameter:morning
parameter:after
parameter:evening
```

脚本中使用$@ 表示所有参数。该脚本有 3 个参数,第一个参数'good morning'里有空格。脚本运行后,本应输出 3 个参数却输出 4 个参数。问题出在哪呢?由于$@ 没有加引号且第一个参数中包含有空格,因此 Shell 在解析时把第一个参数拆分成了两个参数。

⑥ 尽可能使用 setgid 而不用 setuid,将损害范围限制在某个组内。

⑦ 不要在用户输入上使用 eval,甚至在引用用户输入后也不要使用 eval,将它交给 Shell 再处理。

⑧ 使用受限 Bash。受限 Bash 与普通 Bash 相比,以下操作被限制:
- 通过 cd 来改变工作目录;
- 设置或取消环境变量:SHELL, PATH, ENV, BASH_ENV;
- 命令名中包含目录分隔符"/";
- 包含有"/"的文件名作为内置命令"."的参数;
- 内置命令 hash 使用 -p 选项时的文件名参数包含"/";

- 在启动时通过 Shell 环境导入函数定义;
- 在启动时通过 Shell 环境解析 SHELLOPTS 的值;
- 使用>,>&,>&,>>等重定向操作符;
- 使用 exec 内置命令,用另一命令取代 Shell;
- 通过 enable 内置命令的 -f 和 -d 选项增加或删除内置命令;
- 使用 enable 内置命令来禁用或启用 Shell 内置命令;
- 执行 command 内置命令时加上-p 选项;
- 通过 set +r 或 set +o restricted 关闭受限模式。

受限 Bash 的安全程度取决于用户能够执行命令的多少。管理员可以通过受限 Bash 控制用户的执行权限。例如,管理员通过设置 PATH 为指定的目录,用户启动受限 Bash 后,由于 PATH 环境变量的设定,只能执行指定目录的命令。假设限制用户只能使用 sed 命令,那么其余命令(内建命令除外)都不能使用。

例 2.69 综合示例。

```
1   root@ubuntu:~$ useradd testuser --shell /bin/rbash --home /home
2   root@ubuntu:~$ mkdir testdir
3   root@ubuntu:/home/linux# chmod 666 /home/.bashrc
4   root@ubuntu:/home/linux# echo "export PATH=/home/testdir" >> /home/.bashrc
5   root@ubuntu:/home/linux# ln -s /bin/sed /home/testdir
6   root@ubuntu:/home/linux# su testuser
7   testuser@ubuntu:~/linux$ sed -n '1p' /home/testdir/testfile
8   this
9   testuser@ubuntu:~/linux$ grep "this" testfile
10  rbash: /usr/lib/command-not-found: restricted: cannot specify '/' in command
    names
```

本例中,代码第 1 行创建一个用户 testuser,然后让该用户登录后的 Shell 使用 rbash。

第 2 行创建一个目录 testdir,管理员将限制用户只能执行该目录的命令。

将一个用户的 .bashrc 复制到/home 目录。

第 4 行设置该用户登录后的 PATH 环境变量,该 PATH 只有 testdir 目录。

第 5 行让 testuser 用户能够使用 sed 命令。

第 6、7 行使用户 testuser 登录后,通过事先准备好的 testfile 文件测试 sed 命令可用。

第 9 行 grep 命令等其他非内建命令都不能使用。

2.4 正则表达式、AWK/GAWK 和 SED

在编程过程中经常会对文本进行增、删、改、查等处理。文本处理的功能主要包括对一个文本插入一段内容,删除一些不需要的内容或者修改其中的某个单词,查找包含某个字符串的行,这些操作对于文本来说都是频繁用到的。

文本处理主要涉及文本、定位及操作等要素。其中,文本可能来自文件或输入设备,即处理对象的来源。定位指将要进行的操作定位到行、列或字符串,本节将要介绍的文本处理工具 AWK 支持列的定位,SED 不支持列的定位,正则表达式支持对字符串的处理。操作主要是对函数或命令的执行及对流程的控制。

2.4.1 正则表达式

正则表达式使用单个字符串来描述、匹配一系列符合某个语法规则的字符串。在很多文本编辑器里,正则表达式通常被用来检索、替换那些符合某个模式的文本。给定一个正则表达式和另一个字符串,可以实现如下功能:

微视频:
正则表达式

① 检验给定的字符串是否符合正则表达式的过滤逻辑(称作"匹配")。
② 通过正则表达式,从字符串中获取需要的特定部分。

正则表达式里的字符串主要分为两部分:字符和元字符。字符就是实际的简单字符;元字符在正则表达式里会代表一些特殊的含义,主要有位置匹配字符、频率匹配字符和字符串匹配字符三种。

1. 位置匹配字符

位置匹配字符主要有^,$,\b,(?=pattern),(?!pattern)。

(1) 开始字符"^"和结束字符"$"

"^"表示字符串的开始,"$"表示字符串的结束。字符串的开始和结束是常用到的匹配字符,比如需要从一个文档里找一个单词,就必须在这个单词的前面和后面加上开始符号"^"和结束符号"$"。假设要匹配单词"work",文本里有"work""working"两个单词,如果不加$符号,则"work""working"都是匹配结果,如果加上$符号,就只能匹配"work"。

(2) 边界匹配字符"\b"

"\b"表示匹配一个单词边界,是指单词和空格间的位置,比如"er\b"可以匹配"never"中的"er",但不能匹配"verb"中的"er"。

(3) 正向肯定预查"(?=pattern)"

在任何匹配 pattern 的字符串开始处匹配查找字符串,比如"Windows(?=95|98|NT|2000)"能匹配"Windows2000"中的"Windows",但不能匹配"Windows2.1"中的"Windows"。

(4) 正向否定预查"(?!pattern)"

在任何不匹配 pattern 的字符串开始处匹配查找字符串,比如"Windows(?!95|98|NT|2000)"能匹配"Windows2.1"中的"Windows",但不能匹配"Windows2000"中的"Windows",正好与正向肯定预查相反。

2. 频率匹配字符

频率匹配字符主要有以下几种：

- `*` 　　0 到无数次
- `+` 　　1 到无数次
- `?` 　　0 或者 1 次
- `{n}` 　重复 N 次
- `{n,}` 　重复至少 N 次
- `{n,m}` 　n 到 m 次
- `[ ]` 　字符组，字符范围
- `( )` 　捕获组（子表达式）

例如，email 地址的正则表达式可以写成

`/^[a-zA-Z0-9_]+@[a-zA-Z0-9_]+.[a-zA-Z0-9_]+$/`

其中，"+"号表示出现一次或多次，即[ ]中的内容可以复出现多次。[ ]中的内容表示字符范围，可以是字符、数字和下画线。

匹配腾讯 QQ 号的正则表达式可以写成：

`[1-9][0-9]{4,}`

其中{4,}指至少重复出现 4 次，也就是 QQ 号的位数不少于 5 位；[1-9]表示 QQ 号的第一位是 1—9 范围内的数字；[0-9]表示第二位和后面的位是 0—9 范围内的数字。

3. 字符串匹配字符

字符串匹配字符指除换行符以外的其他任意字符，包括如下字符：

- `\s` 　空白字符[\f\n\r\t\v]
- `\S` 　除空白字符以外的任意字符 [^ \f\n\r\t\v]
- `\w` 　字母、数字、下画线[A-Za-z0-9_]
- `\W` 　除了字母、数字、下画线以外的任意字符[^A-Za-z0-9_]
- `\d` 　数字 0-9[0-9]
- `\D` 　除了数字之外的任意字符[^0-9]
- ……

例如，email 地址的正则表达式可以写成

`/^\w+@\w+.\w+$/`

这里用\w 替换[A-Za-z0-9_]，表示可以是字母、数字和下画线。

匹配身份证的正则表达式可以写成

`\d{15}|\d{18}`

中国的身份证为 15 位或 18 位，这里的\d 指数字。

正则表达式的特点是灵活性、逻辑性和功能性非常强，可以迅速地用极简单的方式实现字符

2.4 正则表达式、AWK/GAWK 和 SED

串的复杂操作。

下面通过两个例子来对比说明正则表达式的特点。

例 2.70 验证用户名不能包含数字和特殊字符（不用正则表达式的实现方式）。

```
<script>
var fname = "kitty";
for(i = 0;i<fname.length;i++)
{
  var ftext = fname.substring(i,i+1);
  if(ftext<9 || ftext>0)
  {
      alert("用户名非法");
      //return false  ;
  }
  else{
      alert("用户名有效!");
      //return true;
  }
}
</script>
```

例 2.70 不用正则表达式去进行验证用户名不能包含数字和特殊字符。验证用户名的场景应用很广泛，比如登录网站时就需要验证用户名是否合法。从该例可以看到如果用 JavaScript 语言实现，需要用到 substring 去提取用户名的每个字符。

例 2.71 用 patternString.test 判断用户名是否有效（采用正则表达式实现同样的功能）。

```
var fname=kitty
var patternString=/^[a-zA-Z]*$/
var boolValue= patternString.test(fname)
if(boolValue==false)
{
    alert("用户名非法");
}else{
    alert("用户名有效!");
}
```

从该例可以看出正则表达式在对字符串处理方面的优势。

2.4.2 AWK/GAWK

AWK（三位创始人 Alfred Aho、Peter Weinberger 和 Brian Kernighan 姓氏的首字母）是一种用

于处理文本的编程语言工具,主要用来处理数据和产生报表。它对输入数据(文件、标准输入或命令的输出)进行逐行扫描,匹配指定的模式(pattern),并执行指定的操作(action)。

命令格式:

awk pattern {action}? filename

GAWK 是 GNU 下开发的 AWK,经过不断的改进和更新,现已包含 AWK 的所有功能。

微视频:
awk 命令

AWK/GAWK 的主要功能是处理文本文件的数据,通过自动将变量分配给每行的每个数据元素实现文本处理功能。

下面介绍 AWK/GAWK 用到的三个概念:记录、字段(域)和规则。

1. 记录

记录是单个、连续长度的输入数据,是 awk 命令的操作对象。记录由记录分隔符限定,记录分隔符是一个字符串,并且定义为 RS 变量,在默认情况下,RS 的值设置为换行符(RS 是内部变量,将在后面介绍)。awk 命令的默认行为是将一行输入作为一个记录,该命令对于文件是逐行进行处理的。

2. 字段(域)

字段,或称为域,是将每个记录进一步分解为单独的块。字段受字段分隔符 FS 限定,默认的字段分隔符是任意数量的空白字符,包括制表符和空格字符。

例如,列出 /etc/passwd 的代码及显示结果如下:

```
linux@ubuntu:~$ cat /etc/passwd
root:x:0:0:root:/root:/bin/bash
daemon:x:1:1:daemon:/usr/sbin:/usr/sbin/nologin
bin:x:2:2:bin:/bin:/usr/sbin/nologin
```

代码中有很多冒号连接在一起,每一行代表一个用户的信息。如果要提取出第一列的用户名,可以把字段分隔符 FS 设置为冒号(FS 是内部变量)。下面的两段代码输出结果是一样的,只不过代码 1 使用了 -F 参数指定 FS 的分隔符是":",代码 2 使用了 FS 变量设置分隔符为":"。

代码 1:-F 参数示例。

```
linux@ubuntu:~$ cat /etc/passwd|awk -F ":" '{print $1}'
root
daemon
bin
……
```

代码 2:FS 变量示例。

```
linux@ubuntu:~$ awk 'BEGIN {FS=":"}{print $1}' /etc/passwd
root
```

```
daemon
bin
sys
```

如果不设置 FS,则以空白字符作为分隔符,如下面的代码意图打印第一个字段,结果是输出了整个文件。

```
linux@ubuntu:~$ awk '{print $1}' /etc/passwd
root:x:0:0:root:/root:/bin/bash
daemon:x:1:1:daemon:/usr/sbin:/usr/sbin/nologin
bin:x:2:2:bin:/bin:/usr/sbin/nologin
```

3. 规则

规则是一些模式,后面跟着由换行分隔组成的多个操作。当 awk 命令执行一条规则时,它在输入记录中搜索符合给定模式的记录,对这些匹配到的记录执行给定的操作。

例如,下面列出了一个记录文本,由 4 行记录组成。其中,$0 即整个记录(整行);$1 为记录中的第一个域;$2 为记录中的第二个域;NF 为记录中域的个数;NR 为输入数据中的记录号,即行号。

FS 是 awk 命令的内部变量,若 FS 以回车来分割记录,则每行只有一个字段,即 NF=1(NF 表示字段的个数);若 FS 使用空格来分割记录,则每行有 5 个字段(NF=5)。

	$1	$2	$3	$4	$5	
NR=1	Tom	Jones	4424	5/12/66	543354	NF=5
NR=2	Mary	Adams	5436	11/4/63	28765	NF=5
NR=3	Sally	Chang	1654	7/22/54	650000	NF=5
NR=4	Billy	Black	1683	9/23/44	336500	NF=5

NR 是输入数据中的记录号,比如使用命令 ls -l 会打印当前记录下的信息,则输出时在第一行会有一个总用量,在很多情况下是不需要用到这个输出的,则可以写一个判断语句:当 NR 不等于 1 时继续下面的操作,这样就可以过滤掉第一行了。代码如下:

```
root@ubuntu:/home/linux# ls -l
total 156
-rwxrwxrwx 1 root  root     36 Mar 10 16:26 bigfile.txt
-rwxrw-r-- 1 linux linux   117 Mar 10 16:25 case.sh
root@ubuntu:/home/linux# ls -l |awk '{if(NR!=1) print $0}'
-rwxrwxrwx 1 root  root     36 Mar 10 16:26 bigfile.txt
-rwxrw-r-- 1 linux linux   117 Mar 10 16:25 case.sh
```

2.4.3 SED

微视频:
sed 命令

SED(stream editor)是一种文本在线编辑工具,一次处理一行内容。它是把当前处理的行存储到临时缓冲区中,这个缓冲区称为"模式空间"(pattern space),然后用 sed 命令处理缓冲区中的内容,处理完成后,把缓冲区的内容显示到屏幕上,接着处理下一行。这样不断重复,直到到达文件末尾。使用 sed 命令不会改变文件的内容,只是把处理的结果显示到屏幕上。如果希望保存结果到文件中,可以使用重定向输出到文件。

SED 的特点有:
① 可以编辑一个或多个文件;
② 简化对文件的反复操作;
③ 由于一次处理一行,读非常大的文件不会出问题,如果全部读取则可能会导致内存溢出或处理速度非常慢。

命令格式:

sed [options] 'command' file(s)

比如:

sed 's/test/mytest/' sed.txt

其中"s"表示替换,表示将 sed.txt 中的 test 替换为 mytest。

脚本文件格式:

sed [options] -f scriptfile file(s)

比如:

sed -f cmd.sed test.txt

sed 命令的常用选项如下:

-e command 或--expression=command	允许执行多条命令编辑
-n 或--quiet 或--silent	取消默认输出
-f script-file 或--filer=script-file	以指定的 script 文件来处理输入的文本文件
-i	直接修改读取的内容,而不由屏幕输出
-h 或--help	显示帮助信息并退出
-V 或--version	显示 sed 版本信息并退出

例如:

sed -e '1,2d' -e 's/test/check/' sed.txt

其中选项-e 表示允许在同一行里执行多条命令。第一条命令表示删除第 1 至 2 行,d 表示删除;第二条命令用 check 替换 test。命令的执行顺序对结果可能有影响。如果两个命令都是替换命令,那么第一个替换命令将影响第二个替换命令的结果。

";"可用来执行多条命令,效果和选项-e 一样。比如:

```
sed -e '1,2d;s/test/check/' sed.txt
```

一个比选项-e 更好的命令是--expression,它能给 sed 表达式赋值:

```
sed --expression='s/test/check/' --expression='/love/d' sed.txt
```

"{}"表示同一匹配模式使用多个命令,比如:

```
root@ubuntu:/home/linux# sed -n '/test/{=;l}' sed.txt
4
test1ltest$
8
test xxxx$
```

其中"="号是打印行号,"l"表示列出非打印字符,结果是对匹配到"test"的行打印行号并且显示非打印字符。

使用{}可以执行多个命令,如果不加{}效果是不一样的,参见下面的执行结果:

```
root@ubuntu:/home/linux# sed -n '/test/=;l' sed.txt
hello sed$
123$
abc$
4
test1ltest$
456   xxxx$
 $
DDDVVVV$
8
test xxxx$
loveable$
10$
```

下面的代码为 sed 示例。注意 sed -f cmd.sed sed.txt 是用-f 参数指定以 cmd.sed 文件作为输入操作 sed.txt 文件。

```
linux@ubuntu:~$ cat sed.txt
hello sed
123
abc
test1ltest
456   xxxx

DDDVVVV
```

```
test xxxx
loveable
10
AAA
AAAAAAAAA
linux@ubuntu:~$ cat cmd.sed
#n
1,$ =
#s/test/mytest/g;p
/test/{s//mytest/g;p}

linux@ubuntu:~$ sed -f cmd.sed sed.txt
1
2
3
4
mytestllmytest
5
6
7
8
mytest xxxx
9
10
11
12
13
```

上述代码中 sed 's/ test/ mytest/ ' sed.txt 命令是把从文件 sed.txt 找到的 test 替换成 mytest, s 表示替换。sed -f cmd.sed sed.txt 表示对文件 sed.txt 进行文件 cmd.sed 中的操作, 也就是把 sed.txt 文件里的 test 替换成 mytest。

【本章小结】

本章介绍了 Shell 的概念及常见 Shell 命令的使用, 并基于 Bash 讲解了 Shell 脚本的编写方法, 最后引入正则表达式的知识并介绍了文本处理工具 AWK/GAWK 和 SED。通过对本章的学习, 为后续 Linux 系统管理及使用和 Linux 下应用开发奠定了基础。

【研讨与思考】

研讨主题：分析 Bash 的常见易犯错误。
题目说明：调研在 Bash 编程中容易犯错的地方，并自行举例测试。
提示：
(1) 空格引起的错误。例如在赋值时"="两边有空格。
(2) if 语句后的条件测试命令[ ]。例如"["后和"]"前有空格。

【练习与实践】

1. 写一个 Shell 脚本，读入一个 IP 地址/网址，ping $IP，根据 ping 命令的返回结果判断网络连接情况，如果连接成功则返回"success"，否则返回"failed"。
2. 写一个 Shell 脚本，把当前目录（包含子目录）下所有后缀为".txt"的文件变更为".h"。
3. 写一个 Shell 脚本，分行打印本机 IP 地址、广播地址和掩码。
4. 写一个 Shell 脚本，实现如下功能：
(1) 输入参数"up/down"，如果为"up"则启用网卡；如果为"down"则停用网卡，并输出网卡状态；如果参数为其他，提示准确的参数。
(2) 输出网卡状态，验证是否开启或停用。
5. 写一个 Shell 脚本，统计 /etc/passwd 中 /bin/bash 出现的次数（只需要打印次数）。
6. 写一个 Shell 脚本，打印 /etc/passwd 文件的奇数行号和奇数行内容。
7. 写一个 Shell 脚本，实现如下功能：
(1) 从网上后台下载多个文件，保存到一个空目录中，判读该目录是否存在，如果不存在则创建该目录；如果存在但目录中有文件，则清空该目录。
(2) 把目录中的文件改名：保持后缀名不变，名字改为 pic1.xxx、pic2.yyy，…xxx、yyy 代表原有的后缀名。
8. 写一个 Shell 脚本，找出自己最常用的 5 条命令及使用次数。
9. 写一个 Shell 脚本，找出当前目录下文件名中含有空格的文件，并将文件名中的空格去掉。
10. 写一个 Shell 脚本，列出局域网内所有活动主机。

第 3 章 程序和库

知识框图

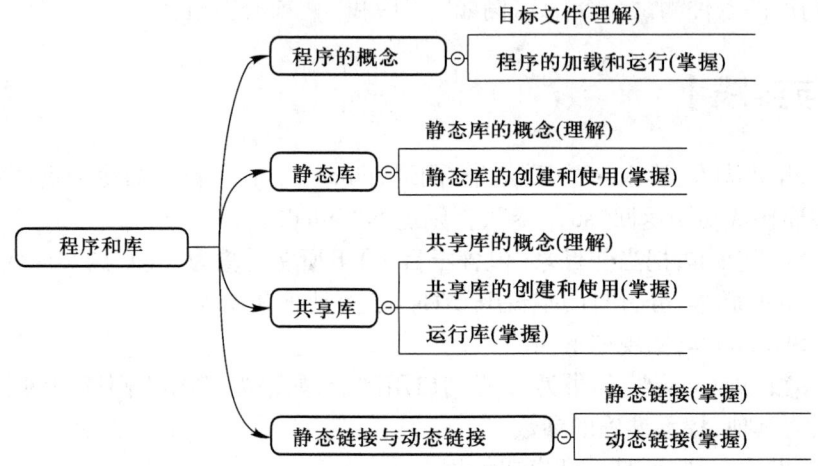

3.1 程序的概念

计算机程序(computer program)是指一组指示计算机或其他具有信息处理能力装置每一步动作的指令,通常用某种程序设计语言编写,运行于某种目标体系结构上。简单来说,计算机程序是一系列指令的集合。计算机程序最终都会转化为机器语言。比如,.sh 文件最终通过 Bash 解释器翻译成机器语言。中间的转换过程通常称为编译或解释。对于编译器,C 语言的编译器是 GCC,Java 语言的编译器是 Javac;对于解释器,Shell 脚本语言的解释器是 Bash。

源代码的编译过程主要有预处理、编译、汇编、链接 4 个步骤。图 3.1 中是源程序转换为一个可执行程序的完整过程。

图 3.1 中,① 进行预处理,将头文件 Hdr(* . h)和源码程序 Src(* . c)处理成后缀为 i 的 * . i 文件。预处理过程包括替换所有的"#define"宏定义指令、条件编译指令、"#inlcude"预编译指令,添加行号和文件名标识,删除所有的注释。

② 为编译阶段,该阶段主要检查代码语法并确定代码实际要做的工作,检查无误后,将代码编译成汇编语言,即形成后缀为 s 的 * . s 文件。

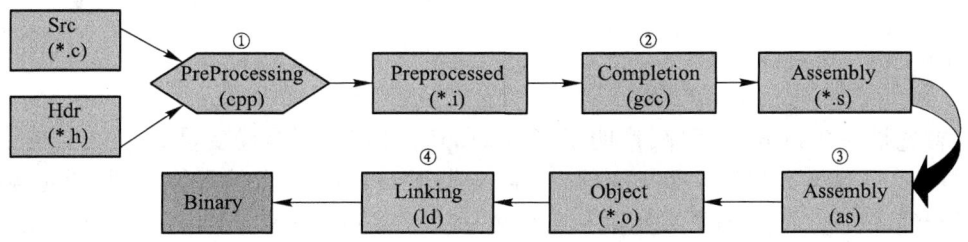

图 3.1 源程序转变为可执行程序的过程

③ 为汇编阶段,将汇编代码转化为二进制代码,即生成目标文件*.o。

④ 为链接阶段,将目标文件和静态库文件链接到可执行文件中,生成的可执行文件比较大。在该阶段动态库并不会被链接到可执行文件中,而是在程序运行时动态加载,这样可以节省系统开销。

下面看一段代码示例。

```
main.c
void swap();
int buf[2]={1, 2};

int main()
{
    swap();
    return 0;
}

swap.c
#include <stdio.h>
extern int buf[];

int *bufp0 = &buf[0];
int *bufp1;

void swap()
{
    int temp;

    bufp1 = &buf[1];
    temp = *bufp0;
```

```
    *bufp0 = *bufp1;
    *bufp1 = temp;
}
```

代码首先是一个 main.c 程序,声明了函数 swap( )并定义了全局变量 buf 数组,然后在 main 函数中调用 swap 函数。接下来是 swap.c 程序,定义了 swap( )函数的具体实现,即对调两个数。对代码进行编译处理如下,通常采用第一条命令 gcc -o XXX XXX.c YYY.c 就可以完成从源程序到可执行文件的所有过程。

```
gcc -o test main.c swap.c

gcc -E -o main.i main.c
gcc -E -o swap.i swap.c

gcc -S -o main.s main.i
gcc -S -o swap.s swap.i

as -o main.o main.s
as -o swap.o swap.s

ld -o test……
```

gcc 命令的"-E"选项对源程序进行预处理,"-S"选项执行汇编处理,生成汇编代码。汇编器 as(或者 gcc -c 选项)实现编译处理,将汇编代码转换为二进制代码。链接器 ld(或者 gcc 命令)实现对多个目标文件或库文件的链接。

3.1.1 目标文件

微视频: 目标文件

广义的目标文件分为可重定位(relocatable)目标文件、可执行(executable)目标文件、共享对象(shared object)目标文件和核心转储(core dump)文件。在 Linux 下,这几类目标文件的格式几乎一样,都按照 ELF(Executable Linkable Format)格式存储。

目标文件包含以下几个部分。

① 头信息:关于目标文件的整体信息,如目标文件的类型、版本号等。

② 目标代码:由编译器或汇编器产生的二进制指令和数据。

③ 重定位信息:在一个目标文件中对一个变量或函数的引用可能定义在其他目标文件中,对这些符号的引用需要放在一个特定的段中,这些段对应的就是重定位信息。

④ 符号:写代码时都采用了符号,例如定义一个函数,函数名是一个符号;定义一个全局变量,全局变量也是一个符号。但 CPU 并不认识这些符号,它只认识指令和地址,所以符号最终会

被地址替换。而符号表记录的就是符号与地址的相关信息。

⑤ 调试信息：指被调试器使用到的调试信息，包含源程序代码及其行号信息等。

图 3.2 为目标文件的布局。

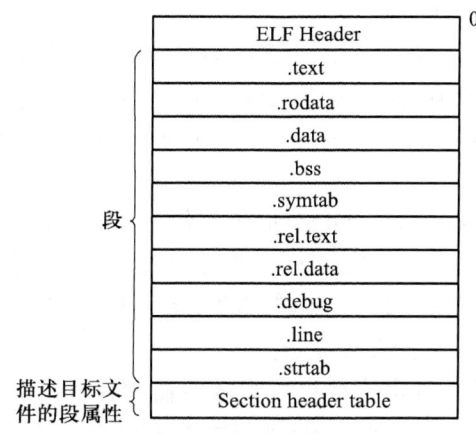

图 3.2 目标文件的布局

首先是 ELF Header，它包含描述整个文件的基本属性。可以用 readelf 命令来详细查看 ELF 头信息。准备源代码 main.c 如下。

```
#include <stdio.h>
int main(int argc, char *argv[])
{
    printf("Hello,world!");
}
```

对 main.c 进行编译 gcc -c main.c，生成 main.o 文件。使用 readelf -h 命令查看 main.o 文件的 ELF Header 信息，操作代码如下。

```
linux@ubuntu:~$ readelf -h main.o
ELF Header:
  Magic:   7f 45 4c 46 02 01 01 00 00 00 00 00 00 00 00 00
  Class:                             ELF64
  Data:                              2's complement, little endian
  Version:                           1 (current)
  OS/ABI:                            UNIX - System V
  ABI Version:                       0
  Type:                              REL (Relocatable file)
  Machine:                           Advanced Micro Devices X86-64
  Version:                           0x1
  Entry point address:               0x0
  Start of program headers:          0 (bytes into file)
  Start of section headers:          320 (bytes into file)
```

```
Flags:                             0x0
Size of this header:               64 (bytes)
Size of program headers:           0 (bytes)
Number of program headers:         0
Size of section headers:           64 (bytes)
Number of section headers:         13
Section header string table index: 10
```

ELF Header 中定义了 ELF 魔数(Magic)、文件类型(Class)、数据存储方式(Data)、版本(Version)、运行平台(OS/ABI)、ABI 版本(ABI Version)、ELF 重定位文件类型(Type)、机器平台类型(Machine)、硬件平台版本(Version)、入口地址(Entry point address)、程序头入口和长度、段表的位置和长度及段的数量等。

图 3.2 中的段表头(Section header table)描述了各个段的属性信息：

① .text 段保存编译后的执行语句，.data 段保存已初始化的全局变量和局部静态变量。

② .rodata 段保存只读数据段(如 const 修饰的变量)和字符串常量。

③ .bss 段一般存放未初始化的全局变量。

④ .rel.text 存放 .text 段的重定位信息。当链接器把目标文件和其他文件链接时，.text 代码段中许多位置都需要修改。一般而言，任何调用外部函数或者引用全局变量的指令都需要修改。

⑤ .rel.data 存放 .data 段的重定位信息。一般而言，任何引用已初始化的全局变量或函数的地址都需要修改。

⑥ .debug 是调试符号表，如程序中的局部变量或程序中定义/引用的全局变量符号等。

⑦ .line 是源程序中的行号与 .text 的机器指令的映射关系，只有在编译时加 -g 选项才会得到这张表。

⑧ .symtab 符号表，程序中函数/全局变量的符号名称与其值之间的关联关系。符号名称不是以字符串形式出现的，而是字符串数组(.strtab)的索引。

⑨ .strtab 保存字符串数组。

以上这些以"."开头的段名称是系统保留的，应用程序也可以自定义段名称。如果希望变量或某些代码放到指定名称的段中，可通过 _attribute_((section("name"))) 就可以实现，name 就是段的名字。

通过 readelf 或 objdump 命令可以查看目标文件的布局。使用 readelf -S 命令的示例如下。

```
linux@ubuntu:~$ readelf -S main.o
There are 13 section headers, starting at offset 0x140:

Section Headers:
  [Nr] Name              Type             Address           Offset
       Size              EntSize          Flags  Link  Info  Align
  [ 0]                   NULL             0000000000000000  00000000
       0000000000000000  0000000000000000           0     0     0
```

```
  [ 1] .text             PROGBITS         0000000000000000  00000040
       0000000000000020  0000000000000000  AX       0     0     1
  [ 2] .rela.text        RELA             0000000000000000  000005a0
       0000000000000030  0000000000000018           11     1     8
  [ 3] .data             PROGBITS         0000000000000000  00000060
       0000000000000000  0000000000000000  WA       0     0     1
  [ 4] .bss              NOBITS           0000000000000000  00000060
       0000000000000000  0000000000000000  WA       0     0     1
  [ 5] .rodata           PROGBITS         0000000000000000  00000060
       000000000000000d  0000000000000000  A        0     0     1
  [ 6] .comment          PROGBITS         0000000000000000  0000006d
       000000000000002c  0000000000000001  MS       0     0     1
  [ 7] .note.GNU-stack   PROGBITS         0000000000000000  00000099
       0000000000000000  0000000000000000           0     0     1
  [ 8] .eh_frame         PROGBITS         0000000000000000  000000a0
       0000000000000038  0000000000000000  A        0     0     8
  [ 9] .rela.eh_frame    RELA             0000000000000000  000005d0
       0000000000000018  0000000000000018           11     8     8
  [10] .shstrtab         STRTAB           0000000000000000  000000d8
       0000000000000061  0000000000000000           0     0     1
  [11] .symtab           SYMTAB           0000000000000000  00000480
       0000000000000108  0000000000000018           12     9     8
  [12] .strtab           STRTAB           0000000000000000  00000588
       0000000000000014  0000000000000000           0     0     1
Key to Flags:
  W (write), A (alloc), X (execute), M (merge), S (strings), l (large)
  I (info), L (link order), G (group), T (TLS), E (exclude), x (unknown)
  O (extra OS processing required) o (OS specific), p (processor specific)
```

首先需要准备一个源程序,通过 gcc -c <source-file> 命令编译生成一个可重定位目标文件,再使用 readelf -S 命令查看目标文件的布局。main.o 是事先准备好的一个常见目标文件。

在 Section Headers 部分可以看到该目标文件的整体布局,这里总计有编号为[0]-[12]的 Section。Name 列表示各个 Section 名,例如,.text 是前面介绍的代码段,.data 是数据段,.rela.text 是代码段的重定位信息。Type 列表示 Section 的类型,例如代码段和数据段都是 PROGBITS 类型,重定位段是 RELA 类型,或是存储与 ELF 有关的字符串、与程序没直接关联的 STRTAB 类型。

编译器、链接器、加载器都是依靠段来定位和访问各个段的。但是对操作系统来说,一个段被如何处理还取决于段的标记 Flags。Flags 表示该段在进程虚拟地址空间中的属性,例如是否可写(W)、是否可执行(X)等。

对 Address 列而言,如果该目标文件是可执行目标文件,可以直接被加载到内存,则表示该段在进程地址空间中的虚拟地址,否则设为 0。Offset 列表示该段在文件中的偏移。Size 指段的大小。

上面给出了主要 Section 的说明,有的目标文件可能会比这个更复杂。

3.1.2 程序的加载和运行

最早的计算机完全是用机器语言编程的,程序员用纸带记录符号化程序,然后手工将它汇编成机器码,最后通过开关、纸带或卡片将它输入计算机。这个时期还是纯手工阶段,其缺点是需要编程人员自己维护所有变量的地址,比较容易出错。

汇编器的出现使得可以用符号变量名来解决这个问题,汇编器可以实现变量名到地址的转换。汇编器完成了最初的链接器功能,将变量符号转换为地址,但是汇编器只能在一个模块内部完成符号名到地址的转换工作,不同模块间的函数或全局变量的调用需要由链接器来完成。

编程人员还发现,在编程过程中常会出现很多重复的代码实现同样的功能,这时就出现了程序库的概念。将常用的功能编写成库,通过引用程序库中的函数就可以避免编写重复的代码。但是在程序库中使用的是相对地址,当其他程序引用程序库时就需要把它们转换成绝对地址。这时就用到了重定位加载器。后来有了操作系统,程序就无法独占内存了,因为每个程序有自己的虚拟地址空间,通过虚拟地址空间可以达到多个程序共享内存。程序在被加载到内存之前,无法确定在哪个地址运行。

对于链接器来说,整个链接过程中基本分为两步:空间与地址分配,符号解析与重定位。

1. 空间与地址的分配

空间与地址分配是扫描所有的输入目标文件,获得其各个段的长度、属性和位置,并且将输入目标文件的符号表中所有的符号定义和符号引用收集起来,放到一个全局符号表中。在这一步中,链接器获得所有输入目标文件的段的长度,将它们合并,计算出输出文件中各个段合并后的长度和位置,并建立映射关系。合并各个段的思路如下:

① 按序叠加:将各个目标文件依次合并。这样的做法很简单,但是存在一个问题,在有很多输入文件的情况下,输出文件将会有很多零散的段,造成空间的浪费。

② 相似段合并:将相同性质的段合并到一起。比如将所有目标文件的".text"节合并到一起,形成输出文件的".text"节;".data"节、".bss"段等也是同样的处理。

Linux 采用第②种思路进行段的合并。

2. 符号解析与重定位

使用第一步中收集到的所有信息,读取输入文件中段的数据、重定位信息,然后进行符号解析和重定位、调整代码中的地址。

这里通过一个示例来看一下链接前后程序中虚拟地址的变化。使用 ld 链接器将 main.o 和 swap.o 链接起来。

　　ld main.o swap.o -e main -o m_s

其中,-e main 表示将 main 函数作为程序入口,ld 链接器默认程序入口为_start;

-o m_s 表示链接输出文件名为 m_s,默认为 a.out。

可以使用 objdump 命令来查看链接前后地址的分配情况,代码如下:

```
linux@ubuntu:~/lib$ objdump -h swap.o

swap.o:     file format elf64-x86-64

Sections:
Idx Name          Size      VMA               LMA               File off  Algn
  0 .text         00000041  0000000000000000  0000000000000000  00000040  2**0
                  CONTENTS, ALLOC, LOAD, RELOC, READONLY, CODE
  1 .data         00000008  0000000000000000  0000000000000000  00000088  2**3
                  CONTENTS, ALLOC, LOAD, RELOC, DATA
  2 .bss          00000004  0000000000000000  0000000000000000  00000090  2**2
                  ALLOC
  3 .comment      0000002c  0000000000000000  0000000000000000  00000090  2**0
                  CONTENTS, READONLY
  4 .note.GNU-stack 00000000  0000000000000000  0000000000000000  000000bc  2**0
                  CONTENTS, READONLY
  5 .eh_frame     00000038  0000000000000000  0000000000000000  000000c0  2**3
                  CONTENTS, ALLOC, LOAD, RELOC, READONLY, DATA
linux@ubuntu:~/lib$ objdump -h main.o

main.o:     file format elf64-x86-64

Sections:
Idx Name          Size      VMA               LMA               File off  Algn
  0 .text         00000015  0000000000000000  0000000000000000  00000040  2**0
                  CONTENTS, ALLOC, LOAD, RELOC, READONLY, CODE
  1 .data         00000008  0000000000000000  0000000000000000  00000058  2**2
                  CONTENTS, ALLOC, LOAD, DATA
  2 .bss          00000000  0000000000000000  0000000000000000  00000060  2**0
                  ALLOC
  3 .comment      0000002c  0000000000000000  0000000000000000  00000060  2**0
                  CONTENTS, READONLY
  4 .note.GNU-stack 00000000  0000000000000000  0000000000000000  0000008c  2**0
                  CONTENTS, READONLY
  5 .eh_frame     00000038  0000000000000000  0000000000000000  00000090  2**3
                  CONTENTS, ALLOC, LOAD, RELOC, READONLY, DATA
linux@ubuntu:~/lib$ objdump -h m_s

m_s:     file format elf64-x86-64

Sections:
Idx Name          Size      VMA               LMA               File off  Algn
  0 .text         00000056  00000000004000e8  00000000004000e8  000000e8  2**0
                  CONTENTS, ALLOC, LOAD, READONLY, CODE
  1 .eh_frame     00000058  0000000000400140  0000000000400140  00000140  2**3
                  CONTENTS, ALLOC, LOAD, READONLY, DATA
  2 .data         00000010  0000000000600198  0000000000600198  00000198  2**3
                  CONTENTS, ALLOC, LOAD, DATA
  3 .bss          00000010  00000000006001a8  00000000006001a8  000001a8  2**3
                  ALLOC
  4 .comment      0000002b  0000000000000000  0000000000000000  000001a8  2**0
                  CONTENTS, READONLY
```

链接前后的程序中所使用的地址已经是程序在进程中的虚拟地址，即我们关心上面各个段中的 VMA，而忽略文件偏移。从代码中可看到，在链接之前，目标文件中所有段的 VMA 都是 0，因为虚拟空间还没有被分配，所以它们默认都为 0，等到链接之后，可执行文件中的各个段都被分配到了相应的虚拟地址。

每个程序都包含符号信息。在程序中任何全局变量和函数都是一个符号。符号分为以下三类：

① 定义的全局符号：在本目标文件中定义，可以被其他目标文件引用。
② 引用的全局符号：在本目标文件中引用，却在其他目标文件中定义的符号。
③ 本地符号：在本文件中定义，只能被本文件引用。

这里需要注意的是，本地符号与程序中的局部变量无关，链接器并不关心局部变量，因为局部变量是在程序运行时在栈中分配地址的，而符号则存放在代码段或数据段。

下面的代码示例说明了符号的分类。main 程序定义了全局变量 buf，在 swap.c 程序中被使用。swap 程序中，extern int buf[ ] 中的 extern 就是用来告诉编译器或汇编器，该变量定义在其他模块中。因此 swap.c 中的 buf 是引用的全局符号。

bufp0 和 bufp1 是全局变量，是定义的全局符号。bufp0 指向 buf[0]元素，因此是初始化了的全局变量，应存放在 .data 段；而 bufp1 是未初始化的全局变量，应放在 .bss 段。

swap( )函数定义在 swap.c 中，但是在 main 函数中被引用。"int temp;"前如果添加 static 则定义了一个局部静态变量，只能被本程序使用，因此是本地符号。这里没有 static，因此它是局部变量，不会出现在符号表中。

```
main.c
void swap();

int buf[2]={1,2};

int main()
{
    swap();
    return 0;
}

swap.c
#include <stdio.h>
extern int buf[];

int *bufp0=&buf[0];
int *bufp1;

void swap()
{
    int temp;
```

```
    bufp1=&buf[1];
    temp=*bufp0;
    *bufp0=*bufp1;
    *bufp1=temp;
}
```

下面通过 readelf -s main.o swap.o 命令查看目标文件中的符号信息与前面的分析是否一致。

```
linux@ubuntu:~$ readelf -s main.o swap.o

File: main.o

Symbol table '.symtab' contains 11 entries:
   Num:    Value  Size Type    Bind   Vis      Ndx Name
     0: 00000000     0 NOTYPE  LOCAL  DEFAULT  UND 
     1: 00000000     0 FILE    LOCAL  DEFAULT  ABS main.c
     2: 00000000     0 SECTION LOCAL  DEFAULT    1 
     3: 00000000     0 SECTION LOCAL  DEFAULT    3 
     4: 00000000     0 SECTION LOCAL  DEFAULT    4 
     5: 00000000     0 SECTION LOCAL  DEFAULT    6 
     6: 00000000     0 SECTION LOCAL  DEFAULT    7 
     7: 00000000     0 SECTION LOCAL  DEFAULT    5 
     8: 00000000     8 OBJECT  GLOBAL DEFAULT    3 buf
     9: 00000000    18 FUNC    GLOBAL DEFAULT    1 main
    10: 00000000     0 NOTYPE  GLOBAL DEFAULT  UND swap


File: swap.o

Symbol table '.symtab' contains 12 entries:
   Num:    Value  Size Type    Bind   Vis      Ndx Name
     0: 00000000     0 NOTYPE  LOCAL  DEFAULT  UND 
     1: 00000000     0 FILE    LOCAL  DEFAULT  ABS swap.c
     2: 00000000     0 SECTION LOCAL  DEFAULT    1 
     3: 00000000     0 SECTION LOCAL  DEFAULT    3 
     4: 00000000     0 SECTION LOCAL  DEFAULT    5 
     5: 00000000     0 SECTION LOCAL  DEFAULT    7 
     6: 00000000     0 SECTION LOCAL  DEFAULT    8 
     7: 00000000     0 SECTION LOCAL  DEFAULT    6 
     8: 00000000     4 OBJECT  GLOBAL DEFAULT    3 bufp0
     9: 00000000     0 NOTYPE  GLOBAL DEFAULT  UND buf
    10: 00000004     4 OBJECT  GLOBAL DEFAULT  COM bufp1
    11: 00000000    53 FUNC    GLOBAL DEFAULT    1 swap
```

首先看 main.o 目标文件,符号表的最后一列 Name 是符号名,Type 列表示符号关联的类型,包括 FILE、OBJECT、FUNC 函数等。Bind 列常见取值是 LOCAL 或 GLOBAL,表示本地符号或全局符号。Ndx 列表示符号所在的 Section 索引编号。例如,buf 对应的 Section 编号为 3,在 3.1.1 小节的"readelf -S main.o"命令中可以看到编号 3 对应的是 .data 段,也就是说 buf 存放在 .data 段,并且 Type 列和 Bind 列是 OBJECT 和 GLOBAL,表示全局对象。前面分析到 buf 是已初始化的全局变量,那么应该就是全局符号且存放在.data段,因此分析和readelf -s查看结果一致。

接着看swap.o目标文件中列出的符号信息。例如bufp0的Ndx为3,表示bufp0存放在swap目标文件Section编号3中,也就是.data段。Type和Bind分别为OBJECT和GLOBAL,这些信息表明bufp0是已初始化的全局符号/全局变量。buf的Ndx是UND,表示undefine,即未定义该符号,Bind是GLOBAL,即表示buf是引用的全局符号。

当在Linux系统的终端Shell下输入一个命令执行某个ELF程序时,ELF执行文件是如何被加载并执行的呢?

首先,当前的Bash进程会创建一个新的进程,新的进程调用execve()系统调用执行指定的ELF文件,原Bash进程返回等待新进程结束,继续等待用户输入命令。

在进入execve()系统调用之后,Linux内核就开始进行真正的装载工作。在内核中,execve()系统调用相应的入口是sys_execve()。sys_execve()通过调用do_execve()最终调用search_binary_handle(),搜索和匹配合适的可执行文件装载处理过程(load_elf_binary)。

3.2 静态库

3.2.1 静态库的概念

库是用于开发软件的子程序集合,是程序的一部分。库与可执行文件有很大的区别,可执行文件就是一个程序,而库不是一个独立的程序,它是用来被调用的,向其他程序提供函数、API接口等服务代码。

在实际开发中,有一些公共代码是被重复调用的,静态库就是将这些公共代码打包成一个库文件,供其他模块调用。静态库文件的扩展名是".a",它由多个.o文件打包而成。比如在Linux中最常用的C语言静态库libc(位于/usr/lib/x86_64-linux-gnu/libc.a),由于C语言运行库glic中包含了很多与系统功能相关的代码,如内存管理、文件操作、时间日期、输入输出等,若直接把零散的目标文件提供给库的使用者,很大程度上会造成文件传输、管理和组织方面的不便,所以使用"ar"压缩程序将这些目标文件压缩到一起,并且对其进行编号和索引,以便查找和检索,就形成了静态库文件libc.a。libc.a中包含了1 567个.o文件。

静态库以一种称为存档(archive)的特殊文件格式存放在磁盘中,存档文件是一组连接起来的可重定位目标文件的集合。图3.3解释了静态库的形成过程。其中,虚线框的部分(标号①)是创建静态库的过程,源文件lib1.c、lib2.c经过编译(标号②)得到目标文件lib1.o、lib2.o,再通过ar工具(标号③)生成静态库staticlib.a。经过以上步骤,静态库就创建完成了。源文件main.c、func.c经过编译(标号④)得到目标文件main.o、func.o,再经过静态链接(标号⑤),将静态库staticlib.a链接生成可执行文件。

3.2 静态库

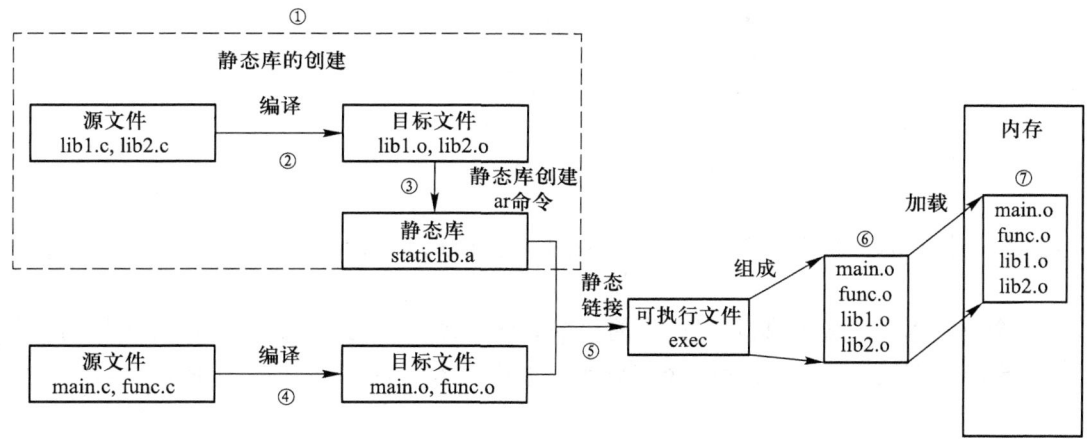

图 3.3 静态库的形成过程

静态链接把静态库中的目标链接到可执行文件中,形成一个不可分割的整体,如标号⑥处可执行文件的组成包含了来自静态库的 lib1.o 和 lib2.o。并且,可执行文件加载到内存时,一般会连续地加载到内存当中,如标号⑦所示。以上所说的可执行文件组成(标号⑥)和在内存中的分布(标号⑦)与动态链接有很大的差异。

3.2.2 静态库的创建和使用

静态库的创建是将一组目标文件(.o 文件)打包成一个单独的文件(.a 文件)的过程。因此,静态库的创建可以分为以下两个步骤:
① 将各目标源文件(.c 文件)编译成目标(.o)文件。
② 将多个目标(.o)文件归档为静态库(.a)文件。
下面的例子展示了静态库的创建和使用过程。

微视频:
静态库的创建和使用

```
printf.c
#include <stdio.h>
void lib_print()
{
    printf("This is print by lib.\n");
}
```

```
main.c
#include <stdio.h>
void lib_print();
```

```
int main(int argc, char *argv[])
{
    printf("This is printed by main.\n");
    lib_print();
    return 0;
}
```

上述程序中，print.c 提供了 lib_print() 函数的具体实现，main.c 调用了 print.c 中的 lib_print() 函数。

将两个模块编译生成可执行文件，最简单的方法只需要调用 gcc print.c main.c 即可。但是为了展示静态库的使用过程，将 print.c 制作成静态库供 main.c 链接使用，具体命令为

```
gcc -c print.c
ar rcs mylib.a print.o
```

以上两条命令分别对应了制作静态库的两个步骤。第一步 gcc -c 将 print.c 编译成目标文件 print.o，第二步使用 ar 归档命令将 print.o 打包成 mylib.a。本例中仅归档了一个目标文件，如果有多个 .o 文件需要归档，可以将文件名写入归档命令，即 ar rcs <库文件名>.a 目标文件 1.o 目标文件 2.o……

通过以上两个命令成功地创建了静态库文件 lib.a，使用 ar 命令查看 mylib.a 文件的组成：

```
linux@ubuntu:~$ ar -t mylib.a
print.o
```

使用静态库 lib_print.a 将 main.c 编译生成可执行文件 main 的命令如下：

```
gcc -c main.c
gcc -static -o main main.o ./mylib.a
```

此过程中，先将 main.c 编译并汇编为可重定位目标文件 main.o，然后再将 mian.o 和 mylib.a 进行静态链接生成可执行文件 main。命令中使用-static 选项指示链接器要生成一个完全链接的可执行目标文件，也就是说生成的可执行程序可以直接加载到内存中运行，而不需要在加载或者运行时再动态链接其他目标模块。

事实上这个过程中链接器还自动链接了 libc.a。libc.a 中提供了 printf 等函数的实现，它是 Linux 上的 C 标准库，gcc 编译程序的过程中会自动链接此库。

3.3 共享库

3.3.1 共享库的概念

共享库是一个目标模块，在 Linux 系统以 .so 后缀表示，类似于 Windows 下经常用到的 dll 共享库。

图 3.4 描述了共享库的创建过程。GCC 编译源文件 lib1.c、lib2.c 时加-fPIC 选项(标号①)编译生成目标文件 lib1.o、lib2.o,再经过加-shared 选项(标号②)生成动态库 dynamiclib.so,这个动态库由 lib1.o. 和 lib2.o(标号③)组成。动态库不会像静态库那样被链接到可执行文件中,而是作为一个独立部分单独加载到内存中(标号④)。

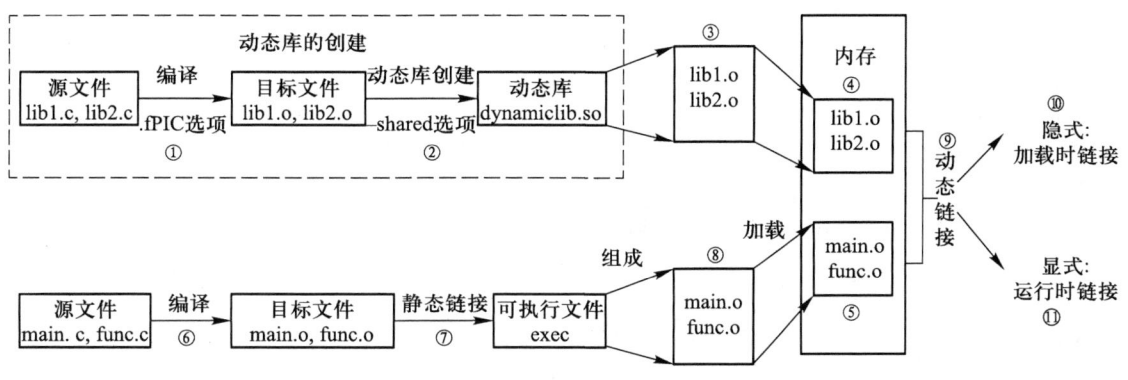

图 3.4 动态库的创建及使用过程

图 3.4 其余的部分是使用共享库的过程。源文件 main.c、func.c 经过编译(标号⑥)生成目标文件 main.o、func.o,再经过静态链接(标号⑦)生成可执行文件,该可执行文件包含 main.o、func.o 两个文件(标号⑧)。

当要运行可执行文件 exec 时,系统首先加载 exec 到内存,包含 main.o、func.o(标号⑤)。这时系统发现 exec 依赖于 dynamiclib.so,需要把它加载到内存。此时有两种情况,第一种是动态库 dynamiclib.so 不在内存中,就把它加载进内存;第二种情况是其他可执行文件已经把这个动态库加载到内存了,不用再加载。第二种情况体现出了动态库可以节省加载时间和内存地址空间的优势。

至此,可执行文件需要的全部目标——可执行文件中的目标文件和动态库中的目标文件——都已在内存中,系统可以开始进行动态链接的工作(标号⑨)。这里讲的加载时链接的方式是隐式的链接方式(标号⑩);另外还有一种在程序运行以后通过 dlopen()、dlSym() 等函数调用来链接的方式,是显式的链接方式(标号⑪)。

经过动态链接将动态库 dynamiclib.so 加载到内存提供给可执行程序使用,可执行程序需要使用时可以通过两种方式调用动态库:隐式链接和显式链接。

3.3.2 共享库的创建和使用

首先看下面三个程序的源码。

foo.h

```
1 #ifndef foo_h__
```

```
2 #define foo_h__
3
4 extern void foo(void);

5 #endif
```

foo.c
```
1 #include<stdio.h>
2 void foo(void)
3 {
4     puts("Hello,I am a shared library");
5 }
```

main.c
```
1 #include <stdio.h>
2 #include "foo.h"
3 int main(void)
4 {
5     printf("This is a shared library test...");
6     foo();
7     return 0;
8 }
```

微视频：
共享库的创建和使用

foo.h:该程序提供了访问库的接口。在程序第 4 行声明了 foo( )函数。

foo.c:该程序提供了 foo( )函数的具体实现。

main.c:调用库函数的测试程序。在程序第 2 行包含了头文件 foo.h,提供了访问 foo( )函数的接口。第 6 行调用 foo( )函数。

总的来说就是,main.c 程序通过头文件 foo.h,调用 foo.c 程序中的 foo( )函数。下面的代码为创建和使用共享库 libfoo.so。

```
linux@ubuntu:~/shared_lib$ gcc -c -Wall -fPIC① foo.c
linux@ubuntu:~/shared_lib$ gcc -shared② -o libfoo.so foo.o
linux@ubuntu:~/shared_lib$ gcc -L /home/linux/shared_lib④ -Wall -o test main.c -lfoo③
```

从代码中可以看出,共享库的创建和使用主要分为以下几步:

① 编译。将库函数的具体实现 foo.c 编译成目标文件 foo.o。这里需要注意,标记①处使用了-fPIC 选项,该选项是将源程序编译为位置无关的代码,解决由于程序中引用绝对地址指令产

生的地址冲突问题。在创建共享库时必须使用该选项。

② 生成共享库。标记②处的-shared 选项表示生成共享库。

③ 链接共享库。标记③处-l 选项是指定要寻找的库 libfoo.so，标记④处-L 选项指定了搜索共享库 libfoo.so 的路径。

图 3.5 为静态库和共享库的创建和使用过程对比。

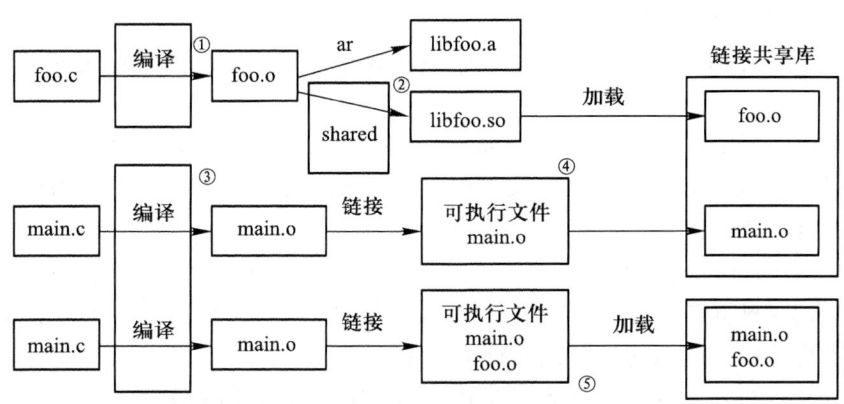

图 3.5　静态库和共享库的创建和使用过程对比

先来看共享库的创建过程。与静态库相比，标记①处程序 foo.c 编译成 foo.o 目标文件是相同的，不同的是目标文件打包生成的库文件不同。共享库必须通过标记②处-shared 选项生成共享库 libfoo.so，而静态库则是通过 ar 工具将目标文件打包。

接下来是应用程序使用共享库的过程。无论是使用静态库还是共享库，标记③处应用程序 main.c 编译为目标文件 main.o 是相同的。链接库文件生成可执行文件。标记④处可执行文件中不包含共享库的代码，即可执行文件中只包含 main.o。而如果 main.c 使用静态库，那么标记⑤处生成的可执行文件中不仅包含 main 程序代码，还包含静态库 foo 代码。

使用共享库的应用程序在运行时，通常共享库和应用程序被先后载入内存的不同位置。但是使用静态库的应用程序在运行时，静态库和应用程序被看作一个整体被载入内存，在内存中是连在一起的。在共享库创建和链接成功后，最后生成可执行文件。

1. 设定共享库路径的方法

下面的代码运行结果出错，提示不存在共享库 libfoo.so。这是由于在运行可执行程序时需要去加载共享库，然而系统中并没有设定共享库 libfoo.so 的位置信息，因此找不到该共享库。

```
linux@ubuntu:~/shared_lib$ ./test
./test: error while loading shared libraries: libfoo.so: cannot open shared obje ct file: No such file or directory
```

那么如何在系统中设定共享库的位置信息呢？下面给出三种设定共享库路径的方法。

(1) 使用环境变量 LD_LIBRARY_PATH

环境变量 LD_LIBRARY_PATH 用于设定除默认共享库路径之外的其他搜索路径。一般 Linux 系统的默认共享库搜索路径是/lib 和/usr/lib,因此放在这两个路径下面的共享库不需要设置路径就可以被搜索到。

对于默认路径之外的共享库,可以通过设置该环境变量指定系统查找共享库的路径,使自定义的共享库能够被系统搜索到。

对于上面运行出错的代码,可以通过 LD_LIBRARY_PATH 环境变量设定共享库 libfoo.so 的搜索路径:

```
export LD_LIBRARY_PATH=/home/linux/shared_lib:$LD_LIBRARY_PATH
```

在设置环境变量后,再执行可执行文件时就可以成功链接到/home/linux/shared_lib 目录下的共享库,程序运行成功。

(2) 通过 gcc 的 -rpath 选项

在编译时将共享库路径保存到可执行文件中,从而在运行可执行文件时直接到该路径下查找共享库,而不再依赖于默认的位置或者环境变量。

这里需要注意的是,连接器在处理共享库时,将链接时路径(link-time path)和运行时路径(run-time path)分开。GCC 的 -rpath 选项是运行时共享库的路径,指在运行时寻找的路径;而 GCC 的 -L 选项是链接时共享库的路径,指在链接时寻找的路径。

通过 -rpath 选项设定共享库的搜索路径如下:

```
gcc -L/home/linux/shared_lib -Wl,-rpath=/home/linux/shared_lib -Wall -o test main.c -lfoo
```

这里 -Wl 是向链接器传递一些选项,选项以逗号分隔。

(3) 通过 ldconfig 命令

ldconfig 是动态链接库管理命令,该命令的用途是在默认路径(/lib 和/usr/lib)以及动态库配置文件/etc/ld.so.conf 内所列的目录下搜索共享库,然后创建动态载入程序(ld.so)所需的链接和缓存文件(/etc/ld.so.cache)。缓存文件中保存已经排好序的共享库列表。

ldconfig 通常在系统启动时运行,在系统启动后用户在默认路径下添加一个共享库时,就需要手工运行 ldconfig 命令重新生成共享库列表。

对前面运行出错的代码,使用 ldconfig 设置共享库的步骤如下:

① 打开终端,转换到管理员权限。

② 将新建共享库放到默认路径。

输入

```
cp /home/linux/shared_lib/libfoo.so /usr/lib
chmod 0755 /usr/lib/libfoo.so
```

③ 输入 ldconfig --help 查看 ldconfig 的用法。例如 ldconfig -p 用来输出当前缓存文件保存

的共享库列表。

④ 更新缓存文件。输入 ldconfig。

⑤ 查看共享库。输入 ldconfig -p | grep foo。

⑥ 编译应用程序。输入 gcc -Wall -o test main.c -L/home/linux/shared_lib -lfoo。

⑦ 运行。输入 ./test。

注意,ldconfig 与程序运行时有关,与编译时没有任何关系。

另外,也可以不将新建的共享库移动到默认路径,而将新建的共享库的目录加到配置文件/etc/ld.so.conf 中,然后再调用 ldconfig 命令更新缓存文件。

通过修改 ldconfig 的配置文件设置共享库的路径,步骤如下。

① 打开终端。

② 删除默认路径下的共享库 libfoo.so,执行 ./test 报错。

③ 编辑/etc/ld.so.conf。追加以下内容:

/home/linux/shared_lib

-----

④ 更新缓存。输入 ldconfig。

⑤ 查看共享库。输入 ldconfig -p | grep foo。

⑥ 重新编译。输入 gcc -Wall -o test main.c -L/home/linux/shared_lib -lfoo。

⑦ 运行程序。输入 ./test。

到这里就演示完了通过 ldconfig 设定共享库路径的方法。这种设定方法在整个系统范围内有效,而环境变量 LD_LIBRARY_PATH 的设定方法只对当前 Shell 进程及其子进程有效。

2. 共享库创建和使用示例

有如下两个源程序代码 libtest1.c 和 libtest2.c,这两个源程序将会生成共享库。

```
linux@ubuntu:~$ cat libtest1.c
int test1()
{
  return 1;
}
linux@ubuntu:~$ cat libtest2.c
int test2()
{
 return 2;
}
```

libtest1.c 程序定义了 test1() 函数,其功能为返回值 1。libtest2.c 程序定义了 test2() 函数,其功能是返回值 2。将这两个源程序生成一个共享库 libctest,假设当前目录是/home/linux/shared_lib,代码如下。

```
gcc -Wall -fPIC ① -c libtest1.c libtest2.c
```

```
gcc -shared ② -o libtest.so *.o
```

使用标记①处的-fPIC 选项将两个源程序编译成位置无关的目标文件,然后通过标记②处-shared 选项生成共享库。经过以上的操作,最后在/home/linux/shared_lib 目录下生成了 libtest 共享库。

代码中包含的参数说明如下。

-Wall:包含 warning 信息;

-fPIC:编译动态库,必须输出不依赖位置的代码;

-shared:编译动态库必需选项;

-o:动态库的名字。

生成 libtest.so 共享库后,接着需要设置共享库的路径,以便在执行应用程序时能够找到共享库并加载。下面的代码以修改/etc/ld.so.conf 文件为例。

```
root@ubuntu:/home/linux# cat /etc/ld.so.conf
include /etc/ld.so.conf.d/*.conf
/home/linux/shared_lib  ①

root@ubuntu:/home/linux# ldconfig  ②
root@ubuntu:/home/linux# ldconfig -p|grep test  ③
        libtest.so (libc6,x86-64) => /home/linux/shared_lib/libtest.so
        liborc-test-0.4.so.0 (libc6,x86-64) => /usr/lib/x86_64-linux-gnu/liborc-test-0.4.so.0
        libicutest.so.52 (libc6,x86-64) => /usr/lib/x86_64-linux-gnu/libicutest.so.52
root@ubuntu:/home/linux#
```

在标记①处将用户自定义的共享库的目录/home/linux/shared_lib 追加到/etc/ld.so.conf 中。标记②处更新共享库列表。标记③处查看共享库 test 已经在共享库列表中。

到这里共享库已设定完成,应用程序就可以使用共享库了。下面编写一个调用共享库的应用程序,首先定义访问共享库的头文件 ctest.h 如下,在头文件中声明了 test1( )和 test2( )函数。

```
#ifndef CTEST_H
#define CTEST_H

int test1();
int test2();

#endif
```

前面介绍了加载共享库的两种方式,一种是在运行可执行文件时系统自动完成加载共享库,另一种是在应用程序中插入加载共享库的系统调用接口函数。这里以第二种方式为例,程序员通过在程序中插入系统调用函数实现共享库的加载。

首先介绍三个系统调用函数:dlopen( )、dlsym( )、dlclose( )。

dlopen( ):加载共享库。

3.3 共享库

dlsym():将共享库中的函数或类导入程序。

dlclose():卸载共享库。

以上几个函数定义在头文件 dlfcn.h 中,这几个函数的具体实现在 dl 库中。因此编写应用程序中需要加头文件 dlfcn.h,编译应用程序时要加入"-ldl"选项。

如下代码为应用程序 main.c 的代码。标记①处包含头文件 ctest.h,提供访问前面自定义的共享库的入口。然后是 main 函数。标记②处声明了一个 void 类型指针 lib_handle,void 类型指针是指该指针指向内存中的数据类型要由用户来指定。用户可以将 void 类型强制转换为 int 型,那么指针指向的内存中存放的就是 int 型数据。

标记③处声明了指向函数的指针,即指向函数的入口地址。

标记④处 dlopen() 打开前面生成的共享库 ctest。标记⑤处通过标记④返回的 ctest 库的地址,取得 ctest 库中 test1 函数的地址。标记⑥处调用 test1 函数,并输出 test1 函数的返回值。最后标记⑦处卸载共享库 ctest。

```
#include<stdio.h>
#include <dlfcn.h>
#include "ctest.h"  ①

int main(int argc, char **argv)
{
    void *lib_handle;  ②
    int (*fn)();  ③
    char *error;

    lib_handle=dlopen("libtest.so", RTLD_LAZY);  ④
    if (!lib_handle)
    {
        fprintf(stderr,"%s\n", dlerror());
        return 1;
    }

    fn=dlsym(lib_handle, "test1");  ⑤
    if ((error=dlerror())!=NULL)
    {
        fprintf(stderr,"%s\n", dlerror());
        return 1;
```

}
```
    int y = fn();
    printf("y=%d\n", y);   ⑥
    dlclose(lib_handle);   ⑦
    return 0;
}
```

写好代码后,接下来是编译和运行应用程序。

```
gcc -Wall -L /home/linux/shared_lib main.c ctest.h -o main -ldl    ①
./main    ②
y=1
```

上述代码中,标记①处编译应用程序 main.c,生成可执行文件 main。这里编译时需要加 -ldl 选项,因为应用程序调用了 dl 库中的 dlopen( )、dlsym( )、dlclose( )函数,而且 dl 库不是系统默认库。标记②处 ./main 运行程序,最后的运行结果 y=1。

也就是说,应用程序 main.c 调用共享库的 test1 函数,输出结果 1。

3.3.3 运行库

C 程序员都知道一个事实:程序从 main 函数开始。但事实是否如此呢?在运行自己编写的程序时,在背后为其正常运行提供服务的就是运行库,例如 C 语言的运行库 glibc。

1. 引入入口函数

首先介绍运行库的入口函数,先看如下的 print_a.c 程序代码:

```
#include<stdio.h>
int a=3;
int main(int argc, char *argv[])
{
    printf("a=%d\n", a);
}
```

这个例子首先对 a 赋值为 3,接下来是 main 函数。当在执行 main 函数时其实已经完成了 a 的初始化。从代码中可以看到,在程序执行到 main 时,全局变量的初始化过程已经结束了,main 函数的两个参数(argc 和 argv)也被正确传了进来。此外,在不知道的时候,堆和栈的初始化已悄悄完成,一些系统 I/O 也被初始化了,因此可以放心地使用 printf。运行结果如下:

```
~$gcc -o print_a print_a.c
~$./print_a
a=3
```

再看如下的 at_exit.c 程序代码：

```
#include<stdio.h>

void foo(void)
{
    printf("bye from foo!\n");
}

int main()
{
    atexit(&foo);
    printf("end of main\n");
}
```

这里调用的 atexit 函数是一个特殊函数,以函数指针作为参数,保证程序退出时能执行这个函数。因此,上述代码在 main 函数执行完之后才会调用 atexit 注册的 foo 函数,然后结束进程。运行结果为：

```
~$gcc -o at_exit at_exit.c
~$./at_exit
end of main
bye from foo!
```

代码 print_a.c 说明 main 函数不是程序执行的开始,而是某些别的代码,这些代码负责准备好 main 函数执行所需要的环境,并且负责调用 main 函数,申请内存,使用系统调用或触发异常,访问 I/O。代码 at_exit.c 则说明 main 函数结束时程序并没有结束。完成这两部分的工作是由入口函数来做。入口函数负责完成一个程序的初始化并结束处理的函数,是运行库的一部分。

2. 程序运行过程

图 3.6 为程序运行的过程示意图。

调用入口函数	调用main函数	返回入口函数
全局变量初始化 堆初始化 I/O初始化 获取环境变量	执行程序主体部分	清理工作: 全局变量析构 堆销毁 关闭I/O

时间轴 →

图 3.6　程序运行的过程示意图

① 操作系统在创建进程后,把控制权交给程序的入口,即运行库中的某个入口函数。
② 入口函数对运行库和程序运行环境进行初始化,包括堆、I/O、线程、全局变量构造等。
③ 入口函数在完成初始化后,调用 main 函数,正式开始执行程序主体部分。

④ main 函数执行结束后,返回到入口函数进行清理工作,包括全局变量析构、堆销毁、关闭 I/O 等。最后执行系统调用结束进程。

3. 运行库

前面只是讲了运行库的入口函数。其实在系统上运行任何一个自己写的程序,它的背后都有一套庞大的代码来支撑。这套代码至少包含入口函数、其所依赖的函数,当然还应包含各种标准库函数的实现。这样的代码集合称为运行库(runtime library)。

从图 3.7 中可以看到,一个程序正常运行的背后需要运行库、系统调用或 API,以及内核来支撑。这里介绍的运行库只是程序运行支撑的一部分。

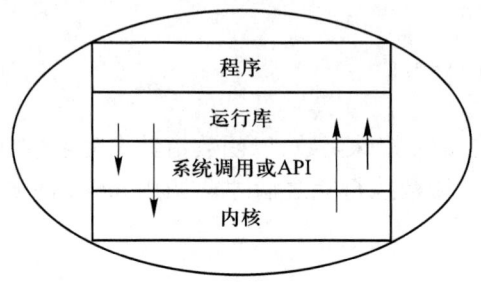

图 3.7　运行库在系统中的位置

这里以 C 语言的运行库为例介绍运行库到底包含哪些功能。C 语言的运行库称为 C 运行库(CRT),包含的功能如下。

① 启动和退出:由入口函数(_start)及其所依赖的其他函数实现。
② 标准函数:由 C 语言标准规定的 C 语言标准库所拥有的函数实现。
③ I/O:实现 I/O 的初始化,如初始化标准输入/输出。
④ 堆:堆的初始化。
⑤ 语言实现:语言中一些特殊功能的实现。
⑥ 调试:实现调试功能的代码。

以上简要介绍了静态库、共享库和运行库三个知识点。相比较而言,静态库在编译时被链接到程序中,作为可执行程序的一部分。在程序运行时不再依赖静态库,但是占用内存大。共享库在程序运行时载入内存,在被载入内存前首先确认内存中是否已经存在,如果已经存在则不需要再次载入内存。运行库是一类标准库,包括各种标准的库函数实现,不需要自己去编写。

3.4　静态链接与动态链接

静态链接使得不同的程序开发者和组织能够相对独立地开发和测试自己的程序模块,从某种意义上讲大大地提高了程序开发的效率,原先限制程序的规模也随之扩大。但是慢慢地静态链接的诸多缺点也逐步暴露出来,比如浪费内核和磁盘空间、模块更新困难等。在现在的 Linux 系统中,一个普通程序使用到的 C 语言静态库至少在 1 MB 以上,那么如果机器中运行着 1 000 个这样的程序,就要占用近 1 GB 的内存;另外,如果一个程序有 100 个模块,每个模块大小为 1 MB,那么每次更新任何一个模块,用户就得重新获取这个 100 MB 的程序。

微视频:
静态链接

  静态链接在生成可执行文件时(链接阶段),把所有需要的函数的二进制代码都包含到可执行文件中。因此,链接器需要知道参与链接的目标文件需要哪些函数,同时也要知道每个目标文件都能提供什么函数,这样才能确定是否每个目标文件所需要的函数都能正确地链接。如果某个目标文件需要的函数在参与链接的目标文件中找不到,则链接器将会报错。目标文件中有两个重要的接口来提供这些信息,即符号表和重定位表。

  要解决空间浪费和更新困难这两个问题,办法就是把程序的模块相互分割开来,形成独立的文件,而不再将它们静态地链接在一起。简单地讲,就是不对那些组成程序的目标文件进行链接,等到程序需要时才进行链接。动态链接的基本思想就是把链接这个过程推迟到运行时再进行。当需要升级程序库时,不需要像静态链接那样把所有的程序再重新链接一遍,只需要将旧的目标文件覆盖即可。当程序下次开始运行时,新版本的目标文件会被自动装载到内存并且链接起来,这样程序就得到了升级。动态链接方式使得开发过程中各个模块更加独立,耦合度更小,便于不同的开发者和开发组织之间独立进行开发和测试。

  动态链接在编译时不直接复制可执行代码,而是通过记录一系列符号和参数,在程序运行或加载时将这些信息传递给操作系统,操作系统负责将需要的动态库加载到内存中,然后程序在运行到指定的代码时,去共享执行内存中已加载的动态库可执行代码,最终达到运行时链接的目的。

  动态链接具有如下优点:

  ① 多个程序可以共享同一段代码,而不需要在磁盘上存储多个拷贝,更加节省内存并减少了页面交换。

  ② 共享库和可执行文件独立,只要输出接口不变,更换共享库不会对可执行文件造成任何影响,因而极大地提高了可维护性和可扩展性。

  ③ 适用于大规模软件开发,使开发过程独立、耦合度小,便于不同开发者和开发组织之间进行开发和测试。

  动态链接的缺点:由于是运行时加载,可能会影响程序的前期执行性能。

【本章小结】

  本章首先讲解了程序的基本概念,涉及目标文件和程序的加载运行等。在此基础上介绍了静态库和共享库;库是用于开发软件的子程序集合,是程序的一部分;静态库是指将所有相关的目标文件打包成为一个单独的文件;而共享库是一个目标模块。

【研讨与思考】

研讨主题：静态链接、动态链接的工作原理。
题目说明：

讨论静态链接的过程及原理,通过具体事例说明静态链接过程中空间与地址分配、符号解析与重定位的原理及流程。

讨论动态链接的过程及原理,通过具体事例说明动态链接的步骤,讨论 GOT 与 PLT 的作用和原理,举例说明位置无关的数据引用和代码无关的函数调用是如何实现的。

调研关键词：静态链接、动态链接

【练习与实践】

1. 用 C 语言编写程序 main1.c,输出"Hello World!"到屏幕上。编写 run.sh,依次执行编译 main1.c 命令和执行生成的执行文件。

2. 分别编写两个程序,第一个程序与题 1 的 main1.c 相同,第二个程序 main2.c 中部分内容采用宏定义实现,如输出的字符串采用宏定义实现。

（1）执行 gcc 预编译命令,分别获得 main1.i 和 main2.i 文件。

（2）查看 .i 文件。

（3）对 main1.i 和 main2.i 执行 diff 命令,确认两者是否相同,为什么?

（4）预编译命令、diff 命令都编写在 run.sh 中,run.sh 最后一行输出两个 i 文件是否相同。

3. 使用题 1 编写好的 main1.c 源程序,完成 run.sh 脚本的编写和执行。run.sh 完成如下功能:

（1）执行 gcc 相关命令,生成汇编代码文件 main.s,通过 gcc --help 可以查找到生成汇编文件的命令。

（2）查看 main.s。

4. 使用题 1 编写好的 main1.c 源程序,完成 run.sh 脚本的编写和执行。run.sh 完成如下功能:

（1）执行 gcc 相关命令,生成目标代码文件 main.o,通过 gcc --help 可以查找到生成汇编文件的命令。

（2）查看 main.o。

5. 基于题 4 结果编写 run.sh 脚本,执行链接命令生成可执行文件。

（1）可采用的命令是 cc 或 gcc 命令,最好是 ld 命令。

（2）分别用 file 和 objdump -x 命令查看生成可执行文件。

6. 编写程序 main.c,实现格式为 a+b=c 格式的输出。

（1）使用 printf 函数实现输出,如 printf("%d+%d=%d", a, b, a+b)。

（2）实现 main 命令行参数的获得,其中第一个参数是 a,第二个参数是 b;定义 add 函数 int add(int p1, int p2)。

（3）实现 add 函数,并于 printf 中采用 printf("%d + %d = %d", a, b, add(a, b))。

基于以上代码,分别进行全静态和全动态的编译:

（4）执行 objdump -x 命令,查看包含 NEEDED 的字段,分析生成的两种执行文件的依赖库的不同。

（5）执行 file 和 ld 命令,查看两个执行文件的不同。

7. 分别编写 add.h、add.c、main.c 文件,其中 add.h 中包含加法函数的定义 int add(int p1, int p2),add.c 文件中包含加法函数的实现。

（1）对 add.c 进行编译,生成目标文件 add.o。

（2）执行 ar 命令,生成 libadd.a。

（3）编写 main.c 文件,通过 include add.h 头文件和 gcc 编译,实现对 libadd.a 中加法函数的调用。

8. 分别编写 add.h、add.c、main.c 文件。add.h 文件中包含加法函数的定义 int add(int p1, intp2),add.c 文件中包含加法函数的实现,对 add.c 进行编译生成共享库 libadd.so。

编写 main.c 文件,通过 include add.h 头文件和 gcc 编译,实现对 libadd.so 中加法函数的调用。

9. 针对题 8 的共享库,以至少三种方式实现共享库的加载运行。针对每种方式编写一个 run.sh 来实现运行。

10. 基于题 8 的共享库重新编写 add 的实现,完成针对"按位与"操作。运行题 8 生成的可执行文件 main,使其加载修改后的 libadd.so,显示"按位与"的结果,如 1 & 0 = 0,1 & 4 = 0。

第 4 章 进程

知识框图

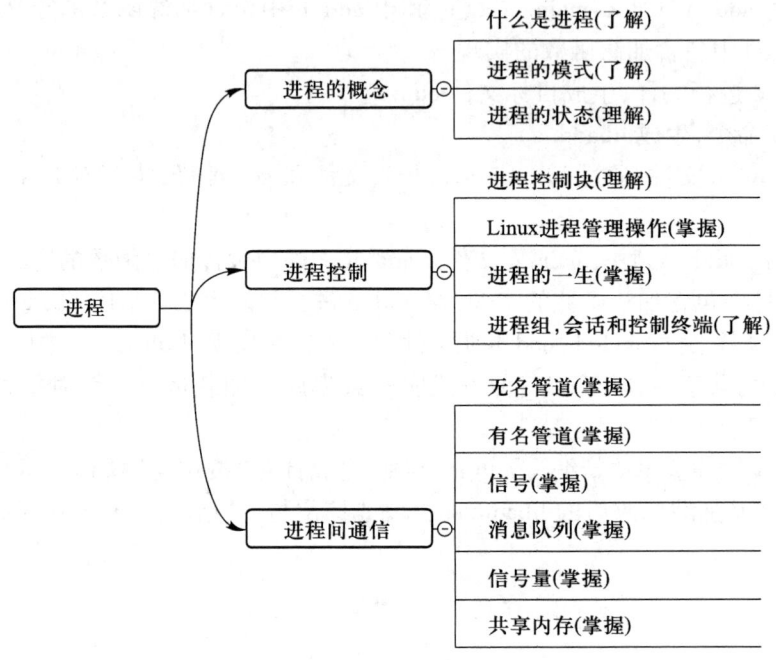

4.1 进程的概念

4.1.1 什么是进程

程序是存储在磁盘上包含可执行机器指令和数据的静态实体,而进程是程序在操作系统中的一个运行实例,是系统资源分配的基本单元,是一个动态实体。进程和程序的关系就类似于戏剧和剧本的关系,剧本在写好之后只是静态的文字,当按照剧本把戏剧排好在舞台上呈现之后就变成动态的了。戏剧在上演过程中还需要分配角色、服装、道具等资源。另外,一个戏剧只能对应一个剧本,但是一个剧本可以上演不同场次的戏剧。这样对应来理解进程和程序的关系就很容易了,一个进程只能对应一个程序,但是一个程序可以对应有多个进程。

4.1.2 进程的模式

在运行 Linux 操作系统的机器上，CPU 要么处于受信任的内核模式，要么处于受限制的用户模式。所以 Linux 进程可按照执行模式划分为用户模式和内核模式。用户模式指当前运行的是用户程序、应用程序或内核之外的系统程序，它对应的进程是在用户模式下运行的。一般而言，所有用户进程都是运行在用户模式之中的。如果用户程序在运行过程中出现系统调用或发生中断事件，这时就要运行操作系统（即内核）程序，此时进程的运行模式就变为内核模式。

如图 4.1 所示，处于用户模式下的用户程序如果接收到中断或系统调用通知，就要运行操作系统的代码，进程的运行模式也就转为内核模式。

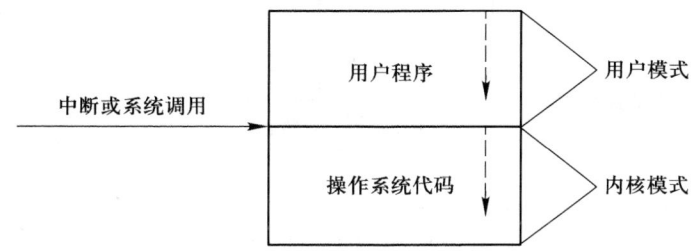

图 4.1　用户模式和内核模式

在内核模式下运行的进程有特殊的权限，比如可以无限制地访问所有处理器指令集和全部内存与 I/O 空间。此外，处于内核模式的进程运行时是不受用户（即使是 root 用户）干扰的。

Linux 系统的进程按照功能和运行的程序又可分为系统进程和用户进程。系统进程只运行在内核模式，主要完成一些系统的管理性工作，比如内存的分配、从一个进程切换到另外一个进程等。用户进程不仅运行于用户模式，也可以运行在内核模式，当用户进程处于用户模式下，要进行系统调用或者出现了中断，抑或出现异常时，就从用户模式转为内核模式。

4.1.3 进程的状态

Linux 中的进程有 6 种状态，分别是就绪态、运行态、可中断等待态、不可中断等待态、停止态、僵死态。图 4.2 展现了这几种状态之间的转换。

首先是运行态。当程序处于运行态时，系统会分配 cpu 时间等资源给该进程，时间片到时就切换到就绪态，从就绪态切换到运行态时需要进程的调度。在 Linux 中运行态和就绪态统称为运行的状态（用 R 标识）。

在图 4.2 中可以看到,从运行态可以切换到停止态,条件是进程跟踪停止命令。通常是接收到了一个信号,也就是把进程彻底释放,这个状态 ps 命令很难捕捉到。从运行态切换到僵死态是进程的终止。这种情况下进程虽然终止,但是进程的状态是可以捕捉到的,也就是该进程的一些信息还保留着。

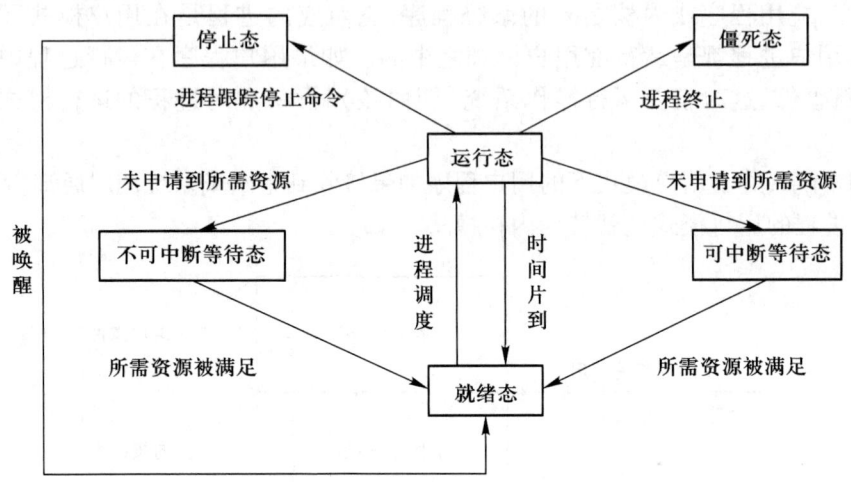

图 4.2　进程状态间的转换

从运行态到等待态分为两种情况,一种是不可中断等待态,另一种是可中断等待态,它们切换的原因都是未申请到所需的资源。可中断等待态(S)是指因为等待某事件(Socket 连接、信号量)发生而被挂起,通常这种状态是可以被 ps 命令捕捉到的。而不可中断等待态(D)是指不处理异步信号,此状态存在的意义就在于内核的某些流程是不可被打断的,所以 ps 命令很少捕捉到这种状态,而且处于这种状态的进程,kill 命令也是不能杀死的。

从等待态切换到就绪态的条件就是所需要的资源被满足了。进程处于停止态后也可以被唤醒,切换到就绪态。

当进程运行结束后,一般是僵死态(资源未被回收干净)或终止态(资源已清理)。

4.2　进程控制

4.2.1　进程控制块

进程在内存中主要由代码段、数据段、堆和栈构成。代码段存放的是程序运行的指令代码。数据段存放的是程序中的全局变量和静态变量。堆用来容纳程序运行期间动态申请的内存空间,如应用程序执行的 malloc、new 等函数。栈在调用函数时保存中断现场、执行函数调用时的参数和返回地址等。

1. 进程在虚拟地址空间的结构

每个程序在运行时都感觉像独占整个内存空间,该空间就是进程的虚拟地址空间。每个应用程序在运行时都有一个虚拟地址空间,虚拟地址空间是每个进程所私有的,一个进程不能访问另一个进程的空间。由于进程的虚拟地址空间与物理内存之间存在着映射关系,因此进程实际可以得到的物理内存要远小于它的虚拟地址空间。

图 4.3 是进程的虚拟地址空间的结构。

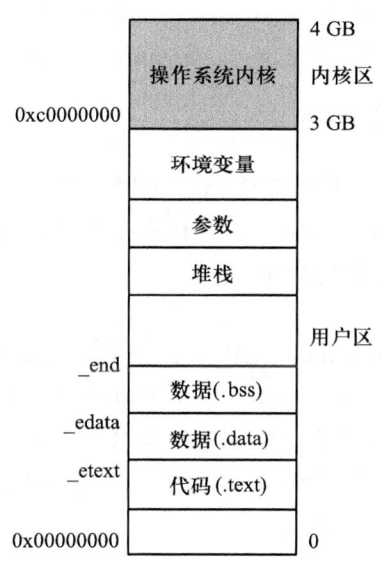

图 4.3 进程的虚拟地址空间的结构

假如有一个 32 位的系统,4 GB 内存空间,其中 3 GB 作为用户区,1 GB 作为内核区。内核区是内核代码映射的地址空间,是为内核保留的,用户进程无法访问这一区域的内容。用户区是用户程序可以访问的地址空间。

在图 4.3 的用户区中,.text 对应的是代码段,.data、.bss 对应的是数据段,然后是用户堆栈。数据段和代码段是在编译时被分段的。堆和栈是在程序运行时被动态分配和管理的。其实在内核区中,内核也为每个进程分配了一个堆栈,以供进程在内核态下工作时使用。

2. 进程控制块

进程控制块(processing control block,PCB)是系统为了管理进程设置的一个专门的数据结构。内核利用 task_struct 数据结构来描述进程控制块,通过该数据结构来感知进程是否存在。task_struct 定义在/usr/src/<内核版本号>/include/linux/sched.h 文件里。在 Linux 系统内存中专门开辟了一个区域,用来存放所有进程的进程控制块信息。

task_struct 数据结构主要包括进程的状态信息、调度信息、身份信息 PID 等。sched.h 文件中的 state、flags、ptrace 变量代表的是进程的状态信息；static_prio、normal_proi…变量代表的是进程的调度信息。

当一个进程被创建时，内核就为其分配一个 PID，作为进程的唯一标识。进程 PID 的默认范围为 0~32 767，可以配置/proc/sys/kernel/pid_max 修改 PID 的范围。内核通过 get_pid( ) 函数生成一个 PID，然后分配给进程。每调用一次 get_pid( ) 函数，该函数返回的 PID 值就增 1。

获取进程 PID 有两个函数：pid_t getpid(void) 获取的是当前进程的 PID；pid_t getppid(void) 获取的是当前进程的父进程 PID(getppid 是 getparentpid 的缩写)。

4.2.2 Linux 进程管理操作

微视频：
ps 命令

Linux 进程管理操作主要包括进程的创建、删除、暂停和重启，以及进程的调度、同步、通信等机制。本小节就进程的查看、性能分析及管理、结束进程等几个常用的命令进行介绍。

1. ps 命令

ps 是 process status 的缩写，即查看进程状态。ps 命令有很多参数，比如-e 是显示所有进程、环境变量；-a 是显示终端上所有进程。

下面的代码表示使用 ps 命令查看进程状态。其中，参数 a 是显示其他用户启动的进程，参数 x 是参看系统中属于自己的进程，参数 u 是启动这个进程的用户及其启动的时间。参数 aux 就是以 BSD 风格来展示所有进程信息。

```
linux@ubuntu:~$ ps aux
USER      PID %CPU %MEM    VSZ   RSS TTY      STAT START   TIME COMMAND
root        1  1.2  0.1   3668  2040 ?        Ss   18:45   0:01 /sbin/init
root        2  0.0  0.0      0     0 ?        S    18:45   0:00 [kthreadd]
root        3  0.0  0.0      0     0 ?        S    18:45   0:00 [ksoftirqd/0]
root        4  0.0  0.0      0     0 ?        S    18:45   0:00 [kworker/0:0]
root        5  0.2  0.0      0     0 ?        S    18:45   0:00 [kworker/u:0]
root        6  0.0  0.0      0     0 ?        S    18:45   0:00 [migration/0]
root        7  0.7  0.0      0     0 ?        S    18:45   0:00 [watchdog/0]
root        8  0.0  0.0      0     0 ?        S<   18:45   0:00 [cpuset]
root        9  0.0  0.0      0     0 ?        S<   18:45   0:00 [khelper]
root       10  0.0  0.0      0     0 ?        S    18:45   0:00 [kdevtmpfs]
```

可以看到，ps aux 命令的结果字段对应很多列，第一列 USER 域指明启动进程的用户，后边依次显示进程号 PID，占用 CPU、MEM 的百分比，需用的虚拟内存大小，当前实际占用的虚拟内存大小，进程依赖的终端，进程状态，启动时间，运行时间，启动命令等信息。

再来看一个使用 ps 命令查看系统中启动的进程信息的示例。下面的示例程序功能是每隔 2s 重新打印当前的系统时间。

```c
#include<stdio.h>
#include"time.h"
int main()
{
    time_t t;
    while(1){
        printf("Hello!");
        time(&t);
        printf("%s",ctime(&t));
        sleep(2);
    }
    return 0;
}
```

运行结果如下：

```
Hello!Mon Mar 21 19:26:04 2016
Hello!Mon Mar 21 19:26:07 2016
Hello!Mon Mar 21 19:26:09 2016
Hello!Mon Mar 21 19:26:11 2016
Hello!Mon Mar 21 19:26:13 2016
Hello!Mon Mar 21 19:26:15 2016
```

可以看到屏幕上每隔 2 s 打印了"Hello!"和当前的系统时间。在这个进程中，若想查看 print_time 的进程号以及进程状态信息等，可以使用 ps aux | grep print_time; 命令。显示结果如下：

```
root      5459  0.0  0.1   4332  1312 pts/1   S+   09:25   0:00 ./print_time
root      5461  0.0  0.2  15944  2188 pts/15  S+   09:25   0:00 grep --color=auto print_time
```

Linux 中运行的进程之间大都是一种派生关系。系统启动产生 init 进程，init 进程可以理解为所有进程的祖先，它会派生出一些子进程，这些子进程再派生子进程，形成一种树形结构的进程树。通过 pstree 命令可以查看进程树，清晰地看到进程之间的父子关系。图 4.4 所示即为使用 pstree 命令显示的 print_time 进程的树状结构。其中标框的地方就是 print_time 进程，可以看到它是 init 进程的子孙进程。

对比 ps 命令和 pstree 命令，使用 ps 命令得到的数据精确，但数据量庞大，不容易掌握系统的整体概况。pstree 命令正好可以弥补这个缺憾。它能将当前的执行程序以树状结构显示。

2. top 命令

top 命令是系统管理员最重要的工具之一。它实际上类似于 Windows 下的任务管理器，用于监视服务器的负载。默认运行时，top 命令会显示如下输出：

微视频：
top 命令

```
init─┬─ModemManager───2*[{ModemManager}]
     ├─NetworkManager───3*[{NetworkManager}]
     ├─accounts-daemon───2*[{accounts-daemon}]
     ├─acpid
     ├─avahi-daemon───avahi-daemon
     ├─bluetoothd
     ├─colord───2*[{colord}]
     ├─cron
     ├─cups-browsed
     ├─cupsd───dbus
     ├─dbus-daemon
     ├─dhclient
     ├─dnsmasq
     ├─dockerd─┬─docker-containe───7*[{docker-containe}]
     │         └─9*[{dockerd}]
     ├─6*[getty]
     ├─gnome-keyring-d───5*[{gnome-keyring-d}]
     ├─kerneloops
     ├─libvirtd───10*[{libvirtd}]
     ├─lightdm─┬─Xorg
     │         ├─lightdm───init─┬─at-spi-bus-laun─┬─dbus-daemon
     │         │                │                  └─3*[{at-spi-bus-laun}]
     │         │                ├─at-spi2-registr───{at-spi2-registr}
     │         │                ├─bamfdaemon───3*[{bamfdaemon}]
     │         │                ├─2*[dbus-daemon]
     │         │                ├─dconf-service───2*[{dconf-service}]
     │         │                ├─evolution-calen───4*[{evolution-calen}]
     │         │                ├─evolution-sourc───2*[{evolution-sourc}]
     │         │                ├─fcitx
     │         │                ├─fcitx-dbus-watc
     │         │                ├─gconfd-2
     │         │                ├─geoclue-master───2*[{geoclue-master}]
     │         │                ├─gnome-session─┬─compiz───4*[{compiz}]
     │         │                │                ├─deja-dup-monito───2*[{deja-dup-monito}]
     │         │                │                ├─nautilus───3*[{nautilus}]
     │         │                │                ├─nm-applet───2*[{nm-applet}]
     │         │                │                ├─polkit-gnome-au───3*[{polkit-gnome-au}]
     │         │                │                ├─telepathy-indic───2*[{telepathy-indic}]
     │         │                │                ├─unity-fallback-───2*[{unity-fallback-}]
     │         │                │                ├─update-notifier───3*[{update-notifier}]
     │         │                │                ├─zeitgeist-datah───3*[{zeitgeist-datah}]
     │         │                │                └─3*[{gnome-session}]
     │         │                ├─gnome-terminal─┬─bash───pstree
     │         │                │                 ├─bash───sudo───su───bash───print_time
     │         │                │                 ├─gnome-pty-helpe
     │         │                │                 └─3*[{gnome-terminal}]
```

图 4.4　print_time 进程的树状结构

```
top - 19:02:16 up 17 min,  2 users,  load average: 0.06, 0.08, 0.10
Tasks: 158 total,   2 running, 156 sleeping,   0 stopped,   0 zombie
Cpu(s):  2.3%us,  1.0%sy,  0.0%ni, 96.7%id,  0.0%wa,  0.0%hi,  0.0%si,  0.0%st
Mem:   1024788k total,   931148k used,    93640k free,   199452k buffers
Swap:  1046524k total,        0k used,  1046524k free,   415288k cached

  PID USER      PR  NI  VIRT  RES  SHR S %CPU %MEM    TIME+  COMMAND
 1012 root      20   0 92496  54m  11m S  2.3  5.4   0:19.79 Xorg
 2722 linux     20   0 89360  14m  10m S  0.7  1.5   0:00.76 gnome-terminal
    1 root      20   0  3668 2040 1284 S  0.0  0.2   0:01.42 init
    2 root      20   0     0    0    0 S  0.0  0.0   0:00.00 kthreadd
    3 root      20   0     0    0    0 S  0.0  0.0   0:00.09 ksoftirqd/0
```

前几行概括显示了不同系统参数，接下来是进程及其在列中的属性。

top 命令第一行各字段显示了当前时间，系统已运行的时间，当前登录用户的数量，最近 5 分钟、10 分钟和 15 分钟内的平均负载。

第二行显示的是任务或者进程的总体情况,共有 158 个进程,处于不同的状态。

第三行显示的是 CPU 状态,即不同模式下占 CPU 时间的百分比。其中 us(user)指运行(未调整优先级的)用户进程的 CPU 时间,sy(system)指运行内核进程的 CPU 时间。

第四行和第五行显示内存使用情况。第四行是物理内存使用,第五行是虚拟内存使用(交换空间)。物理内存包含全部可用内存、已使用内存、空闲内存和缓冲内存。交换空间包含全部交换空间、已使用交换空间、空闲交换空间和缓冲交换空间。

在横向列出的系统属性和状态下面,是以列显示的进程。该部分与 ps 命令的输出相似,如 PID 是进程 ID,USER 是进程所有者的实际用户名,等等。

top 实际上是一个可以交互的命令,支持很多管理进程的操作,比如在运行过程中键入"k"进入杀死进程的对话界面,输入进程 PID 则可在有相应权限的前提下杀死相应进程。类似的交互命令很多,使用中可以通过键入"h"查看帮助信息。

3. kill/killall 命令

如果发现某个进程占用 CPU 的时间过多,想要"杀掉"(结束)这个进程,可以使用 kill 命令或 killall 命令。两个命令均通过向进程发送指定的信号来结束进程。使用 kill 命令需要知道进程号,即 kill PID(进程号)。因此需配合使用 ps 命令查看进程号,代码如下:

```
root@ubuntu:/home/linux# ps aux|grep print_time
root      5822  0.0  0.1   4332  1296 pts/15   S+   10:23   0:00 ./print_time
root      5825  0.0  0.2  15944  2088 pts/1    S+   10:23   0:00 grep --color=auto print_time
root@ubuntu:/home/linux# kill 5822
root@ubuntu:/home/linux# ps aux|grep print_time
root      5827  0.0  0.2  15944  2168 pts/1    S+   10:23   0:00 grep --color=auto print_time
```

killall 命令则把使用 ps 查看进程和 kill 命令杀死进程这两个过程合二为一,是一个很好用的命令。使用该命令只需知道进程名就可以了,示例代码如下:

```
root@ubuntu:/home/linux# ps aux|grep print_time
root      5830  0.0  0.1   4332  1312 pts/15   S+   10:23   0:00 ./print_time
root      5835  0.0  0.2  15944  2148 pts/1    S+   10:24   0:00 grep --color=auto print_time
root@ubuntu:/home/linux# killall print_time
root@ubuntu:/home/linux# ps aux|grep print_time
root      5839  0.0  0.2  15944  2188 pts/1    S+   10:24   0:00 grep --color=auto print_time
```

4.2.3 进程的一生

系统是如何从启动到运行某个具体的进程呢?其实在 Linux 系统启动时,内核创建的第一个用户级进程是 init 进程。init 进程对控制台进行初始化,为每个控制台建立一个 getty 进程,getty 进程会在每个终端上显示"login"提示符,以等待用户的登录。当用户登录时,getty 进程又调用 login 程序核对用户账户和密码,如果正确,login 程序将会启动 Shell 命令行解释器,最终可在命令行执行用户程序。

这里需要注意的是,这是关于控制台上启动运行用户程序的过程,控制台也就是 tty1~tty6 字符终端,可以通过组合键 Alt+Ctrl+Fx 进入 tty$x$ 的终端。这个方法通常是在图形化界面下打开终端,该过程可以概括为:init 进程→gnome 进程→Shell 进程→用户进程。

一个进程从创建到消亡的过程如下:通常用户进程都是通过 fork 系统调用产生的。fork( ) 函数会创建一个新进程,该进程是父进程的一个拷贝。之后再通过 exec( ) 函数族让新进程"脱胎换骨",exec 可启动一个独立的程序(比如一个能独立运行的 Shell 命令,或是用户开发的一个 a.out 可执行程序等),取代 fork 后的新进程的数据段、代码段、堆栈,独立开始工作。然后是进程结束的状态,进程结束的方式有自然死亡、中途退场和强制结束。其中,自然死亡是指执行到 main 函数的最后一个"}",中途退场是指在执行过程中遇到 exit 或 return 语句,强制结束是指被其他进程强制结束。

在进程死亡以后都会留下一个空壳,也就是进程控制块(PCB)部分,需要做清理工作。父进程可以通过 wait 函数进行一些清理工作。

1. 创建进程

微视频:
fork 函数

fork 函数用于在父进程中创建一个子进程,其返回值比较特殊。函数执行成功时返回值有两个,父进程中返回的是子进程 PID,子进程中返回的是 0。

一个进程主要包含 PCB、代码段、数据段、堆、栈等内容。子进程同样也包括这几个部分。子进程的 PCB 来自复制父进程的 PCB,但修改了部分属性,譬如 PID。子进程的代码段前面介绍过是可执行的指令代码。子进程共享父进程的代码段,因为代码段在内存中是只读的。对于子进程的数据段、堆、栈,为了节省全部复制造成的空间浪费,因此只有对某些区域的值进行修改时才会复制相应的地址空间,也就是写时复制。下面的一段代码说明了执行 fork 函数后父子进程的执行范围。

```
pid_t id;
id=fork();  ①
if(id<0)  ②
   { perror("fork");}
else if(id==0)  ③
   { //子进程代码}
else  ④
   { //父进程代码}
其他代码
```

首先标记①处调用 fork 函数创建一个子进程,然后根据 fork 的返回值执行不同的分支。前文已介绍过 fork 返回值有两个,在标记②处,如果 fork 返回值小于 0,则 fork 创建子进程失败,输出错误信息。在标记③处,如果 fork 返回值等于 0,那么该进程对应的是子进程,进入子进程序执行相应代码;否则标记④处返回值大于 0,对应进入的是父进程,执行父进程的相应代码。

这里需要注意:fork 函数执行之前都是父进程代码,调用 fork 成功后,父子进程都将继续执行调用 fork 以后的所有代码,直到 exit 语句或 main 函数的 return 语句。因此上面代码段中的

"其他代码"父子进程都会执行。

下面是使用 fork 函数创建进程的一个具体示例。

```
1   #include <stdio.h>
2   #include <unistd.h>
3   #include <sys/types.h>
4   #include <stdlib.h>
5   int main(void)
6   {
7       pid_t pid;
8       printf("now only one process \n");
9       printf("call for fork...\n");
10      pid = fork();    ①
11      if (pid < 0) {
12          perror("fork fail \n");
13          exit(1);
14      }
15      else if (pid==0){    ②
16          printf("It is Child process, pid is %d\n", getpid());
17          exit(1);
18      }
19      else if (pid > 0)    ③
20          printf("I am the parent.. Child has pid %d\n", pid);
21      printf("This process id is %d\n", getpid());    ④
22      return 0;
23  }
```

标记①使用 fork( )函数创建一个子进程。

标记②当 fork 返回值等于 0 时,子进程输出"It is Child process, pid is x"(x 为子进程号)。

标记③当 fork 返回值大于 0 时,父进程输出"I am the parent.. Child has pid. x"(x 为子进程号)。

标记④的"printf("This process id is %d\n", getpid( ));"语句,到底是由父进程调用执行还是子进程调用执行,或是两者都会执行呢?下面来演示一下。

```
root@ubuntu:/home/linux# gcc fork.c -o fork
root@ubuntu:/home/linux# ./fork
now only one process
call for fork...
```

```
I am the parent.. Child has pid 2913
This process id is 2912
root@ubuntu:/home/linux# It is Child process, pid is 2913
```

从运行结果可以看到，这里只有父进程会执行标记④处的代码。前面提到 fork 后的代码父子进程都会执行是没错的，但是遇到 exit 或 return 等语句进程将中途退出，也就是说进程在执行完 exit 或 return 后就不会再执行后面的代码。这个例子里，标记②处子进程在执行完打印语句 printf 后又执行了 exit，因此子进程中途结束。因此只有父进程会执行标记④处最后的 printf 语句。

如果这个例子修改一下，在 pid==0 的分支中删除 exit 语句，那么父子进程都会执行标记④处的 printf 语句。演示如下：

```
root@ubuntu:/home/linux# gcc -o fork fork.c
root@ubuntu:/home/linux# ./fork
now only one process
call for fork...
I am the parent.. Child has pid 3112
This process id is 3111
root@ubuntu:/home/linux# It is Child process, pid is 3112
This process id is 3112
```

创建进程也可以使用 vfork 函数。vfork( ) 函数和 fork( ) 函数有以下两点不同：

① vfork 创建的子进程和父进程共享数据段、堆、栈，而 fork 对这几个区域是写时复制的。

② vfork 后父进程被挂起，直到子进程运行结束，父进程才能继续执行；而对于 fork，父子进程是同时运行的。

2. 进程终止

进程终止分为正常终止和异常终止。进程正常终止主要由以下几类情况导致：执行到 main 函数代码的最后一个"}"，遇到 return、exit 或 _exit 语句退出函数，通过线程来结束进程（线程将在后续内容进行介绍）以及进程的异常终止。进程异常终止主要有调用 abort、接收到终止信号或由线程导致。

（1）孤儿进程

孤儿进程是指使用 fork 函数创建一个子进程后，子进程一直在运行，但是其父进程却结束了，该子进程就成为孤儿进程。孤儿进程通常被 init 进程"领养"，从而其父进程变成 init 进程。

孤儿进程的代码示例如下：

```
1    #include<stdio.h>
2    #include<unistd.h>
3    #include<sys/types.h>
4    #include<stdlib.h>
5
6    int main()
```

```
7   {
8       pid_t pid;
9       if ((pid=fork())==-1)
10          perror("fork");
11      else if (pid==0) ①
12      {
13          printf("pid=%d,ppid=%d\n", getpid(), getppid());
14          sleep(2);
15          printf("pid=%d,ppid=%d\n", getpid(), getppid()); ②
16      }
17      else exit(0); ③
18  }
```

标记①处当 pid 等于 0 时(即子进程),执行该分支。如果子进程先被调度执行,子进程通过 getppid()输出父进程的 pid,然后 sleep(2)睡眠 2 s。这时父进程在子进程睡眠期间会执行标记③处 exit 终止退出。当子进程醒来后在标记②处打印父进程 pid,此时应该是 1 号 init 进程,因为原来的父进程已经结束,子进程成为孤儿进程而被 init 进程领养,运行结果如下:

```
root@ubuntu:/home/linux# pid=3206,ppid=3205
pid=3206,ppid=1
```

(2) 僵尸进程

僵尸进程是指一个进程结束后几乎释放了所有的内存空间,但在进程列表中仍保留有它的信息。该进程只有等到父进程处理或父进程结束才能释放资源。

下面是僵尸进程的一段示例代码。

```
1   #include<stdio.h>
2   #include<unistd.h>
3   #include<sys/types.h>
4   #include<stdlib.h>
5
6   int main()
7   {
8       pid_t pid;
9       if ((pid=fork())==-1)
10          perror("fork");
11      else if (pid==0) ①
12      {
```

```
13         printf("child_pid=%d\n",getpid());
14         exit(0);  ②
15
16      }
17      sleep(3);
18      system("ps");  ③
19      exit(0);
20   }
```

标记①处 fork 返回值等于 0，即子进程执行该分支，首先输出"child_pid=XXX"的信息，然后标记②处执行 exit 子进程终止。而父进程在执行 sleep(3)睡眠 3 s 后醒来后调用标记③处 ps 命令输出进程信息，由于此时父进程并没有清除子进程的命令，因此 ps 命令仍然能够输出已终止的子进程信息。最后父进程执行 exit 终止进程。无论在进程正常终止还是异常终止时，内核都会向父进程发送一个 SIGCHILD 信号，而父进程默认动作是忽略这个信号。因此如果不刻意捕捉或使用 wait/waitpid 函数，父进程不会清除已终止的子进程信息。上述代码的运行结果如下：

```
child_pid=5947
    PID TTY          TIME CMD
   5850 pts/17    00:00:00 bash
   5946 pts/17    00:00:00 corpse
   5947 pts/17    00:00:00 corpse <defunct>
   5948 pts/17    00:00:00 ps
```

3. wait 函数和 waitpid 函数

微视频：wait 函数

如果想等待进程结束并回收其资源，需用到 wait 或 waitpid 这两个系统调用函数。wait 函数表示父进程一直阻塞，直到第一个子进程结束。其原型如下：

   pid_t wait(int *status)

wait 函数的参数 status 表示子进程的终止状态指针，如果 status 置为"NULL"表明父进程不获取子进程终止状态。wait 函数执行成功时返回值为终止子进程的 pid，如果返回值为 0，表示该进程没有子进程。

子进程的返回状态是由 Linux 中如下一些特定的宏来测定的。

WIFEXITED(status)：若为正常终止，返回真并继续调用 WEXITSTATUS(status)宏获取退出状态的低 8 位。

WIFSIGNALED(status)：若为异常终止，返回真并继续调用 WTERMSIG(status)宏获取导致子进程终止的信号编号。

waitpid 函数功能与 wait 相同，其原型如下：

   pid_t waitpid(pid_t pid,int *status,int options)

其中参数 status 与 wait 函数中的 status 参数一样，用来接收所等待进程的退出状态，该状态同样需要用 WIFEXITED 等宏来解析。通过设置参数 pid 可以实现对某个进程、某个进程组、所有进程的等待操作。而 options 参数则可指明等待的动作，比如是否阻塞等。

下面是 waitpid 函数的示例代码。

```
1   #include<stdio.h>
2   #include<stdlib.h>
3
4   int main(void)
5   {
6       pid_t pid;
7       int status, exit_status;
8
9       if ((pid=fork()) < 0)
10          perror("fork error");
11      else if (pid==0) ①
12      {
13          printf("child sleeping...");
14          sleep(4);
15          exit(0);
16      }
17
18      while (waitpid(pid, &status, WNOHANG)==0) ②
19      {
20          printf("still waiting...\n");
21          sleep(1);
22      }
23
24      if (WIFEXITED(status))
25      {
26          exit_status=WEXITSTATUS(status);
27          printf("Exit status from %d was %d\n", pid, exit_status);
28      }
29  }
```

本例中 fork 创建一个子进程，标记①表示如果 fork 返回值等于 0，则对应的是子进程，子进程输出"child sleeping..."，然后 sleep(4) 睡眠 4 秒，最后 exit 退出。标记②处 waitpid() 函数由于使用了 WNOHANG 选项代表非阻塞等待，子进程虽未结束 waitpid() 也会立即返回 0，因此当子进程睡眠 4 s 期间父进程一直输出"still waiting..."。当子进程 exit 终止时 waitpid() 返回值等于子进程 PID,因此 while 循环退出。然后 if 语句判断子进程退出状态并打印。最后父进程结束。运行结果如下：

```
still waiting...
still waiting...
still waiting...
still waiting...
child sleeping...Exit status from 3195 was 0
```

4. exec 函数族

微视频：
exec 函数族

前面已介绍过使用 fork( )函数创建一个子进程后,该子进程几乎复制了父进程的全部内容。而 exec 函数族则提供了一种在进程中启动另一个程序执行的方法,它可以根据指定的文件名或目录名找到可执行文件,并用它来取代原调用进程的数据段、代码段和堆栈段。在执行完之后,原调用进程除了进程号之外,其他全部内容都被替换了。

可执行文件既可以是二进制文件,也可以是任何 Linux 下可执行的脚本文件。

每当进程调用一种 exec 函数时,该进程完全由新程序代换,而新程序从 main 函数开始执行。exec 并不创建新进程,所以前后进程 ID 也不会变,它只是用另一个新程序替换了当前进程的正文、数据、堆和栈段。

exec 在实现时是个函数族,包含 execl、execlp、execle、execv、execvp、execve 这 6 个函数。6 个函数执行的功能相似,但参数各不相同。

表 4.1 是 6 个函数的使用格式。

表 4.1 exec 函数族的使用格式

函数名	可执行文件的查找方式		向新程序传递参数表的方式		向新程序传递环境表的方式	
	路径名 pathname	文件名 filename	列表方式 list	矢量数组方式 vector	继承调用进程的 environ 变量	指定新的环境字符串指针数组 envp[ ]
execl	*		*		*	
execlp		*	*		*	
execle	*		*			*
execv	*			*		*	
execvp		*		*	*	
execve	*			*		*
字母表示	p		l	v		e

6 个函数可针对可执行文件的查找方式、向新程序传递参数表的方式、向新程序传递环境表的方式不同来区分。

针对查找可执行文件的方式不同来区分,有通过完整路径名或者只通过文件名查找两种方式。

针对向新程序传递参数表的方式不同来区分,有列表方式和矢量数组方式。运行新程序一般需要传入参数,参数包括给可执行文件的参数和它本身,比如 ls -a -l 就有三个参数,这三个参数可以以列表形式"ls","-a","-l", NULL 给到 exec;也可以放在字符串数组中,再把数组传给 exec,数组定义为 char * argv[ ] = {"ls", "-a", "-l", NULL}。需要注意,两种情况都不要遗漏最后一个为 NULL/0 的参数作为结尾,即 arg0, arg1, …, arg$n$, NULL 或 char * argv[ ] = {arg0, arg1, …, arg$n$, NULL}。

针对向新程序传递环境表的方式不同,有继承调用进程的 environ 变量与指定新的环境字符串指针数组 envp[ ]方式。参数 envp 表示指定可执行文件执行时的环境变量,将环境变量传递给需要替换的进程,原来的环境变量不再起作用。

6 个函数的原型及使用范例如下。

(1) execl 函数

函数原型:

#include <stdlib.h>

int execl(const char * fullpath, const char * arg, …)

使用范例:

execl("/bin/ls", "ls", "-al", NULL)

(2) execlp 函数

函数原型:

int execlp(const char * file, const char * arg, …)

使用范例:

execlp("ls", "ls", "-al", NULL)

(3) execle 函数

函数原型:

int execle(const char * fullpath, const char * arg, …, char * const envp[])

使用范例:

execle("/bin/ls", "ls", "-al", NULL, environ)

(4) execv 函数

函数原型:

int execv(const char * fullpath, char * const argv[])

使用范例:

execv("/bin/mkdir", argv)   //类比 int main(int argc, char * argv[])中的 argv

或

```
char * const p[]={"a.out", "testDir", NULL};
execv("/bin/mkdir", p);
```

(5) execvp 函数

函数原型：

```
int execvp(const char * file, const char * arg, …)
```

使用范例：

```
execvp("ls", argv)    //类比 int main(int argc, char * argv[])中的 argv
```

或

```
char * const p[]={"a.out", "testDir", NULL};
execvp("mkdir", p);
```

(6) execve 函数

函数原型：

```
int execve(const char * fullpath, const char * arg, …, char * const envp[])
```

使用范例：

```
execve("/bin/ls", argv, environ)
```

或

```
char * const p[]={"a.out", "testDir", NULL};
execve("/bin/mkdir", p);
```

exec 函数族执行成功没有返回值，执行失败则返回-1。在 exec 函数族里只有 execve 是系统调用函数，其他都是库函数，最终都是调用 execve。

从图 4.5 可以看出，execlp 通过将参数列表放入一个 argv 数组实现对 execvp 的调用；execvp 通过对可执行文件增加全路径实现对 execv 的调用；execv 通过增加一个环境变量实现对 execve 的调用。

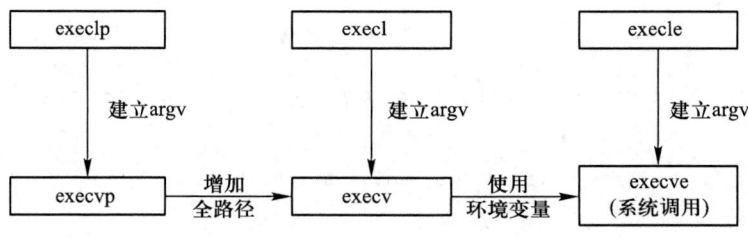

图 4.5 exec 函数族

在一个程序中想要执行另一个可执行程序，通过 exec 函数族可以实现。如果想在一个程序中执行一个 Shell 命令，有一种比较简便的方法是用 system( ) 函数。

system( ) 函数的原型如下：

```
#include <stdlib.h>
int system(const char * string);
```

函数说明：system()函数会调用 fork()函数产生子进程,由子进程调用/bin/sh-c string 执行参数 string 字符串所代表的命令。此命令执行完后随即返回原调用的进程。

例如：

```
status = system("./test.sh")   //执行当前目录下的脚本(当然也可以是创建好的可执行程序)
```

或者是

```
status = system("ls")   //执行系统的 Shell 命令(命令要求在环境变量 PATH 中)
```

4.2.4 进程组、会话和控制终端

每个进程都属于一个进程组,进程组是一个或多个进程的集合,进程组长是创建进程组的进程。进程组号称为 PGID,PGID 即进程组长的 PID。通过 getpgrp()函数可以获得进程组的 PGID。同样,通过 setpgid()函数可以将一个进程加入某个进程组。

会话(session)是一个或多个进程组的集合。从图 4.6 可以看出,每个进程属于一个进程组,同时也属于一个会话。

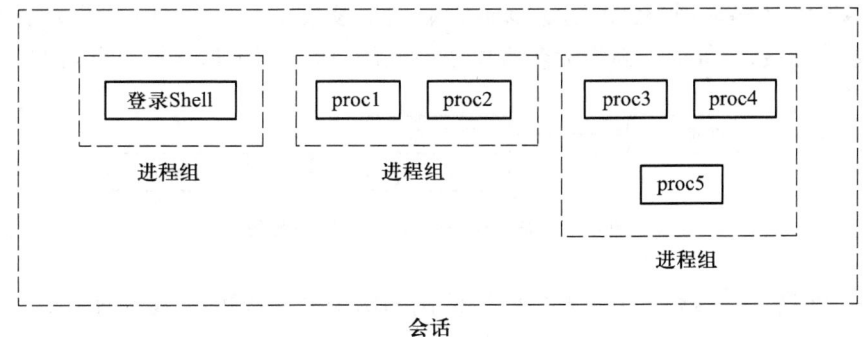

图 4.6 进程与进程组、会话之间的关系

通过 setsid()函数可以创建一个会话。但创建会话的进程一定是进程组长进程,创建会话的进程则成为会话的首进程。通常一个会话开始于用户登录,终止于用户退出。在此期间用户运行的所有进程都属于这个会话。会话从控制终端开始。控制终端分为字符终端、图形终端和网络终端。

4.3 进程间通信

Linux 系统提供进程间通信(interprocess communication,IPC)的方式,包括同一主机上的进程间通信和不同主机上的进程间通信。不同主机进程间通信方式主要包括远程过程调用

(remote pocedure call,RPC)和 Socket 两种,本章暂不介绍。本章主要介绍 6 种同一主机内部的进程间通信方式,分别为无名管道、有名管道、信号、消息队列、信号量与共享内存。

进程间通信的作用包括如下几点:
① 数据传输,比如一个进程的数据发送给另一个进程;
② 共享数据,比如多人协同维护同一份文档,那么就需要对这份文档进行共享;
③ 通知事件,比如用户要发送消息;
④ 资源共享,比如用户之间共享打印机设备等。

4.3.1 无名管道

微视频:
pipe 函数

在执行 Shell 脚本时,都会有标准的输入设备、输出设备和错误输出设备。Shell 中的"|"就是有名管道。无名管道是一种特殊类型的文件,是在无名管道创建后才存在,而在结束后会自动消失,所以一般都看不到无名管道的文件。无名管道是单向的,就像自来水管从上到下流动的过程;无名管道只能在具有亲缘关系的进程间实现通信,如果两个进程既不是父子关系也不是兄弟关系,它们之间的无名管道是失效的。

pipe()函数用于创建一个无名管道。该函数有两个参数,pipedes[0]用于读取管道,pipedes[1]用于写入管道,如图 4.7 所示。因为无名管道是单工的,所以两个参数不可以对调。

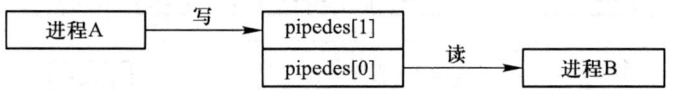

图 4.7 无名管道 pipe()函数的参数

如果系统调用成功,参数数组将包括管道使用的两个文件描述符,分别指向两个数据流。当调用失败时会产生不同的 errno:当 errno 为 EMFILE 时表示没有空闲的文件描述符,当 errno 为 ENFILE 时表示系统文件表已满,而当 errno 为 EFAULT 表示 fd 数组无效。

无名管道有很多种操作方法,读、写无名管道都是采用无缓冲区 I/O 方式实现的。因为无名管道是一个特殊的文件,所以通过 read/write 函数读写这个文件,在写的时候如果管道已被填满,管道就会处于阻塞状态,也就写不进去。

下面看一段通过 pipe()函数创建无名管道的示例代码。

```
1    #include<stdio.h>
2    #include<stdlib.h>
3    #include<errno.h>
4    #include<unistd.h>
5
```

```
6    int main()
7    {
8        int pipe_fd[2];
9        if (pipe(pipe_fd) < 0) ①
10       {
11           printf("pipe create error\n");
12           return -1;
13       }
14       else
15           printf("pipe create success\n");
16       close(pipe_fd[0]);
17       close(pipe_fd[1]);      ②
18   }
```

上述代码首先创建一个管道,然后判断是否创建成功,不成功则输出创建出错的提示,成功则输出创建成功的提示,最后关闭管道的读端和写端。

第8行首先定义一个数组,包含管道的两个文件描述符。第9行通过函数 pipe(pipe_fd)建立了一个管道,并且判断返回值是否小于0(标号1)。第10—13行表示如果返回值小于0则输出创建管道失败的提示。第14—15行表示如果返回值不小于0则输出创建管道成功的提示。第16行是关闭读管道、第17行是关闭写管道(标号2)。运行结果如下:

```
pipe create success
```

在 POSIX2 标准下还提供了 popen( )、pclose( )这两个函数来实现流数据的输入或者输出重定向和关闭。用 popen( )函数可以打开一个网站。其实这两组函数的机制都属于无名管道,都满足单向的有亲缘关系的进程之间通信的性质,只是两种不同函数的实现方式而已。下面的代码是通过 popen( )、pclose( )函数创建无名管道的示例。

```
1    #include<stdlib.h>
2    #include<stdio.h>
3    int main()
4    {
5        FILE *fp;
6        if( (fp=popen("wget www.baidu.com","r")) ==NULL)    ①
7        {
8            perror("perror failed");
9            return -1;
```

```
10      }
11      char buf[256];
12      while(fgets(buf,255,fp))!=NULL)       ②
13      {
14          printf("%s",buf);
15      }
16      if (pclose(fp)) == -1)                 ③
17      {
18          perror("pclose failed");
19          return -2;
20      }
21      return 0;
22  }
```

代码首先创建一个管道,将下载的百度网站首页内容通过管道读取到 FILE ＊fp,然后将 FILE ＊fp 的数据流读取到 buf 中,最后关闭数据流。第 6 行通过 popen( ) 函数创建一个管道下载百度网站的首页内容,r 表示可以读第一个参数的输出结果的数据(标号①)。第 12—15 行将 FILE ＊fp 的数据流读取到 buf 中并输出(标号②)。第 16 行关闭这个文件流(标号③)。

运行结果如下:

```
--2016-03-22 23:35:40--  http://www.baidu.com/
Resolving www.baidu.com (www.baidu.com)... 112.80.248.74, 112.80.248.73
Connecting to www.baidu.com (www.baidu.com)|112.80.248.74|:80... connected.
HTTP request sent, awaiting response... 302 Moved Temporarily
Location: http://172.16.8.4 [following]
--2016-03-22 23:35:40--  http://172.16.8.4/
Connecting to 172.16.8.4:80... connected.
HTTP request sent, awaiting response... 200 OK
Length: 3654 (3.6K) [text/html]
Saving to: `index.html'

100%[======================================>] 3,654       --.-K/s    in 0s

2016-03-22 23:35:40 (13.1 MB/s) - `index.html' saved [3654/3654]
```

4.3.2 有名管道

微视频:
FIFO 有名管道

有名管道和无名管道基本相同,它本质上还是以文件的形式存在操作系统中。但是两者之间的不同之处在于:① 无名管道只能在有亲缘关系的进程间通信,有名管道可以在没有亲缘关系的进程间通信。② 无名管道在进程通信结束之后会消失,但有名管道是一直保存的。它保存的是有名管道文件,而不是管道的内容。

下面是通过 Shell 命令来创建和使用一个有名管道的示例代码。

```
root@ubuntu:/home/linux# ls
print_time    test_pipe.c
root@ubuntu:/home/linux# mknod PIPETEST p
root@ubuntu:/home/linux# ls PIPETEST -l
prw-r--r-- 1 root root 0 May 15 11:00 PIPETEST
root@ubuntu:/home/linux# cat test_pipe.c
#include<stdio.h>
int main()
{
  printf("Hello!");
  return 0;

}
root@ubuntu:/home/linux# cat test_pipe.c >PIPETEST &
[1] 6149
root@ubuntu:/home/linux# cat <PIPETEST
#include<stdio.h>
int main()
{
  printf("Hello!");
  return 0;

}
[1]+  Done                    cat test_pipe.c > PIPETEST &
root@ubuntu:/home/linux# cat <PIPETEST
```

代码第 3 行使用 mknod 命令加参数 p 创建一个名为 PIPETEST 的有名管道。接着使用 ls 命令可查看到所创建的有名管道文件情况。使用 cat 命令查看测试文件 test_pipc.c 的内容。再通过 cat test_pipe.c >PIPETEST& 将文件内容输入管道文件。此时再用 cat 命令 cat < PIPETEST 从管道读数据,可以看到管道里的数据已不存在,因为有名管道在进程通信结束之后会保存有名管道的文件,不会保存内容。

FIFO 有名管道指代先进先出,是一个单向数据流。不同于无名管道的是,每个 FIFO 有一个路径名与之关联。FIFO 也可由 mkfifo 函数创建,该函数的形式如下:

    int mkfifo(const char * pathname,mode_t mode)

其中,pathname 是一个普通的 UNIX 路径名,它是该 FIFO 的名字;mode 参数指定文件权限位。

mkfifo 函数已隐含指定 O_CREAT | O_EXCL。如果返回一个 EEXIST 错误,就调用 open 函数。

mkfifo 函数的示例代码如下。

```
#include <sys/types.h>
#include <sys/stat.h>
#include <fcntl.h>
#include <stdio.h>
int main(void)
```

```
{
    char buf[80];
    int fd;
    unlink("my_fifo");
    mkfifo("my_fifo", 0777);
    if (fork() > 0){
        char s[] = "Hello!\n";
        fd = open("my_fifo", O_WRONLY);
        write(fd, s,sizeof(s));
    }else {
        fd=open("my_fifo", O_RDONLY);
        read(fd, buf,sizeof(buf));
        printf("The message from the pipe is :%s\n", buf);
    }
    return 0;
}
```

运行结果为:

```
~$ ./fifo
~$ The message from the pipe is : Hello!
```

4.3.3 信号

微视频:
信号

信号是与管道差别非常大的一种通信方式,它是唯一一个提供进程间异步通信的机制。信号也是由内核来创建的,只有内核才能创建信号。

信号的状态有如下三种:

① 如果一个信号被发送了,但是什么也没干,就处于**等待状态**;

② 如果一个信号被正确发送到一个进程,就处于**被递送状态**;

③ 如果一个信号的递送导致一段处理程序执行,就处于**被捕捉状态**。

从信号有等待状态可以看出是异步的。程序运行时可以处理也可以不处理,就是异步的一种表现形式。

主要有4种情况会产生信号:

① 比如在终端上一个程序终止了,一般按 Ctrl+C 键产生中断信号。

② 硬件异常,比如除数为0就会产生信号。

③ 终止一个进程,用 kill 函数也会产生一个信号。

④ 软件异常。信号是一种非常随意的通知方式,其实在系统中也就是一个变量,内核运行它,它就做相应的动作。

当进程接收到信号后会有三种不同的处理方式:忽略、捕获或按系统定义的默认动作执行。忽略就是当进程接收到信号后不去做任何动作。几乎所有的信号都可以被忽略,但是 SIGKILL、SIGSTOP 两种信号是既不能被忽略又不能被阻塞的信号,即系统在任何时候看到这两个信号都要马上处理。

捕获信号是通知内核在某种信号发生时调用用户自定义的函数。例如捕获到 SIGCHILD 信号时,表示子进程已经终止,所以此信号的捕获函数可以调用 waitpid( ) 函数以取得该子进程的 ID 及其终止状态。

如果既没有忽略这个信号,也没有捕获这个信号,则执行系统默认操作。

当传递一个信号给指定进程时会使用 kill 函数,传递一个信号给当前进程时使用 raise 函数。

唤醒一个进程和设置定时会使用 alarm 函数,每个进程都只有一个定时器。到时间以后会收到定时器产生的 SIGALRM 信号。在 Linux 下执行 man 7 signal 可以得到信号相关的所有信息。

捕获到信号后,用户自定义函数通过 signal 函数和 sigaction 函数进行处理。首先是用 signal 函数的代码示例。

```
1   #include<stdio.h>
2   #include<stdlib.h>
3   #include<signal.h>
4   void my_func(int sign_no)
5   {
6       if (sign_no==SIGINT)
7       {
8           printf("I have got SIGINT\n");
9       }
10      else if (sign_no==SIGQUIT)
11      {
12          printf("I have got SIGQUIT\n");
13      }
14  }
15  int main()
16  {
17      printf("waiting for signal SIGINT or SIGQUIT\n");
18      signal(SIGINT, my_func);
19      signal(SIGQUIT, my_func);
20      pause();
```

```
21      exit(0);
22  }
```

代码首先定义信号处理函数 my_func，针对两种信号进行处理，然后在 main 函数里将该信号处理函数和信号对应起来，最后调用 pause 函数使调用进程挂起直至捕捉到一个信号。

第 4—14 行定义了一个 my_func 函数，主要是处理两种信号，如果输入的信号是 Ctrl+C 即 SIGINT，就输出接收到 SIGINT 信号；如果输入的信号是 Ctrl+\，即 SIGQUIT，就输出接收到的是 SIGQUIT 信号。在 main 函数中通过 signal 函数根据接收到的不同信号执行 my_func 函数。第 18 行通过 signal 函数处理接收到 SIGINT 信号。第 19 行通过 signal 函数处理接收到 SIGQUIT 信号。第 20 行挂起进程。

该示例的运行结果为：

waiting for signal SIGINT or SIGQUIT

使用 sigaction 函数的代码示例如下。

```
1   #include<stdlib.h>
2   #include<stdio.h>
3   #include<sys/types.h>
4   #include<unistd.h>
5   #include<signal.h>
6   void my_func(int signum)
7   {
8       printf("If you want to quit, please try SIGQUIT\n");
9   }
10  int main()
11  {
12      sigset_t set, pendset;
13      struct sigaction action1, action2;
14      if (sigemptyset(&set) < 0)
15      {
16          perror("sigemptyset");
17          exit(1);
18      }
19      if (sigaddset(&set, SIGQUIT) < 0)
20      {
21          perror("sigaddset");
22          exit(1);
23      }
```

```
24     if (sigaddset(&set, SIGINT) < 0)
25     {
26         perror("sigaddset");
27         exit(1);
28     }
29
30     if (sigismember(&set, SIGINT))
31     {
32         sigemptyset(&action1.sa_mask);
33         action1.sa_handler=my_func;
34         action1.sa_flags=0;
35         sigaction(SIGINT, &action1, 0);
36     }
37     if (sigismember(&set, SIGQUIT))
38     {
39         sigemptyset(&action2.sa_mask);
40         action2.sa_handler=my_func;
41         action2.sa_flags=0;
42         sigaction(SIGQUIT, &action2, 0);
43     }
44     if (sigprocmask(SIG_BLOCK, &set, NULL) < 0)
45     {
46         perror("sigpromask");
47         exit(1);
48     }
49     else
50     {
51         printf("signal set was blocked, Press any key");
52         getchar();
53     }
54     if (sigprocmask(SIG_UNBLOCK, &set, NULL) < 0)
55     {
56         perror("sigpromask");
57         exit(1);
58     }
59     else
```

```
60      {
61              printf("signal set was unblocked state\n");
62      }
63      while(1)
64      ;
65      exit(0);
66  }
```

该示例代码主要实现更改信号是否为阻塞状态,然后系统是否按设置的方式处理 SIGINT 信号和 SIGQUIT 信号。对 SIGINT 信号自定义了一个函数捕获该信号,对 SIGQUIT 信号用系统默认的捕获函数处理该信号。

第 12 行定义了阻塞信号集和未决信号集。

第 13 行定义了两个 sigaction 结构体变量。

第 14 行 sigemptyset 函数清空阻塞信号集 set。

第 19 行 sigaddset 函数将 SIGQUIT 信号添加到信号集。

第 24 行使用 sigaddset 函数将 SIGINT 信号添加到信号集。

第 30 行使用 sigismember 函数判断 SIGINT 信号是否在信号集中。

第 31—36 行是对 SIGINT 设置捕获函数的具体参数的值,第 32 行对现有的信号集进行初始化操作。第 33 行设置捕获函数为 my_func。第 34 行设置 sa_flags 标志为 0。第 35 行通过 sigaction 函数为 SIGINT 信号设置捕获函数,该函数的第一个参数表示要为哪个信号设置捕获函数;第二个参数捕获动作;第三个参数是以前的捕获动作,如果不关心以前的动作,可以传递 NULL。

第 37—43 行是对 SIGQUIT 设置捕获函数的具体参数的值。

第 44 行用 sigprocmask 函数读取或更改进程的信号屏蔽字,其中第一个参数 SIG_BLOCK 是决定设置还是获取当前信号屏蔽字;第二个参数 set 包含了希望从当前信号屏蔽字中阻塞的信号;第三个参数为原来的信号屏蔽字,值为 0(或 NULL) 表示不关心原来的信号屏蔽字。

第 54—63 行表示对信号解除阻塞。其中 sigprocmask 函数的第一个参数包含了希望从当前信号屏蔽字中解除阻塞的信号,其他同第 44 行的函数说明。

运行结果为:

signal set was blocked,Press any key
signal set was unblocked state

无名管道、有名管道、信号,其实都是由内核来处理并进行内容传递和消息传递的。管道是通过文件传输内容的方式,信号则是通过中断方式传输内容,具备异步方式的特点。

4.3.4 消息队列

消息队列与管道类似,管道是以文件的形式存下来,而消息队列是链表,只是数据结构不一样。消息队列使用消息队列标识符标识。具有足够特权的任何进程都可以往一个给定队列中放置一个消息,也可以从一个给定队列读出一个消息。在某一个进程往一个队列中写入一个消息之前,不要求另外某个进程正在等待该队列上一个消息的到达。消息队列中的每个消息都是一个记录,它由发送者赋予一个优先级,其数据结构如图4.8所示。其中标号①处定义了一个msgid_ds主结构,定义了它的基本情况、权限,主结构中的msg_first指向第一个消息,msg_last指向最后一个消息。标号②处的消息结构体包括消息类型、消息大小、消息位置、下一个消息。在文件/usr/include/linux中可以看到默认最多允许16个消息队列,每个队列最大16 384 B、每个消息最大8 192 B。

微视频:
消息队列

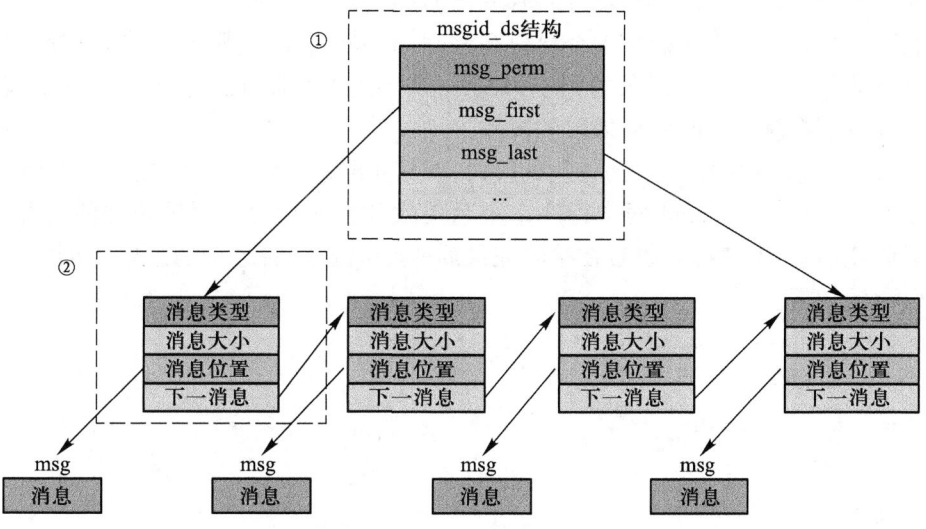

图4.8 消息队列的数据结构

msgid_ds结构体的具体属性如下,其中msg_perm表示所有者和权限,msg_first指向第一个消息,msg_last指向最后一个消息。

```
struct msgid_ds{
    struct ipc_per msg_perm;
    struct msg *msg_first;        /*first message on queue,unused*/
    struct msg *msg_last;         /*last message on queue,unused*/
    __kernel_time_t msg_stime;    /*last msgsnd time*/
    __kernel_time_t msg_rtime;    /*last msgrcv time*/
    __kernel_time_t msg_ctime;    /*last change time*/
    unsigned long msg_lcbytes;    /*reuse junk fields for 32 bit*/
```

```
        unsigned long msg_lqbytes;       /*ditto*/
        unsigned short msg_cbytes;       /*current number of bytes on queue*/
        unsigned short msg_qnum;         /*number of messages on queue*/
        unsigned short msg_qbytes;       /*max number of bytes on queue*/
        __kernel_ipc_pid_t msg_lspid;    /*pid of last msgsnd*/
        __kernel_ipc_pid_t msg_lrpid;    /*last receive pid*/
    };
```

有很多函数可以实现对消息队列的管理。例如，在使用一个消息队列之前，首先要使用 msgget( )函数创建消息队列，在创建了消息队列之后，对这些属性进行修改与控制消息队列的行为就要用到 msgctl( )函数。msgctl( )函数把消息内容传到 buffer，参数 cmd 是将要执行的操作。在消息队列建好之后，需要传送消息进行通信时，用 msgsnd( )函数发送消息到消息队列，也就是在链表中加一个消息，也可以从链表中用 msgrcv( )函数取得一个消息。

从消息队列接收信息主要通过 5 个参数来控制：msgid 表示从哪个消息队列获得消息，msgp 用来保存读取的信息，msgsz 为消息的大小，msgtype 为指定请求的消息类型，msgflg 表示指定所需要的类型消息不在队列中时将要采取的操作。

前面介绍了消息队列的定义和可使用的接口，下面介绍它是如何在不同进程之间进行通信的。

这里编写 msgrcv 和 msgsnd 两个程序来表示接收和发送信息。根据正常的情况，允许两个程序都可以创建消息，但只有接收者在接收完最后一个消息之后才把消息队列删除。接收消息的程序代码示例如下。

```
1   #include<unistd.h>
2   #include<stdio.h>
3   #include<stdlib.h>
4   #include<string.h>
5   #include<sys/types.h>
6   #include<errno.h>
7   #include<sys/ipc.h>
8   #define MAX_TEXT 512
9   struct msg_st
10  {
11      long int msg_type;
12      char text[MAX_TEXT];
13  };
14  int main()
15  {
16      int running=1;
```

```
17      struct msg_st data;
18      char buffer[BUFSIZ];
19      int msgid=-1;
20
21      msgid=msgget((key_t)1234,0666|IPC_CREAT);
22      if(msgid==-1)
23      {
24          fprintf(stderr,"msgget failed %d",errno);
25          exit(EXIT_FAILURE);
26      }
27      while(running)
28      {
29          printf("Enter some text:");
30          fgets(buffer,BUFSIZ,stdin);
31          data.msg_type=1;
32          strcpy(data.text,buffer);
33          if(msgsnd(msgid,(void*)&data,MAX_TEXT,0)==-1)
34          {
35              fprintf(stderr,"msgsnd failed");
36              exit(EXIT_FAILURE);
37          }
38          if(strncmp(buffer,"end",3)==1)
39              running=0;
40          sleep(1);
41      }
42      exit(EXIT_SUCCESS);
43  }
```

上述代码第 21 行用 msgget 函数创建消息队列，第一个参数 key 值，第二个参数设置消息队列的访问权限，IPC_CREATE 表示如果消息队列对象不存在则创建之，否则就进行打开操作。第 27—41 行循环输入内容并发送消息，直到输入 end。第 33 行 msgsnd( ) 函数发送消息到消息队列，第一个参数 msgid 为指定的消息队列标识符，第二个参数(void *)&data 表示用户定义的缓冲区，第三个参数 MAX_TEXT 表示发送大小，第四个参数是控制函数行为的标志，0 值表示忽略。

发送消息的程序代码示例如下。

```
1   #include<unistd.h>
2   #include<stdio.h>
```

```c
3   #include<stdlib.h>
4   #include<string.h>
5   #include<sys/msg.h>
6   #include<errno.h>
7   #include<sys/ipc.h>
8   #define MAX_TEXT 512
9   struct msg_st
10  {
11      long int msg_type;
12      char text[MAX_TEXT];
13  };
14  int main()
15  {
16      int running=1;
17      int msgid=-1;
18      struct msg_st data;
19      long int msgtype=1;
20      char buffer[BUFSIZ];
21
22      msgid=msgget((key_t)1234,0666|IPC_CREAT);
23
24      if (msgid==-1)
25      {
26          fprintf(stderr,"msgget failed %d",errno);
27          exit(EXIT_FAILURE);
28      }
29      while(running)
30      {
31          if(msgrcv(msgid,(void*)&data,BUFSIZ,msgtype,0)==-1)
32          {
33              fprintf(stderr,"msgrcv %d",errno);
34              exit(EXIT_FAILURE);
35          }
36          printf("text:\n%s\n",data.text);
37          if(strncmp(buffer, "end",3)==1)
38              running=0;
```

```
39        }
40        if(msgctl(msgid,IPC_RMID,0)==-1)
41        {
42            fprintf(stderr,"msgctl failed");
43            exit(EXIT_FAILURE);
44        }
45  }
```

上述代码第 9—13 行定义了 msg_st 数据结构。第 22 行通过 msgget 函数创建消息队列。第 29—39 行循环接收消息。第 31 行通过 msgrcv() 函数从消息队列接收信息,第一个参数 msgid 表示从指定标识符的消息队列获得消息,第二个参数(void *)&data 表示用户定义的缓冲区,第三个参数 BUFSIZ 表示缓冲区的大小,第四个参数 msgtype 表示请求的消息类型,第五个参数 0 表示所需类型消息不在队列上时将要采取的操作。

第 40 行通过 msgctl 函数控制消息队列的属性。第一个参数 msgid 表示消息队列标识符,第二个参数 IPC_RMID 表示要执行的操作,即从系统内核中移走消息队列。

上面的例子创建消息队列后,通过 ipcs 命令可以查看到消息队列产生的信息如下:

```
------ Shared Memory Segments --------
key        shmid      owner      perms      bytes      nattch     status
0x00000000 98304      linux      700        4009312    2          dest
0x00000000 131073     linux      700        20856      2          dest
0x00000000 65538      linux      700        137856     2          dest
0x00000000 163843     linux      700        19272      2          dest
0x00000000 196612     linux      700        27852      2          dest

------ Semaphore Arrays --------
key        semid      owner      perms      nsems

------ Message Queues --------
key        msqid      owner      perms      used-bytes   messages
0x000004d2 0          root       666        0            0
```

ipcs 命令往标准输出写入一些关于活动进程间通信方式的信息,在终端上显示当前活动的共享内存、信号量、消息队列等。

4.3.5 信号量

如果两个进程不能同时对区域中的内容进行操作,即某一个区域在同一时刻只能有一个进程可以操作它,则称这个区域为临界区域。信号量就是用来保证临界区域操作唯一性的一个机制。

二值信号量:其值或为 0 或为 1 的信号量。若资源被锁住则信号量值为 0,若资源可用则信号量值为 1。

计数信号量:其值在 0 和某个限制值之间的信号量。使用这些信号量在生

微视频:
信号量

产者—消费者问题中统计资源,信号量的值是可用资源数。

信号量集:一个或多个信号量,其中每个都是计数信号量。每个集合得到信号量数不能超过 25 个。

信号量是一个特殊的变量,保存信号量控制的这段区域内所有的操作都是原子操作。信号量只能进行两种操作来等待和发生信号:P 操作和 V 操作。P 操作相当于获得了这块区域的使用权,其他进程进不来;V 操作表示释放区域。

在具体的 P 操作中,如果 sv>0 就减 1,如果它的值为 0,就挂起该进程的执行。如果 sv 的值一直是 0,则一直处于挂起状态,直到有其他进程释放,才能进去。

在具体的 V 操作中,如果有其他进程因等待而被挂起,就让它恢复运行;如果没有其他进程因等待 sv 而挂起,就给它加 1。

信号量也有很多操作,内核为每个信号量集合维护一个结构体 semid_ds。图 4.9 中给出信号量内部包含的结构体。

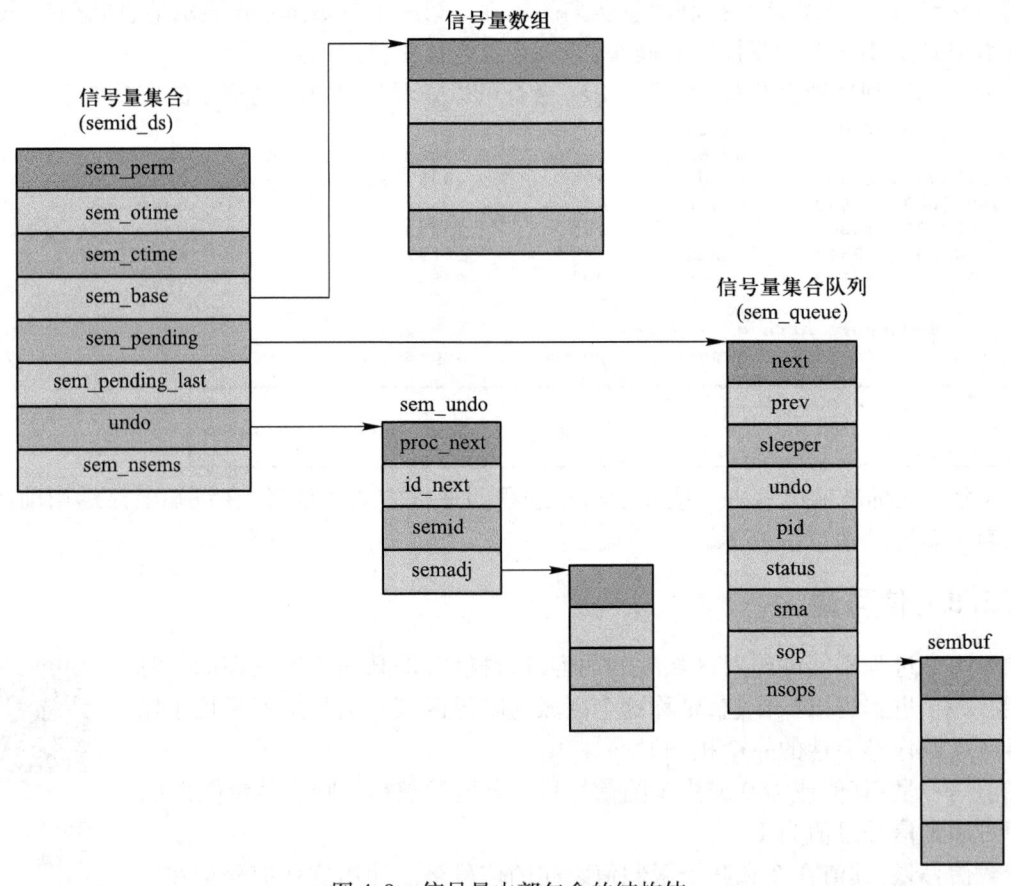

图 4.9 信号量内部包含的结构体

下面的代码给出了 semid_ds 的具体属性。用 semget( ) 函数创建一个信号量集合,用 semctl( ) 函数对信号量进行控制。

```
#define IPC_RMID  0         /* remove resource */
#define IPC_SET   1         /* set ipc_perm options */       ①
#define IPC_STAT  2         /* get ipc_perm options */
#define IPC_INFO  3         /* see ipcs */

#define GETPID    11        /* get sempid */
#define GETVAL    12        /* get semval */
#define GETALL    13        /* get all semval's */           ②
#define GETNCNT   14        /* get semncnt */
#define GETZCNT   15        /* get semzcnt */
#define SETVAL    16        /* set semval */
#define SETALL    17        /* set all semval's */

union semun {
        int val;                     /* value for SETVAL */
   ③    struct semid_ds *buf;        /* buffer for IPC_STAT & IPC_SET */
        unsigned short *array;       /* array for GETALL & SETALL */
        struct seminfo *__buf;       /* buffer for IPC_INFO */
        void *__pad;
};
struct semid_ds{
        struct ipc_perm sem_perm;
        __kernel_time_t sem_otime;
        __kernel_time_t sem_ctime;
        struct sem     *sem_base;
        struct sem_queue *sem_pending;
        struct sem_queue **sem_pending_last;
        struct sem_undo *undo
        unsigned short sem_nsems;
};
```

对信号量的操作主要分为两类,一类是对整个信号量集合进行操作(上述代码中的标号①),另一类是对信号量进行操作(上述代码中的标号②)。semctl 函数的第四个参数类型为 senum 联合体(上述代码段中的标号③)。

最后简单介绍一下信号量操作函数 semop( )。

信号量操作由 sembuf 结构体表示。_sembuf 是一个指针,它指向一个信号量操作数组,参数

_nsops 规定该数组中操作的数量。当 sembuf 的第二个数据结构 sem_op 设置为负数时,对它进行 P 操作,即减 1 操作;当设置为正数时,对它进行 V 操作,即加 1 操作。下面是 sembuf 的结构体:

```
struct sembuf {
        unsigned short    sem_num;        /* semaphore index in array */
        short             sem_op;         /* semaphore operation */
        short             sem_flg;        /* operation flags */
};
```

下面给出信号量操作的示例代码。

```
1   #include <unistd.h>
2   #include <sys/types.h>
3   #include <sys/stat.h>
4   #include <fcntl.h>
5   #include <stdlib.h>
6   #include <stdio.h>
7   #include <string.h>
8   #include <sys/sem.h>
9
10  union semun
11  {
12      int val;
13      struct semid_ds *buf;
14      unsigned short *arry;
15  };
16
17  static int sem_id=0;
18
19  static int set_semvalue();
20  static void del_semvalue();
21  static int semaphore_p();
22  static int semaphore_v();
23
24  int main(int argc,char *argv[])
25  {
26      char message='X';
```

```c
27      int i=0;
28      sem_id = semget((key_t)1234,1,0666|IPC_CREAT);
29
30      if(argc>1){
31          if(!set_semvalue()){
32              fprintf(stderr,"Failed to initialize semaphore\n");
33              exit(EXIT_FAILURE);
34          }
35          message=argv[1][0];
36          sleep(2);
37      }
38      for(i=0;i<10;++i){
39          if(!semaphore_p())
40              exit(EXIT_FAILURE);
41          printf("%c",message);
42          fflush(stdout);
43          sleep(rand()%3);
44          printf("%c",message);
45          fflush(stdout);
46          if(!semaphore_v())
47              exit(EXIT_FAILURE);
48          sleep(rand()%2);
49      }
50      sleep(10);
51      printf("\n%d-finished\n",getpid());
52      if(argc>1){
53          sleep(3);
54          del_semvalue();
55      }
56      exit(EXIT_SUCCESS);
57  }
58  static int set_semvalue()
59  {
60      union semun sem_union;
61      sem_union.val=1;
62      if(semctl(sem_id,0,SETVAL,sem_union)==-1)
```

```
63          return 0;
64      return 1;
65  }
66  static void del_semvalue()
67  {
68      union semun sem_union;
69      if(semctl(sem_id,0,IPC_RMID,sem_union)==-1)
70          fprintf(stderr,"Failed to delete semaphore\n");
71  }
72  static int semaphore_p()
73  {
74      struct sembuf sem_b;
75      sem_b.sem_num=0;
76      sem_b.sem_op=-1; //P()
77      sem_b.sem_flg=SEM_UNDO;
78      if(semop(sem_id,&sem_b,1)==-1)
79      {
80          fprintf(stderr,"semaphore_p failed\n");
81          return 0;
82      }
83      return 1;
84  }
85  static int semaphore_v()
86  {
87      struct sembuf sem_b;
88      sem_b.sem_num=0;
89      sem_b.sem_op=1;
90      sem_b.sem_flg=SEM_UNDO;
91      if(semop(sem_id,&sem_b,1)==-1)
92      {
93          fprintf(stderr,"semaphore_v failed\n");
94          return 0;
95      }
96      return 1;
97  }
```

上述代码示例说明如下：

第 28 行创建信号量。

第 30—34 行程序第一次被调用，初始化信号量。

第 35 行设置要输出到屏幕中的信息，即其参数的第一个字符。

第 38—57 行进入临界区，向屏幕中输出数据，清理缓冲区，然后休眠随机时间，离开临界区前再一次向屏幕输出数据，离开临界区，休眠随机时间后继续循环。

第 58—65 行用于初始化信号量，在使用信号量前必须这样做。

第 66—71 行删除信号量。

第 72—84 行对信号量减 1 操作，即等待 P。

第 85—97 行是一个释放操作，它使信号量变为可用，即发生信号 V。

上述代码示例的运行结果为：

```
root@ubuntu:/home# ./seml O & ./seml
[1] 5409
XXXXOOXXOOXXOOXXOOXXOOXXOOXXXXOOOOOO
5410 - finished
root@ubuntu:/home#
5409 - finished
```

该例同时运行一个程序的两个实例，注意第一次运行时，要加上一个字符作为参数，例如本例中的字符"O"，它用于区分是否为第一次调用，同时这个字符输出到屏幕中。因为每个程序都在其进入临界区后和离开临界区前打印一个字符，所以每个字符都应成对出现，正如上面的运行结果。在 main 函数的 for 循环中可以看到，每次进程要访问 stdout（标准输出），即要输出字符时都要检查信号量是否可用（即 stdout 有没有正在被其他进程使用）。

所以，当一个进程 A 在调用函数 semaphore_p 进入临界区，输出字符，调用 sleep 时，另一个进程 B 想访问 stdout，但是信号量的 P 请求操作失败，它只能挂起自己的执行，当进程 A 调用函数 semaphore_v 离开临界区后，进程 B 马上被恢复执行。进程 A 和进程 B 就这样一直循环了 10 次。

4.3.6 共享内存

如图 4.10 所示，进程 1 和进程 2 可以直接通过共享内存的方式进行通信，不需要经过内核，节省了数据传输的次数。共享内存方式比其他方式更适合于大量的数据传输。

内核为每一个共享内存段维护着一个特殊的数据结构，即 shmid_ds，其结构说明如下。该结构在 /usr/include/linux/shm.h 文件里定义。

微视频：
共享内存

```
struct shmid_ds {
        struct ipc_perm         shm_perm;        /* operation perms */
        int                     shm_segsz;       /* size of segment (bytes) */
```

```
    __kernel_time_t         shm_atime;      /* last attach time */
    __kernel_time_t         shm_dtime;      /* last detach time */
    __kernel_time_t         shm_ctime;      /* last change time */
    __kernel_ipc_pid_t      shm_cpid;       /* pid of creator */
    __kernel_ipc_pid_t      shm_lpid;       /* pid of last operator */
    unsigned short          shm_nattch;     /* no. of current attaches */
    unsigned short          shm_unused;     /* compatibility */
    void                    *shm_unused2;   /* ditto-used by DIPC */
    void                    *shm_unused3;   /* unused */
};
```

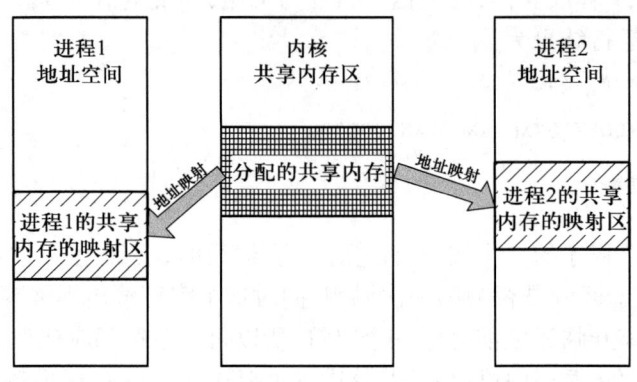

图 4.10 共享内存

shmid_ds 保存进程申请的共享内存的信息,如对共享内存的操作权限、共享内存中段的大小、关联并访问此共享内存的进程的信息等。

对共享内存的操作会用到一些函数,包括创建或获取共享内存函数、共享内存控制函数、进程与共享内存建立关联函数等。

shmget 函数用来创建或获取已创建共享内存,返回共享内存标识符。其原型为:

  int shmget(key_t key, size_t size, int shmflg);

其中,第一个参数与信号量的 semget 函数一样,IPC key,进程间通过彼此都已知道的 IPC 键值来找到同一个共享内存。

第二个参数,size 以字节为单位指定需要共享的内存大小。

第三个参数,shmflg 是权限标识,它的作用与 open 函数的 mode 参数一样,如果要创建新共享内存,需用 IPC_CREAT 或上权限标识。共享内存的权限标识与文件的读写权限一样。

shmat 函数的作用是将共享内存区对象映射到调用进程的地址空间,是用来允许本进程访问一块共享内存的函数。第一个参数 shmid 是共享内存的 ID。第二个参数 shmaddr 是共享内存的起始地址。第三个参数 shmflag 是本进程对该内存的操作模式,如果是 SHM_RDONLY,则为只读模式,其他的是读写模式。成功时,这个函数返回共享内存的起始地址;失败时返回-1。下面给出的是 shmflg 的标识:

```
#define SHM_RDONLY      010000
#define SHM_RND         020000
#define SHM_REMAP       040000
#define SHM_EXEC        0100000
```

shmdt()函数是对共享内存进行分离操作。将共享内存分离并不是删除它,只是使该共享内存对当前进程不再可用。如果要删除此共享内存段,则须用到 shmctl()函数,其原型为:

```
int shmctl(int shm_id, int command, struct shmid_ds * buf);
```

其中,第一个参数 shm_id 是 shmget()函数返回的共享内存标识符。

第二个参数 command 是要采取的操作,它可以取下面的三个值。

IPC_STAT:把 shmid_ds 结构中的数据设置为共享内存的当前关联值,即用共享内存的当前关联值覆盖 shmid_ds 的值。

IPC_SET:如果进程有足够的权限,就把共享内存的当前关联值设置为 shmid_ds 结构中给出的值。

IPC_RMID:删除共享内存段。

第三个参数 buf 是一个结构指针,它指向共享内存模式和访问权限的结构。

因为是对内存段的操作,所以会用到 memcpy()、memset()等内存处理函数。

下面给出共享内存的示例代码。

```
1   #include <unistd.h>
2   #include <stdio.h>
3   #include <string.h>
4   #include <stdlib.h>
5   #include <sys/ipc.h>
6   #include <sys/shm.h>
7   #define KEY    1234
8   #define SIZE   1024
9   int main()
10  {
11      int shmid;
12      char * shmaddr;
13      struct shmid_ds buf;
14      shmid = shmget(KEY,SIZE,IPC_CREAT|0601);
```

```
15      if(fork()==0){
16          shmaddr=(char*)shmat(shmid,0,0);
17          if(shmaddr==NULL)
18              printf("shmat error!\n");
19          char string[30]="Hi,I am chiled process!\n";
20          memcpy(shmaddr,"Hi,I am chiled process!\n",strlen(string));
21          printf("Child:write to shared memery:Hi! I am Chiled process!\n");
22          shmdt(shmaddr);
23          return;
24      }
25      else{
26          sleep(3);
27          shmctl(shmid,IPC_STAT,&buf);
28          printf("shm_segsz=%d bytes\n",buf.shm_segsz);
29          printf("shm_cpid=%d\n",buf.shm_cpid);
30          printf("shm_lpid=%d\n",buf.shm_lpid);
31          shmaddr=(char*)shmat(shmid,0,SHM_RDONLY);
32          printf("Father:%s\n",shmaddr);
33          shmdt(shmaddr);
34          shmctl(shmid,IPC_RMID,NULL);
35      }
36  }
```

代码说明如下：

第 14 行调用 shmget 函数创建一个新的共享内存区。

第 16 行调用 shmat 函数把创建好的共享内存区连接到调用进程的地址空间。

第 20 行子进程往共享内存中写入一串字符串。

第 25—35 行父进程读取共享内存中的数据，并调用 shmdt 函数使该共享内存与进程分离，最后调用 shmctl 函数删除该共享内存。

示例代码的运行结果为：

```
root@ubuntu:/home# ./shm
Child:   write to shared memery: Hi! I am Chiled process!
shm_segsz = 1024 bytes
shm_cpid = 6534
shm_lpid = 6535
Father:   Hi! I am Chiled process!
```

至此，本节已介绍了 6 种进程间的通信方式，总结如表 4.2 所示。

表 4.2　6 种进程间通信方式总结

进程间通信方式	优点	缺点	头文件	创建或打开 IPC 函数	控制 IPC 操作的函数	IPC 操作函数
无名管道	文件的形式存在,进程通信结束后,文件消失,比较方便使用	通信的进程关系一定是父子关系。承载信息量少,只能承载无格式字节流以及缓冲区大小受限等	<unistd.h>	pipe( ) popen( ) pclose( )		read( )、 write( )
有名管道	文件的形式存在,进程通信结束后,文件会存在,但是文件的内容不存在,可用于没有亲缘关系的进程之间	承载信息量少,只能承载无格式字节流以及缓冲区大小受限等	<sys/types.h> <sys/stat.h>	mkfifo( )		read( )、 write( )
信号	通过终端的方式	只是针对系统的几种特殊条件下使用	<signal.h>	signal( ) sigaction( )		sigprocmask( ) sigemptyset( ) sigfillset( ) sigaddset( ) sigismember( )
消息队列	克服了信号承载信息量少的缺点;可独立于发送和接收进程;同时通过发送消息还可以避免有名管道的同步和阻塞问题;接收进程可以通过消息类型有选择地接收数据	每个数据都有一个最大长度的限制	<sys/msg.h>	msgget	msgctl	msgsnd msgrcv
信号量	主要作为进程间以及同一进程不同线程之间的同步手段		<sys/sem.h>	semget	semctl	semop

续表

进程间通信方式	优点	缺点	头文件	创建或打开IPC函数	控制IPC操作的函数	IPC操作函数
共享内存区	非常方便,而且函数的接口也简单。数据的共享还使进程间的数据不用传递,而且直接访问内存,加快了程序的效率	没有提供同步的机制,因此在使用共享内存进行进程间通信时,要借助其他手段来进行进程间的同步工作	<sys/shm.h>	shmget	shmctl	shmat shmdt

无名管道可用于具有亲缘关系进程间的通信,有名管道克服了无名管道没有名字的限制,因此除具有无名管道所具有的功能外,它还允许无亲缘关系进程间的通信。管道只能承载无格式字节流以及缓冲区大小受限等。管道承载的信息量也小。

信号是比较复杂的通信方式,用于通知接收进程有某种事件发生。

消息队列是消息的链接表,包括POSIX消息队列、system V消息队列。有足够权限的进程可以向队列中添加消息,被赋予读权限的进程则可以读出队列中的消息。消息队列克服了信号承载信息量少、管道只能承载无格式字节流以及缓冲区大小受限等缺点,可独立于发送和接收进程。同时通过发送消息还可以避免有名管道的同步和阻塞问题。接收进程可以通过消息类型有选择地接收数据。

信号量主要作为进程间以及同一进程不同线程之间的同步手段,仅用于解决多个进程对同一资源的访问竞争的问题。

共享内存使得多个进程可以访问同一块内存空间,是最快的可用进程间通信形式。这种方式是针对其他通信机制运行效率较低而设计的,往往与其他通信机制,如信号量结合使用来达到进程间的同步及互斥。

【本章小结】

本章首先讲解进程的相关概念,包括进程的分类、状态。在此基础上讲解进程控制和进程间通信。Linux的进程管理操作包括进程的创建、删除、暂停和重启。进程不是独立的,进程之间也是必然的相互关联。进程间的通信有6种方式:无名管道、有名管道、信号、消息队列、信号量与共享内存。

【研讨与思考】

研讨主题：以实际程序为例详细讨论 Linux 进程。

题目说明：

调研 Linux 进程的数据区有哪些，Linux 进程的基本属性有哪些，以实际程序为例详细说明。

通过具体的进程示例指出在程序运行时所对应的一些主要数据段，并描述主要数据段在程序运行过程中是如何发挥作用的。指出在程序运行时所对应的一些常见属性，并简单说明属性在程序运行过程中是如何发挥作用的。

调研关键词：程序运行内存分布、进程 PCB、task_struct

【练习与实践】

1. 编写程序，在父进程中创建一个全局变量、一个局部变量，并赋予初始值，用 fork 函数创建子进程。在子进程中对父进程的变量进行自加操作，并且输出变量值，然后父进程睡眠一段时间，要求在父进程和子进程结束前分别输出自己的进程号与父进程号，以及各自的全局及局部变量值。

示例代码：

```
if((pid=fork()) < 0){
    fprintf(stderr, "fork error\n");
}else if(pid == 0){
glob++;
var++;
printf("child process\n");
printf("pid=%d, father pid=%d, glob=%d, var=%d\n", getpid(), getppid(), glob, var);
exit(0);
}else {
    …
}
```

2. 编写程序，在父进程中创建一个局部变量并赋予初始值 0，根据用户输入选择采用 fork 函数或者是 vfork 函数创建子进程，调用 wait 函数等待子进程结束，在父进程中输出局部变量值；比较两种情况下输出的值是否相同。

示例代码：

```
…
switch(choose){
```

```
        case '1' :
            pid=fork();
            break;
        case '2':
            pid=vfork();
            break;
        …
    }
    wait(pid);
    if(pid > 0){
        printf("data is %d\n", data);
    }
```

3. 编写程序，父进程创建一个局部变量 i，用 fork 函数创建子进程，子进程内编写一个 for 循环，每次 sleep 1 s 再打印输出子进程的 pid 和自加变量 i 的值；父进程 sleep 3 s，再打印输出父进程的 pid，以及自加变量 i 的值。观察子父进程执行的顺序。

示例代码：

```
    …
    if(!(child=fork())) {
        int i;
        for(i=0; i < 20; i++) {
            sleep(1);
            printf ("This is child, his count is: %d. and his pid is: %d\n", i,getpid());
            …
        }
    }
```

4. 编写程序，父进程创建一个局部变量 i，用 vfork 函数创建子进程，子进程内编写一个 for 循环，每次 sleep 1 s 再打印输出子进程的 pid 和自加变量 i 的值；父进程 sleep 3 s，再打印输出父进程的 pid，以及自加变量 i 的值。观察子父进程执行的顺序。

示例代码：

```
    …
    if(!(child=vfork())) {
        int i;
        for(i=0; i < 20; i++) {
            sleep(1);
            printf ("This is child, his count is: %d. and his pid is: %d\n", i, getpid());
            …
```

        }
    }

5. 编写程序，主进程创建一个局部变量 variable 并赋予初始值 9，打印输出当前 variable 值，然后用 clone 函数创建子进程，clone 的标志为 CLONE_VM、CLONE_FILES，在子进程的函数 do_something 中将变量 variable 值修改为 42。在主进程中 sleep 3 s，再打印输出 variable 值。

示例代码：

```
...
child_stack=(void *)malloc(16384);
printf("The variable was %d\n",variable);
clone(do_something, child_stack+10000, CLONE_VM|CLONE_FILES,NULL);
sleep(3); /*延时以便子进程完成关闭文件操作、修改变量 */
printf("The variable is now %d\n",variable);
...
```

6. 编程题。练习使用共享内存（使用 shmget、shmat、shmctl 函数）实现进程间通信。父子进程通过继承方式(IPC_PRIVATE)来创建一个共享内存单元，然后子进程接收用户输入的信息（键盘输入），并将其写入共享内存单元；父进程则从共享内存单元将该信息读出并打印。

7. 编程题。练习使用共享内存（使用 shmget、shmat、shmctl 函数）实现进程间通信。共享内存中存放图书的信息，图书信息(no;name;price)，使用结构体定义如下：

```
typedef struct{
    char no[8];
    char name[8];
    double price;
}Book
```

内存中存放内容如下所示：

01 book1 10
02 book2 20

编写两个源文件 write.c 和 read.c，分别实现两个没有父子关系的进程完成将图书信息写入共享内存，以及从共享内存读取图书信息的功能。

第 5 章　线程

知识框图

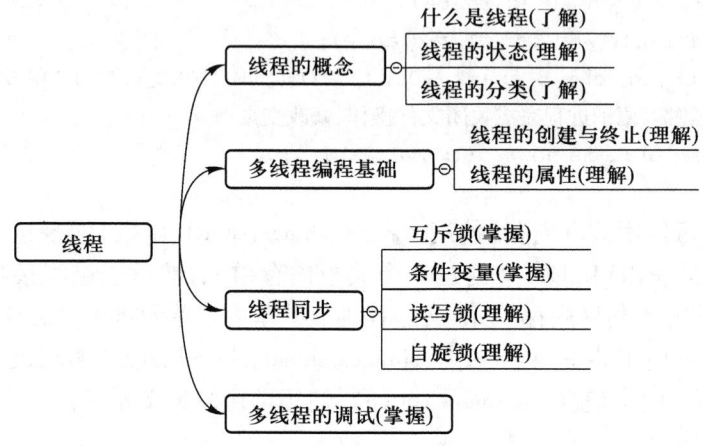

5.1　线程的概念

5.1.1　什么是线程

进程的出现大大提升了操作系统的性能,但是开启一个进程的系统开销也是比较大的,后来产生了比进程更轻量级的能独立运行的基本单位——线程。用它来提高程序并发执行的速度,减少系统开销,提高系统的吞吐量,满足实时性要求。

线程满足对事件并行处理的要求,比如一个进程要完成的任务包括读服务器里的文件到内存(文件包括文本文件、图像等)及接收用户对界面交互的请求(点击、搜索),如果受网速、文件大小等因素的影响导致读文件的时间长达 20 s,此时用户进行的点击、搜索等操作就不能及时得到响应,用户体验不好。线程的出现就可以很好地解决这种问题,让一个线程执行一个子任务,如果子任务之间没有什么先后关系,那么子任务之间可以由不同的线程独立执行。用户进行界面操作时,负责从服务器获取文件的线程可以暂停执行,让出 CPU 给负责界面操作的线程,先响应用户的操作,然后再继续进行文件的获取。通过多线程进行多子任务的处理,满足用户对实时性的要求。日常用的浏览器的很多操作,比如打开不同的标签浏览页面,就是由多线程实现的。

之所以说线程可以减少时空开销和提高并发性，这是由线程的工作原理决定的。一个进程里有多个线程，线程不像进程一样是资源的拥有者，所以线程的创建、撤销与切换就不会存在较大的时空开销。线程不是资源的拥有者是指线程基本上不拥有系统资源，只拥有一点能保证独立运行的资源，如程序、数据和线程控制块（thread control block，TCB）。TCB 是描述线程运行状态的信息，正如进程的 PCB 是描述进程运行时的动态信息一样。一个进程中的线程共享这个进程的资源，比如所有的线程都具有相同的地址空间，也就是进程的地址空间，线程可以访问进程的地址空间中的每一个虚地址。当然，线程也可以访问进程打开的文件、定时器、信号量等进程拥有的资源。由于同一进程内的线程可以共享内存和文件，所以线程之间的通信不必调用内核。

5.1.2　线程的状态

线程的状态包括就绪、阻塞、运行和终止。一般情况下，线程的挂起状态是指线程的不可运行状态（阻塞状态）。和进程一样，线程之间也存在状态转换，但是不同的系统，线程状态的设计也不同。线程状态转换的一般关系如图 5.1 所示。

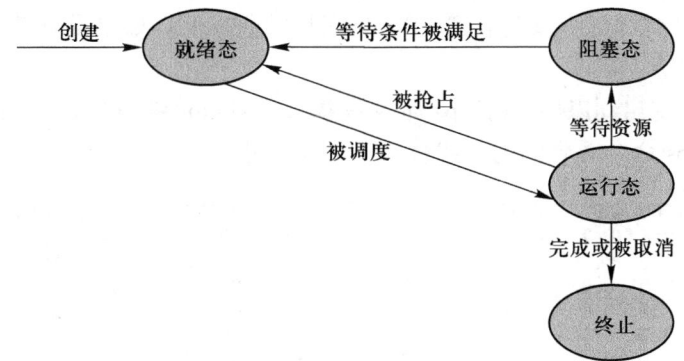

图 5.1　线程状态转换的一般关系

就绪态是指线程满足除处理器之外的资源等待被调度的一种状态。线程被创建之后处于就绪状态。从阻塞态满足了等待的条件后也进入就绪态。还有一种情况是运行着的线程被抢占时，如被高优先级的线程抢占，或时间片到时也进入就绪态。

阻塞态是指线程处于等待处理器外的其他资源而无法运行，比如等待某个条件变量、调用 sigwait 等待信号、执行无法立即完成的 I/O 操作或内存页错误之类的系统操作，都会导致线程进入阻塞态。

运行态是指线程正在运行，在多处理器系统中可能有多个线程处于运行状态。

终止态指线程完成工作，或者从起始函数返回，或者调用线程退出函数进入终止状态。

5.1.3　线程的分类

线程根据作用可以分为用户级线程（user-level thread）和内核级线程（kernel-level thread）。

用户级线程或称用户线程，是指用户执行具体业务逻辑的线程，在用户地址空间中实现。内核不负责用户线程的管理，所以内核不能感知用户线程的存在。用户进程利用线程库中提供的创建、同步、调度等函数来进行用户线程的管理。因为用户线程不是独立的资源分配单位，所以只能在进程拥有的资源内进行竞争。用户线程通过系统调用获得内核提供的服务，其状态切换不需要内核支持。因为用户线程不具有自身的线程上下文，所以在每一时刻只能有一个运行的线程，并且只有一个处理器内核分配给该线程，当然也就不能很好地利用多核 CPU。

内核级线程或称内核线程，是指由内核进行管理的运行在后台的一种特殊线程，也可以理解为系统线程、守护进程或轻量级进程。内核线程的一个特点是，当一个内核线程处在阻塞状态时不会影响其他内核线程。这是因为内核线程是调度的基本单位，它可以在整个系统进行资源竞争，而不像用户线程受制于进程的资源。内核根据线程控制块感知线程的存在，并控制线程的运行，这在一定程度上类似于进程控制块，只不过线程控制块的创建、调度的开销要比进程小。内核控制内核线程在用户态和内核态之间进行切换。

内核线程通常用于在同一程序中给用户线程提供服务，一般处于等待服务请求或执行线程任务的状态，优先级比较低，所以获取到 CPU 时间片的概率低。如果没有其他线程在运行，内核线程可能随时被终止。

当 Linux 操作系统启动以后，使用 ps 命令查看，以 [xxxxd] 结尾的进程就是内核进程。见如下代码示例。使用 ps 命令看到的内核线程属于守护进程。

```
root@ubuntu:~# ps -aux
USER        PID %CPU %MEM    VSZ   RSS TTY      STAT START   TIME COMMAND
root          1  0.1  0.2  34028  2852 ?        Ss   00:02   0:02 /sbin/init
root          2  0.0  0.0      0     0 ?        S    00:02   0:00 [kthreadd]
root          3  0.0  0.0      0     0 ?        S    00:02   0:00 [ksoftirqd/0]
root          5  0.0  0.0      0     0 ?        S<   00:02   0:00 [kworker/0:0H]
root          7  0.1  0.0      0     0 ?        S    00:02   0:01 [rcu_sched]
root          8  0.1  0.0      0     0 ?        S    00:02   0:01 [rcuos/0]
```

5.2 多线程编程基础

进程是资源分配的基本单元，它会创建属于自己的内存空间，创建数据段、代码段、堆栈段，因此说进程是资源分配的基本单位。每个进程有着自己独立的虚拟地址空间。但也正因为如此，在切换进程时也需要切换进程的上下文（上下文代表运行一个进程所需要的资源，有内存、快速缓存中的数据、PC 指针等。上下文切换就是新旧进程的数据在这些硬件资源中的来回替换占用）。为了减少切换上下文带来的开销，就演化产生了线程的概念。

线程是进程空间内相对独立的执行单元，共享进程的资源。进程中多个线程并发执行，从而大大减少了上下文切换的开销。如果将进程看作是工厂的一个车间的话，那么线程就是具体操作的工人，负责完成具体任务。

多线程虽然可以提高 CPU 利用率，但是线程太多占用内存就会较多，线程之间对共享资源的访问存在竞争关系,需要解决共享资源的竞争问题。多线程之间需要占用 CPU 一定的时间进行协调和管理,如果线程太多会使控制过于复杂,容易导致故障的产生。所以多线程的使用要注意对系统性能的影响。多线程比较适合于计算密集型应用和输入输出密集型应用。计算密集型应用通过多线程可以在多处理器系统上运行,将计算分解到多个线程中进行。输入输出密集型应用通过线程可以将输入输出操作重叠达到提高性能的目的,比如分布式服务器的实现。

1. 线程的内存布局

线程是存在于进程中的,它共享进程的资源和地址空间,但它需要独立运行,需要知道什么时候开始,什么时候结束。因此线程也有自己的指令寄存器、栈指针等。例如,图 5.2 即为进程与线程的内存布局示例。进程包括代码段、数据段、堆和栈,图 5.2 中的进程调用两个函数 routine1 或 routine2 有序地执行任务,栈中保存的是 main 分别调用这两个函数时的参数、返回地址以及局部变量。

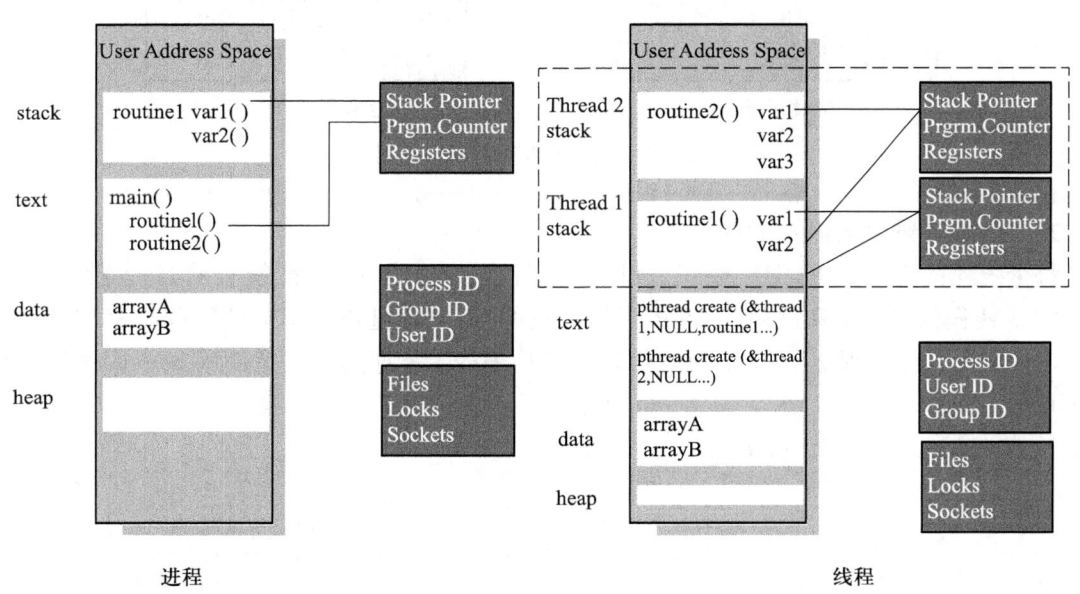

图 5.2 进程与线程的内存布局示例

函数 routine1 和 routine2 开启两个新线程。可以看到线程共享进程的大部分资源(如代码段、全局数据段、打开的文件描述等),但是由于每个线程是不同的执行单元,那么与调用执行相关的硬件资源(如 cpu 的程序计数器等寄存器资源)和运行时栈的部分是各自独立分配的。

图 5.3 更能清楚地看到图 5.2 中两种情况的资源分配对比。一个进程中只有一个执行单元,可以理解成该进程是单线程进程,该线程独享进程的所有资源。但当 main 函数的执行流程中又创建了两个线程之后,就变成了三个执行单元共享该进程的代码段、数据段等资源,这三个执行单元又各自有着自己的 cpu 寄存器、栈的资源。

图 5.3 为线程的内存布局示意图。

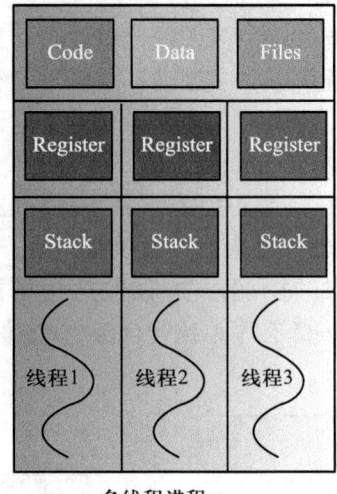

图 5.3　线程的内存布局示意图

2. Linux 系统中线程的 TID

每个线程都有自己的 TID 标识。Linux 系统在处理线程时，将线程看作是轻量级进程（LWP）。线程的 TID 值和进程的 LWP 值是一致的，而同一进程中不同的线程具有相同的 PID 值。内核并不知道线程这个概念，对内核来说都是进程。下面的代码是使用 ps-elf 命令查看线程 TID 的示例。

```
root@ubuntu:/home/linux# ps -eLf    ①
UID        PID  PPID  LWP  C NLWP STIME TTY          TIME CMD
root         1     0    1  0    1 19:33 ?        00:00:01 /sbin/init
root         2     0    2  0    1 19:33 ?        00:00:00 [kthreadd]
root         3     2    3  0    1 19:33 ?        00:00:00 [ksoftirqd/0]
root         6     2    6  0    1 19:33 ?        00:00:00 [migration/0]
root         7     2    7  0    1 19:33 ?        00:00:00 [watchdog/0]
root         8     2    8  0    1 19:33 ?        00:00:00 [cpuset]
root         9     2    9  0    1 19:33 ?        00:00:00 [khelper]
root        10     2   10  0    1 19:33 ?        00:00:00 [kdevtmpfs]
root        11     2   11  0    1 19:33 ?        00:00:00 [netns]
root        12     2   12  0    1 19:33 ?        00:00:00 [sync_supers]
root        13     2   13  0    1 19:33 ?        00:00:00 [bdi-default]
root        14     2   14  0    1 19:33 ?        00:00:00 [kintegrityd]
root        15     2   15  0    1 19:33 ?        00:00:00 [kblockd]
root        16     2   16  0    1 19:33 ?        00:00:00 [ata_sff]
root        17     2   17  0    1 19:33 ?        00:00:00 [khubd]
root        18     2   18  0    1 19:33 ?        00:00:00 [md]
                         ②
```

代码在标记①处用 ps 命令列出当前所有线程的信息,其中"L"选项是指列出线程。在输出中,可以看到第四列(LWP,标记②处)就是线程的 TID;从输出的第一行可以看到线程的 TID 和 PID 相同,因为主线程的 TID 等于进程的 PID。

再看下面的代码示例。

```
linux@ubuntu:~$ cat /proc/1/status
Name:   init
State:  S (sleeping)            ①
Tgid:   1
Pid:    1
PPid:   0
TracerPid:      0
Uid:    0       0       0       0
Gid:    0       0       0       0
FDSize: 256
Groups:
VmPeak:     3656 kB
VmSize:     3648 kB
VmLck:         0 kB
VmPin:         0 kB
VmHWM:      2012 kB
VmRSS:      2012 kB
VmData:      692 kB
VmStk:       136 kB
VmExe:       184 kB
VmLib:      2532 kB
VmPTE:        20 kB
VmSwap:        0 kB
Threads:       1
SigQ:   0/7892
SigPnd: 0000000000000000
ShdPnd: 0000000000000000
SigBlk: 0000000000000000
SigIgn: 0000000000001000
linux@ubuntu:~$ cat /proc/1/task/1/status
Name:   init
State:  S (sleeping)            ②
Tgid:   1
Pid:    1
PPid:   0
TracerPid:      0
Uid:    0       0       0       0
Gid:    0       0       0       0
FDSize: 256
Groups:
VmPeak:     3656 kB
VmSize:     3648 kB
VmLck:         0 kB
VmPin:         0 kB
VmHWM:      2012 kB
VmRSS:      2012 kB
VmData:      692 kB
VmStk:       136 kB
VmExe:       184 kB
VmLib:      2532 kB
VmPTE:        20 kB
```

```
VmSwap:            0 kB
Threads:           1
SigQ:     0/7892
SigPnd:   0000000000000000
ShdPnd:   0000000000000000
SigBlk:   0000000000000000
SigIgn:   0000000000001000
```

代码标记①处的/proc/$PID/status 文件提供了一些内核态中进程的信息，例如：VmSize 表示使用的虚拟地址空间的大小、Threads 表示该进程包含的线程个数。另外，标记②处的/proc/$PID/task/$TID/status 文件提供了在内核中线程的状态信息，因为在内核中 PID 就是线程的 TID 值。

5.2.1 线程的创建与终止

微视频：
线程的基本
操作

在多线程编程时，必须要添加 pthread.h 头文件。在编译应用程序时还必须要指定-lpthread，链接到这个 pthread 库，比如 gcc example1.c -lpthread -o example1。pthread 库是基于 POSIX 标准的，也就是说 pthread 库具有可移植性，能在不同系统上执行。LIBC 中的 pthread 库提供了大量的 API 函数。在 Linux 系统中，库文件的路径一般是/user/lib，其中 libpthread.a 和 libpthread.so 分别是 pthread 库的静态库和动态库链接库文件。

man -k pthread 命令用来查看 pthread 提供的函数接口及其说明。

注意：Ubuntu 自带的 pthread 文档说明并不完整，通过 man -k pthread 不能查看到所有的函数接口。可以通过下面的命令安装全部 pthread 文档：

```
Sudo apt-get install manpages-posix manpages-posix-dev
```

线程 ID 与线程 TID 不是一个概念。TID 是线程在系统内核中的标识，而线程 ID 是在用户程序环境中有效的标识。

线程 ID 的类型是 pthread_t，在 Linux 中实际上是一个无符号长整型，编写程序中通常使用的都是线程 ID。线程 TID 通常是通过一些已有的命令，例如 ps 去获取。

下面通过一个具体的代码示例——通过 printf 打印线程的 ID 和 TID，来对比两者的不同。

```
#include<stdio.h>
#include<stdlib.h>
#include<pthread.h>
#include<sys/syscall.h>
#define gettid() syscall(SYS_gettid)  ②

void *newthread(void *arg)
{
```

```
    pthread_t th;
    th=pthread_self();    ①
    printf("newthread:getpid is %d, pthread_self is %lu,gettid is %d\n",getpid(),
        th, gettid());
}
int main()
{
    pthread_t nth1;

    if(pthread_create(&nth1,NULL,newthread,NULL))
        printf("error create the thread.\n");

    pthread_join(nth1,NULL);
    return 0;
}
```

代码中的 pthread_self( )函数用于获取当前线程自身的 ID。使用该函数时,在程序中需要添加头文件 pthread.h。

在 main 函数中,pthread_create 创建子线程,并让子线程执行 newthread( )函数,子线程执行结束后,main 函数退出。

子线程执行 newthread( )函数,该函数调用标记①处的 pthread_self( )函数返回当前线程的 ID,也就是新建的子线程 ID,然后 printf 分别输出当前线程所属进程的 PID、当前线程的 ID、当前线程的 TID。

而线程的 TID 是与 ps 命令查看的线程编号(LWP 字段)一致。这个例子说明了线程 ID 和线程 TID 的不同,线程 ID 是用 pthread_create( )产生的,仅作为用户程序环境中的标识,在操作系统中没有实际含义,而线程的 TID 是操作系统中对线程的标识。

在程序的开始(标记②处)定义 gettid( )函数为系统调用 syscall(SYS_gettid)。gettid( )与之前提到的 getpid( )/getuid( )等函数的实现不同,当使用 getpid( )时不需要这样的定义,因为 C 语言的运行库对 getpid 已经进行了封装,而 C 语言运行库并没有对 gettid( )进行封装,只能由用户自己定义系统调用的方式来实现。通常情况下,不建议用户在程序中使用 gettid( )获取线程的 TID。

1. 线程的创建

创建线程使用 pthread_create 函数,实际上就是确定调用该线程函数的入口点。在线程创建以后,就开始运行相关的线程函数。pthread_create 函数的形式如下:

```
int pthread_create (pthread_t *thread, const pthread_attr_t *attr,
                    void *(*start_routine) (void*),void *arg);
```

其中,第一个参数 thread 用来保存线程创建成功后返回的线程 ID 值;第二个参数 attr 设定线程的属性,通常情况下将它置为 NULL,即使用默认设置;第三个参数 start_routine 是新创建线程的入口函数,也就是线程从该函数开始执行;第四个参数 arg 作为 start_routine 入口函数的参数。

pthread_create 函数执行成功则返回 0,否则返回错误码。

一般在创建一个线程后,还要用到 pthread_join() 函数,其形式如下:

pthread_join(pthread_t *th,void **thread_return)

pthread_join() 函数表示调用该函数的线程一直阻塞,直到指定线程结束。该函数的第一个参数是被等待线程的 ID,第二个参数是被等待线程的返回值。如果在 main 主线程中添加该函数,那么主线程将一直阻塞,直到子线程运行结束有返回值时主线程才会继续执行。否则,在 main() 中通过 pthread_create() 创建了一个子线程之后,如果没有 pthread_join() 函数,main 函数对应的主线程就不阻塞而与子线程同时运行,那么很可能会出现主线程已经运行结束而子线程还没运行完的情况,这样子线程占用的资源都没有释放,但系统却无法找到它。

下面通过一段示例代码加深理解这两个函数。

```
1    #include<stdio.h>
2    #include<stdlib.h>
3    #include<pthread.h>
4    void * print_message_function(void *ptr)
5    {
6        int i = 0;
7        for(i;i<5;i++)
8            printf("%s is %d\n",(char *)ptr,i);
9        return NULL;
10   }
11   int main()
12   {
13       void *retval;
14       pthread_t thread1;
15       char *message="number";
16       int ret_thrd1;
17
18       ret_thrd1=pthread_create①(&thread1,NULL,print_message_function,
19                               (void *)message);
20       if(ret_thrd1!=0)
```

```
21              printf("Thread 1 is successfully created!\n");
22          else
23              printf("Thread 1 falied to be created\n");
24                      ②
25          pthread_join (thread1, &retval);
26          usleep(100);
27                  ③
28          printf ("thread1 end\n");
29          return 0;
30      }
```

在代码段标记①处,main 函数中首先用 pthread_create( ) 函数创建一个子线程,子线程创建后执行 print_message_function( ) 函数。在标记②处,pthread_join( ) 函数表示主线程阻塞,直到新建的子线程运行结束后,主线程才继续执行 printf 语句(标记③处),输出 "thread1 end" 字符串。print_message_function( ) 函数的参数是 pthread_create( ) 创建线程时传递的 "number" 字符串,在该函数中执行 for 循环 5 次,第一次输出 "number is 0",第二次输出 "number is 1",一直到输出 "number is 4"。

运行结果如下:

```
root@ubuntu:/home/linux/chapter_5# gcc -o exp_5_4_8 exp_5_4_8.c -lpthread
root@ubuntu:/home/linux/chapter_5# ./exp_5_4_8
Thread 1 falied to be created
number is 0
number is 1
number is 2
number is 3
number is 4
thread1 end
```

如果在程序中注释掉 pthread_join(thread1,&retval) ; 语句,则编译并运行程序后,可以看到下面的结果:

```
root@ubuntu:/home/linux/chapter_5# ./exp_5_4_8
Thread 1 falied to be created
number is 0
thread1 end
root@ubuntu:/home/linux/chapter_5# ./exp_5_4_8
Thread 1 falied to be created
number is 0
thread1 end
root@ubuntu:/home/linux/chapter_5# ./exp_5_4_8
Thread 1 falied to be created
number is 0
thread1 end
root@ubuntu:/home/linux/chapter_5# ./exp_5_4_8
Thread 1 falied to be created
```

```
number is 0
thread1 end
root@ubuntu:/home/linux/chapter_5# ./exp_5_4_8
Thread 1 falied to be created
number is 0
thread1 end
```

从结果可以看到,如果没有 pthread_join()函数,则主线程执行 printf 语句输出"thread1 end"时,子线程才执行第一次 for 循环,即主线程不等待子线程执行完成就先行退出,导致子线程执行失败。因此,实际编程中通常要将函数 pthread_create()和 pthread _join()结合使用。

2. 线程终止

线程终止有以下三种方式:

① 线程运行结束后正常退出。就是创建线程后入口函数执行结束,线程自然结束退出。这是很常用的线程结束方法。

② 在线程中直接调用 pthread_exit()函数,线程终止退出。

```
pthread_exit(void * retval)
```

其中参数 retval 是 pthread_exit 调用者线程的返回值,可由其他函数如 pthread_join 来检测获取。

③ 同一进程中的其他线程通过 pthread_cancle()函数向指定线程发送终止请求。这种方法很少用。

这里要注意的是,在线程函数中不要随意使用 exit(),因为 exit()是用来终止调用进程的。在线程中通常使用 pthread_exit()来替代 exit()。

5.2.2 线程的属性

在 pthread_create 函数中有设置线程属性的参数,这些属性包括绑定属性、分离属性、堆栈地址、堆栈大小、优先级等。系统默认属性为非绑定、非分离、1 MB 堆栈、与父进程同样级别的优先级。

1. 线程属性的初始化

通常调用 pthread_attr_init 函数对线程属性进行初始化,函数原型如下:

```
int pthread_attr_init(pthread_attr_t * attr);
```

若成功则返回 0,否则返回错误编号。

如果要去除对 pthread_attr_t 结构的初始化,可以调用 pthread_attr_destroy 函数,函数原型如下:

```
int pthread_attr_destroy(pthtread_attr_t * attr);
```

若成功则返回 0,否则返回错误编号。

如果在调用 pthread_attr_init 函数时为属性对象分配了动态内存空间,函数 pthread_attr_destroy 会释放内存空间。除此之外,pthread_attr_destroy 还会用无效的值初始化属性对象,因此如果该属性对象被误用,将会导致 pthread_create 函数返回错误。

2. 线程属性结构

调用 pthread_attr_init 函数以后，pthread_attr_t 结构所包含的内容就是操作系统支持的线程所有属性的默认值。

线程属性结构如下：

```
typedef struct
{
    int detachstate;                //线程的分离状态
    int schedpolicy;                //线程调度策略
    structsched_param chedparam;    //线程的调度参数
    int inheritsched;               //线程的继承性
    int scope;                      //线程的作用域
    size_t guardsize;               //线程栈末尾的警戒缓冲区大小
    int stackaddr_set;
    void * stackaddr;               //线程栈的位置
    size_t stacksize;               //线程栈的大小
}pthread_attr_t;
```

每个属性都可以通过一些函数进行查看或修改，这里介绍线程的分离状态属性。

线程的分离状态用来告知线程以什么方式来终止。默认情况下是非分离状态，即原有的线程等待创建的线程结束，当 pthread_join( ) 函数返回时，创建的线程才算终止，从而释放占有的系统资源。而分离线程没有被其他线程等待，自己运行结束自己就可以终止，立即释放系统资源。如果在创建线程时就知道不需要关心线程的终止状态，可以设置线程为分离状态启动。获取和设置线程的分离状态属性的函数如下：

```
int pthread_attr_getdetachstate(const pthread_attr_t *attr,int *detachstate);
int pthread_attr_setdetachstate(pthread_attr_t *attr,intdetachstate);
```

可以使用 pthread_attr_setdetachstate 函数把线程属性 detachstate 设置为下面的两个合法值之一：设置为 PTHREAD_CREATE_DETACHED，以分离状态启动线程；设置为 PTHREAD_CREATE_JOINABLE，正常启动线程。可以使用 pthread_attr_getdetachstate 函数获取当前的 datachstate 线程属性。

下面的代码示例是以分离状态创建线程。

```
1   #include<stdio.h>
2   #include<pthread.h>
3   #include<unistd.h>
4
5   int a=200;
6   int b=100;
```

```
7   pthread_mutex_t lock;
8
9   void *ThreadA()
10  {
11      pthread_mutex_lock(&lock);
12      a-=30;
13      sleep(1);
14      b+=50;
15      pthread_mutex_unclock(&lock);
16  }
17
18  void *ThreadB()
19  {
20      pthread_mutex_lock(&lock);
21      printf("%d\n",a+b);
22      pthread_mutex_unlock(&lock);
23  }
24
25  int main()
26  {
27      pthread_t tida,tidb;
28      pthread_mutex_init(&lock,NULL);
29      pthread_mutex_create(&tida,NULL,ThreadA,NULL);
30      pthread_mutex_create(&tida,NULL,ThreadB,NULL);
31      pthread_join(tida,NULL);
32      pthread_join(tidb,NULL);
33      return 1;
34  }
```

3. 线程优先级

Linux 内核有以下三种调度策略。

① SCHED_OTHER：分时调度策略。

② SCHED_FIFO：实时调度策略。先到先服务，运行的机制是一直运行到有更高优先级的任务到达或者自己放弃。

③ SCHED_RR：实时调度策略。时间片轮转的方式，当进程的时间片用完，系统将为其重新分配时间片，并放在就绪队列的队尾。这样就保证了所有具有相同优先级的实时任务的调度

公平。

线程的优先级是线程的常用属性,它存放在结构 sched_param 中,用函数 pthread_attr_getschedparam 和函数 phread_attr_setschedparam 进行优先级的获取和设置。一般是先取优先级,对取得的值进行修改后再存放回去。

可以通过下列函数来获得线程可以设置的最高和最低优先级:

int sched_get_priority_max(int policy);
int sched_get_priority_min(int policy);

分时调度策略是不支持优先级使用的。先到先服务和时间片轮转策略支持优先级的使用,优先级的范围均为 1~99,数值越大优先级越高。下面的代码是一个获取线程调度策略,查看相应策略下优先级设置范围并修改优先级的示例。

```
1   #include<pthread.h>
2   #include<sched.h>
3   #include<stdio.h>
4
5   int thread_policy_get(pthread_attr_t *attr)
6   {
7       int getPolicy;
8
9       if(pthread_attr_getschedpolicy(attr,&getPolicy)!=0)
10      return -1;
11
12      switch (getPolicy)
13      {
14          case SCHED_FIFO:
15              printf("policy is SCHED_FIFO\n");
16              break;
17          case SCHED_RR:
18              printf("policy is SCHED_RR");
19              break;
20          case SCHED_OTHER:
21              printf("policy is SCHED_OTHER\n");
22              break;
23          default:
24              printf("policy is error\n");
25              break;
```

```c
26      }
27      return getPolicy;
28  }
29  void thread_priority_range_get(pthread_attr_t *attr,int policy)
30  {
31      int priority;
32
33      priority=sched_get_priority_max(policy);
34      printf("max_priority=%d\n",priority);
35
36      priority=sched_get_priority_min(policy);
37      printf("min_priority=%d\n",priority);
38  }
39  int thread_priority_get(pthread_attr_t *attr)
40  {
41      struct sched_param param;
42      int rs=pthread_attr_getschedparam(attr,&param);
43      printf("priority =%d\n",param.__sched_priority);
44      return param.__sched_priority;
45  }
46  void *myfunction()
47  {
48      printf("thread created.\n");
49  }
50  int main()
51  {
52      pthread_attr_t attr;
53      pthread_t tid;
54      struct sched_param param;
55      int newprio=20;
56      int policy;
57      int priority;
58
59      pthread_attr_init(&attr);       /*对线程属性初始化*/
60      pthread_attr_getschedparam(&attr,&param);
61      printf("init priority is %d\n",param.sched_priority);
```

```
62
63      /*获得当前调度策略*/
64      policy=thread_policy_get(&attr);
65      thread_priority_range_get(&attr,policy);
66
67      pthread_attr_setschedpolicy(&attr,SCHED_FIFO);
68      policy=thread_policy_get(&attr);
69      /*显示当前调度策略的线程优先级范围*/
70      thread_priority_range_get(&attr,policy);
71
72      /*显示当前线程的优先级*/
73      priority=thread_priority_get(&attr);
74      printf("change priority\");
75      param.sched_priority=newprio;
76      pthread_attr_setschedparam(&attr,&param);
77      priority=thread_priority_get(&attr);
78
79      if(pthread_create(&tid,&attr,(void*)myfunction,NULL))
80          printf("error create thread\");
81  }
```

运行结果如下:

```
init priority is 0
policy is SCHED_OTHER
max_priority = 0
min_priority = 0
policy is SCHED_FIFO
max_priority = 99
min_priority = 1
priority = 0
change priority
priority = 20
```

本例首先对线程属性 pthread_attr_t 进行初始化,初始化完成以后,pthread_attr_t 就是操作系统支持的所有线程属性的默认值。可以看出默认的调度策略是 SCHED_OTHER,这个策略的最大和最小优先级都是 0,也就是不能设置优先级。然后把策略修改为 SCHED_FIFO,这个策略的最大和最小优先级分别为 99 和 1,之后实现了创建一个调度策略是 SCHED_FIFO,优先级是 20 的线程。

5.3 线程同步

微视频：
线程的互斥

本节先通过两个例子来引入线程同步。

图 5.4 是一个购票系统。当人们在购票时，车票的张数是一个全局的共享资源，对该共享资源进行访问的部分称作临界区域。如果票数只剩一张时有多个人同时购买（比如多个线程同时进入 if(i!=0) i=i-1 这段临界区域，i 代表余票数；现在值为 1，在没有一个线程执行 i-1 的动作之前，可能会有多个线程都通过了 if 判断），而这张票只能被一人买到（最终只有一个线程执行了 i-1），其余人发现有余票却抢不到。这是应该避免出现的情况。

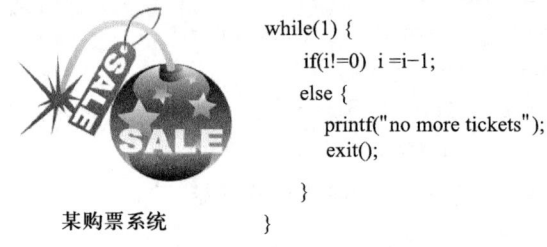

图 5.4　购票系统示例

微视频：
线程的同步

这个例子可以理解为多个线程对共享资源应互斥访问，也就是说临界区域需要被互斥机制保护起来。

图 5.5 是生产者和消费者之间的关系图。它描述的是生产者正在生产产品，并将这些产品提供给消费者消费。为使生产者和消费者能够并发执行，在两者之间设置了一个公共库存区域，生产者进入公共区域生产产品并放入其中，消费者进入公共区域并取走产品进行消费。

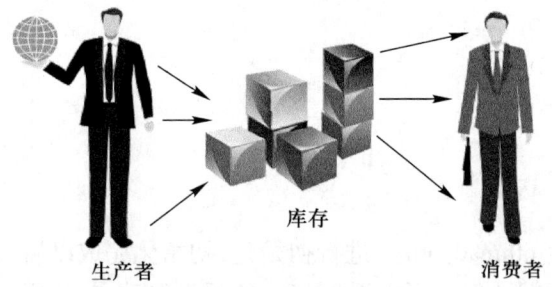

图 5.5　生产者—消费者关系图

当一个生产者进入公共区域生产产品时，其他生产者和消费者不能同时进入公共区域生产产品或消费产品。当一个消费者进入公共区域消费产品时，其他消费者和生产者不能同时进入该区域消费产品或生产产品。也就是说,任意时刻最多只允许一个生产者或一个消费者进入公共区域,即生产者和消费者必须互斥地访问公共区域。

当产品放满公共区域时,生产者必须等待,使消费者先消费。当公共区域为空时,消费者必须等待,使生产者先生产。即在公共区域为空或为满时,生产者或消费者在执行时要满足一定的先后顺序。生产者与消费者对公共区域的访问必须同步。

① 生产者与生产者之间存在竞争即互斥关系;
② 消费者与消费者之间存在竞争即互斥关系;
③ 生产者与消费者之间存在互斥与同步关系。

如果将生产者和消费者分别看作是两个线程,这两个线程就要解决同步和互斥的关系。下面介绍实现互斥或同步的 4 种方式,即互斥锁、条件变量、读写锁与自旋锁。

5.3.1 互斥锁

通过互斥锁来实现对共享资源的原子操作。如图 5.6 所示,有两个线程,线程 A 和线程 B,它们都是执行对同一个整形变量(Integer)的增 1 操作。如果没有互斥机制,两个线程对该变量可能会产生竞争的操作,比如线程 A 读到 17,执行增 1 操作,在操作尚未写回内存时切换到线程 B 执行,而此时线程 B 读到的依然是 17,最终两个线程运行完的结果就有一定的不确定性,所以需要加入互斥手段。

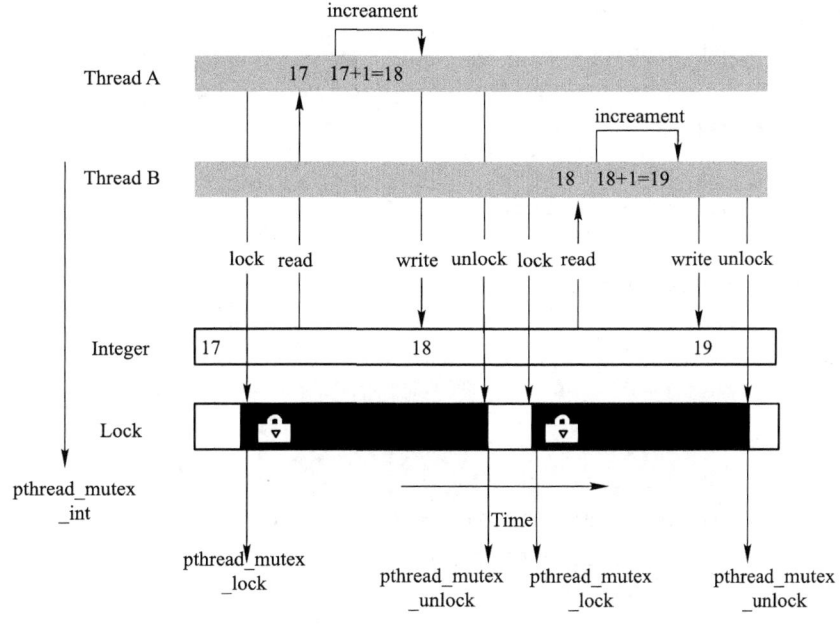

图 5.6 互斥锁

下面结合图 5.6 的互斥锁机制介绍互斥锁的几个函数。

互斥锁初始化的函数是 pthread_mutex_int()。获取互斥锁的函数是 pthread_mutex_lock()。先获得锁的线程先执行增 1 操作。在图 5.6 中线程 A 先获得锁,线程 B 等待。当线程 A 执行完增 1 操作并释放锁后,线程 B 才能获得锁执行增 1 操作。这就避免了在两个线程同时执行增 1 操作时产生意想不到的结果。

下面的代码是互斥锁的示例。

```
1    #include<stdio.h>
2    #include<unistd.h>
3    #include<pthread.h>
4
5    int a=200;
6    int b=100;
7    pthread_mutex_t lock;
8    void * ThreadA()
9    {
10       pthread_mutex_lock(&lock);
11       a-=30;
12       sleep(1);
13       b+=50;
14       pthread_mutex_unlock(&lock);
15   }
16   void * ThreadB()
17   {
18       pthread_mutex_lock(&lock);
19       printf("%d\n",a+b);
20       pthread_mutex_unlock(&lock);
21   }
22   int main()
23   {
24       pthread_t tida,tidb;
25       pthread_mutex_init(&lock,NULL);
26       pthread_create(&tida,NULL,ThreadA,NULL);
27       pthread_create(&tidb,NULL,ThreadB,NULL);
28       pthread_join(tida,NULL);
29       pthread_join(tidb,NULL);
```

```
30      return 1;
31  }
```

代码首先定义了两个全局变量 a 和 b，a 初始值为 200，b 初始值为 100，然后定义了互斥锁 lock。ThreadA( )函数是线程 A 要执行的函数，先获取互斥锁，然后对 a 做减 30 操作，对 b 执行加 50 操作，最后释放锁。ThreadB( )函数是线程 B 要执行的函数，先获取互斥锁，然后输出 a+b 的和，最后释放互斥锁。

main( )函数先对互斥锁执行 pthread_mutex_init( )函数进行初始化，然后创建线程 A 并执行 ThreadA 函数，再创建线程 B 并执行 ThreadB 函数，最后 main 函数主线程分别等待线程 A 和线程 B 执行结束。这个程序运行后可能会出现两种结果，因为无法获知是线程 A 还是线程 B 先获得互斥锁，先抢到互斥锁的线程才能得以运行，抢不到的线程则等待锁被释放。

5.3.2 条件变量

条件变量应用在有一定先后顺序关系的线程之间。这可以对应到前面介绍的生产者与消费者示例，在生产者向仓库存放物品后，向消费者发送一个消息，消费者才能取走物品。由于条件变量使用的也是共享资源，因此条件变量和互斥锁通常是一起使用的。

条件变量实现线程间对共享资源的先后访问关系，通过两个函数实现，其中 pthread_cond_wait( )函数是指一个线程在等待条件成立，pthread_cond_signal( )函数是指当条件成立时向另一个线程发送一个信号。下面的代码示例是条件变量的用法。

```
1   //条件变量
2
3   生产者：
4   pthread_mutex_lock(lock_s);
5   sum++;
6   pthread_mutex_unlock(lock_s);
7   if(sum>=100)
8       pthread_cond_signal(&cond_sum_ready);
9
10  消费者：
11  pthread_mutex_lock(lock_s);
12  if (sum<100)
13      pthread_cond_wait(&cond_sum_ready,&lock_s);
14  printf("sum is over 100");
15  sum=0;
16  pthread_mutex_unlock(lock_s);
17  return OK;
```

代码中生产者实现的功能是获取锁，sum++可以理解为向仓库存放物品，物品数量增1，然后释放锁，如果物品数量大于100向消费者发送一个信号。消费者实现的功能是获取锁，等待条件成立的信号，条件成立时将 sum 置为 0，也就是取走所有的物品，然后释放锁。这样就保证了线程 A、B 的顺序执行。

下面是具体的生产者-消费者代码示例。主要实现的功能是生产者存放 10 个物品到仓库后，消费者马上取走，如果没有 10 个物品消费者就等待。

```
1   #include<stdio.h>
2   #include<pthread.h>
3
4   pthread_cond_t cond_wait;
5   pthread_mutex_t cond_lock;
6   static int goods_num=0;
7
8   void* producer(void *arg)
9   {
10      while(goods_num<10)
11      {
12          pthread_mutex_lock(&cond_lock);
13          goods_num++;
14          printf("Producer:Goods num is %d\n",goods_num);
15          if(goods_num==10)
16          {
17              pthread_cond_signal(&cond_wait);
18          }
19          pthread_mutex_unlock(&cond_lock);
20          usleep(100000);
21      }
22  }
23  void* consumer(void *arg)
24  {
25      pthread_mutex_lock(&cond_lock);
26      pthread_cond_wait(&cond_wait,&cond_lock);
27      printf("Consumer buy goods!\n");
28      pthread_mutex_unlock(&cond_lock);
29  }
```

```
30
31  void init()
32  {
33      pthread_mutex_init(&cond_lock,NULL);
34      pthread_cond_init(&cond_wait,NULL);
35  }
36
37  int main(int argc, char *argv[])
38  {
39      init();
40      pthread_t pid, cid;
41      pthread_create(&pid, NULL, producer, NULL);
42      pthread_create(&cid, NULL, consumer, NULL);
43      while (1)
44      {
45          sleep(1);
46      }
47      return 0;
48  }
```

代码中 producer() 函数是生产者的具体实现。首先获取仓库锁，goods_num 增 1（可以理解为存放一个物品到仓库，物品数加 1），如果物品数等于 10，那么发出信号 cond_wait，然后释放锁，usleep(100000) 睡眠 100 000 μs，接着继续执行下一次循环，继续向仓库中投放物品。consumer() 函数是消费者的具体实现。首先获取锁，等待条件成立的 cond_wait 信号，满足则输出消费者购买物品的信息"Consumer buy goods！"，然后释放锁。init() 函数是对互斥锁 cond_lock 和条件变量 cond_wait 的初始化。

main() 函数给出了程序的整体实现逻辑。首先调用 init() 初始化互斥锁和条件变量，然后创建生产者线程以及消费者线程。生产者和消费者线程分别执行前面的 producer() 和 consumer() 函数。

程序运行结果如下。

```
root@ubuntu:/home/linux/chapter_5# gcc -o exp_5_4_14 exp_5_4_14.c -lpthread
root@ubuntu:/home/linux/chapter_5# ./exp_5_4_14
Producer: Goods num is 1
Producer: Goods num is 2
Producer: Goods num is 3
Producer: Goods num is 4
Producer: Goods num is 5
Producer: Goods num is 6
```

```
Producer: Goods num is 7
Producer: Goods num is 8
Producer: Goods num is 9
Producer: Goods num is 10
Consumer buy goods!
```

互斥锁多用在对共享资源竞争的场合,条件变量多用在对共享资源访问具有一定条件关系的场合。需重点掌握互斥锁和条件变量这两种进程同步方式。

5.3.3 读写锁

本小节介绍线程同步的第三种实现方式:读写锁。读写锁应用在高频率读共享资源的场合。读写锁有读模式和写模式两种模式。读写锁不能同时被不同线程占用读模式和写模式,要么多个线程同时占用读模式的读写锁,因为读不会改变数值;要么只有一个线程占用写模式的读写锁。

读写锁与互斥锁的功能类似,目的也是对临界区的共享资源进行保护,但读写锁比互斥锁有更高的并发性,因为互斥锁一次只让一个线程进入临界区,而读写锁在读的时候允许多个拥有读锁的线程进入临界区,也就是实现了读时多个线程并行的操作。写操作时只允许一个线程进行写,其他的读锁或写锁都应等待写操作完成。

读写锁常用的函数原型如下。

(1) 读写锁初始化函数

`int pthread_rwlock_init(pthread_rwlock_t * rwlock, const pthread_rwlockattr_t * attr);`

其中参数 rwlock 为读写锁指针,参数 attr 为读写锁属性指针。函数按读写锁属性对读写锁进行初始化。

(2) 读锁函数

`int pthread_rwlock_rdlock(pthread_rwlock_t * rwlock);`

(3) 写锁函数

`int pthread_rwlock_wrlock(pthread_rwlock_t * rwlock);`

(4) 解锁函数

`int pthread_rwlock_unlock(pthread_rwlock_t * rwlock);`

(5) 销毁读写锁函数

`int pthread_rwlock_destroy(pthread_rwlock_t * rwlock);`

下面的代码示例是使用读写锁对共享资源 share_data 进行读写同步,线程 readerAlice、readerBob 为读线程,线程 writerMo、writerBing 为写线程。

```
1   #include <pthread.h>
2   #include <stdio.h>
```

```c
3   #include <stdlib.h>
4   #include <unistd.h>
5
6   pthread_t td1;                      //用于获取线程 1 的 ID
7   pthread_t td2;                      //用于获取线程 2 的 ID
8   pthread_rwlock_t rwlock;            //声明读写锁
9   int share_data=1;                   //共享资源
10  void * readerAlice(void * arg)
11  {
12      while (1)
13      {
14          pthread_rwlock_rdlock(&rwlock);     //读者加读锁
15          printf("读者 Alice 读出:%d\n",share_data);    //读取共享资源
16          pthread_rwlock_unlock(&rwlock);     //读者释放读锁
17          sleep(2);
18      }
19      return NULL;
20  }
21
22  void * readerBob(void * arg)
23  {
24      while(1)
25      {
26          pthread_rwlock_rdlock(&rwlock);
27          printf("读者 Bob 读出:%d\n",share_data);
28          pthread_rwlock_unlock(&rwlock);
29          sleep(5);
30      }
31      return NULL;
32  }
33
34  void * writerMo(void * arg)
35  {
36      while (1)
37      {
38          pthread_rwlock_wrlock(&rwlock);
```

```c
39          share_data++;
40          printf("写者 Mo 写入:%d\n", share_data);
41          pthread_rwlock_unlock(&rwlock);
42          sleep(5);
43      }
44      return NULL;
45  }
46
47  void * writerBing(void * arg)
48  {
49      while (1)
50      {
51          pthread_rwlock_wrlock(&rwlock);
52          share_data++;
53          printf("写者 Bing 写入:%d\n", share_data);
54          pthread_rwlock_unlock(&rwlock);
55          sleep(5);
56      }
57      return NULL;
58  }
59
60  void main(int argc, char * * argv)
61  {
62      pthread_create(&td1, NULL, readerAlice, NULL);
63      pthread_create(&td1, NULL, readerBob, NULL);
64      pthread_create(&td2, NULL, writerMo, NULL);
65      pthread_create(&td2, NULL, writerBing, NULL);
66
67      pthread_rwlock_destroy(&rwlock);
68
69      sleep(10);
70      return;
71  }
```

代码运行结果如下：

写者 Bing 写入:2
写者 Mo 写入:3

读者 Bob 读出：3
读者 Alice 读出：3
读者 Alice 读出：3
读者 Alice 读出：3
写者 Bing 写入：4
写者 Mo 写入：5
读者 Bob 读出：5
读者 Alice 读出：5
读者 Alice 读出：5
…

5.3.4 自旋锁

自旋锁是一种非阻塞锁。在互斥锁中，没有获取互斥锁的线程会将自己挂起；而对于自旋锁，没有获得自旋锁的线程不会挂起，它会一直等待而不挂起，仍然占用 CPU 资源。自旋锁适用于临界区域比较小、执行时间短，每个线程持锁的时间比较短的场合。这样线程之间获取和释放锁也不会耗费太多的 CPU 时间。

下面是自旋锁常用的函数原型。

（1）初始化和销毁自旋锁函数

```
int pthread_spin_init(pthread_spinlock_t *lock, int pshared);
int pthread_spin_destroy(pthread_spinlock_t *lock);
```

两个函数的返回值均为若成功返回 0，否则返回错误编号。对于 pthread_spin_init 函数的参数 pshared，单进程可以设置成 PTHREAD_PROCESS_SHARED。

（2）加锁和解锁函数

```
int pthread_spin_lock(pthread_spinlock_t *lock);
int pthread_spin_trylock(pthread_spinlock_t *lock);//尝试上自旋锁
int pthread_spin_unlock(pthread_spinlock_t *lock);
```

5.4 多线程的调试

多线程是实现并发执行的技术。它的特点就是线程内有序，线程间无序。如图 5.7 所示，假设有一个程序 C{A,B}，通过在程序里创建线程，使得程序原来从上往下按顺序执行的一条路径（{A,B}），变成多条执行路径（{A1,B1}，{A2,B2}），这样就能够充分利用 CPU 资源。

也就是将程序 C 中的任务分解成线程 1{A1,B1}，线程 2{A2,B2}这种形式。需要注意一些约束条件：线程 1 中 A1 任务必须在 B1 任务之前执行，线程 2 中 A2 任务必须在 B2 任务之前执行。但是 A1 与 A2、B1 与 B2 之间没有时间顺序关系。这种方式的优势是能够充分利用 CPU 资源，但同时也带来了多线程的编程难度。因为线程间是无序的，有时需要考虑线程间的同步问题、死锁问题等。

在程序出错时,使用 printf 语句输出日志进行调试的方法通常简单有效,但是在调试多线程时,这种方法并不是很理想。频繁的 printf 语句带来的大量 I/O 操作会使程序运行变慢,改变线程行为,甚至导致有些 bug 无法重现。

比如有如下场景:假设两个线程 T1、T2,两个互斥锁 R1、R2,如图 5.8 所示。T1 申请锁的顺序为 R1、R2,T2 申请锁的顺序为 R2、R1。

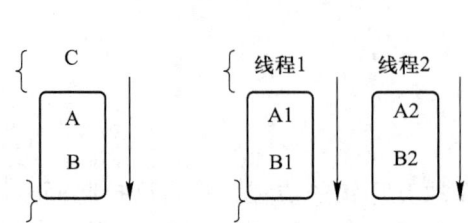

图 5.7　程序 C 分成两个线程示意图

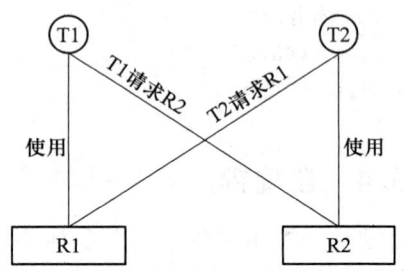

图 5.8　两个线程与两个互斥锁

互斥锁的特点就是同一时刻只能被一个执行单元申请。如果 T1 已经申请了 R1,同时 T2 已经申请了 R2。当 T1 申请 R2 时,由于 R2 已经被 T2 申请,T1 等待;T2 此时申请 R1 也是等待。这将导致程序无法继续运行下去,这就导致了常说的"死锁"。此时不知道问题出在什么地方。为了调试,向 T2 中加入很多的 fprintf 语句,将日志输出到磁盘文件上,因为写磁盘需要时间,因此频繁地写可能导致 T2 执行得很慢。

假设 T1 申请了 R1,由于 T2 有很多 fprint 语句,还没有执行到申请 R2 语句,因此 T1 可以继续申请 R2。在 T1 执行结束释放锁后,此时 T2 再申请 R2、R1,则运行时不会出现问题,但这就导致了原来的 bug 无法重现。

本书在第 1 章介绍过几种常用的程序调试工具,其中 GDB 工具和 Valgrind 工具也都可用于多线程程序的调试。下面将通过示例说明相关用法。

例 5.1　用 GDB 工具调试进程互斥的例子。

```
1   #include<stdio.h>
2   #include<unistd.h>
3   #include<pthread.h>
4   #include<stdlib.h>
5
6   pthread_mutex_t mutex1, mutex2;
7
8   void * function1(void * arg)
9   {
```

```
10      pthread_mutex_lock(&mutex1);
11      sleep(5);                              ①
12      pthread_mutex_lock(&mutex2);
13
14      printf("hello world!\n");
15      pthread_mutex_unlock(&mutex2);
16      pthread_mutex_unlock(&mutex1);
17   }
18
19   void * function2(void *arg)
20   {
21      pthread_mutex_lock(&mutex2);
22      sleep(5);                              ②
23      pthread_mutex_lock(&mutex1);
24
25      printf("hello world!\n");
26      pthread_mutex_unlock(&mutex1);
27      pthread_mutex_unlock(&mutex2);
28   }
29
30   int main()
31   {
32      pthread_t tid1, tid2;
33      pthread_mutex_init(&mutex1, NULL);
34      pthread_mutex_init(&mutex2, NULL);
35      pthread_create(&tid1, NULL, function1, NULL);
36      pthread_create(&tid2, NULL, function2, NULL);
37      pthread_join(tid1, NULL);
38      pthread_join(tid2, NULL);
39
40      return 1;
41   }
```

程序开始对函数互斥锁 mutex1、mutex2 进行了声明。在 main 函数中首先创建了一个线程，让线程执行 function1，接着再创建另一个线程，让这个线程执行 function2。这里具体看一下 function1 和 function2 函数的功能。

标记①处为 function1 的主要工作：申请锁 1，接着睡眠 5 s，然后申请锁 2，最后释放锁 2 和锁 1；标记②处为 function2 的主要工作：申请锁 2，睡眠 5 s，然后申请锁 1，最后释放锁 1 和锁 2。

使用 GDB 工具的调试过程如下：

① 编译程序，输入 gcc mutex_lock. c −o mutex_lock −lpthread −g −Wall。

② 执行程序，输入 ./mutex_lock，通过 ps 命令查看到其进程编号为 5220。

③ 进入 GDB，以 attach 到已运行进程的方式启动 GDB，即 ./gdb mutex_lock 5220。

由于 function1 和 function2 都要睡眠 5 s，在醒来后再申请另外一个锁时会出现互斥、死锁的情况，即都执行不了，无法输出后面的 hello_world 字符串。

```
root@ubuntu:/home/linux# ./mutex_lock

root@ubuntu:/home/linux# ps aux | grep mutex_lock
root      5220  0.0  0.0  18640   312 pts/2    Sl+  12:42   0:00 ./mutex_lock

root@ubuntu:/home/linux# gdb mutex_lock 5220
GNU gdb (Ubuntu/Linaro 7.4-2012.04-0ubuntu2.1) 7.4-2012.04
Copyright (C) 2012 Free Software Foundation, Inc.
License GPLv3+: GNU GPL version 3 or later <http://gnu.org/licenses/gpl.html>
This is free software: you are free to change and redistribute it.
There is NO WARRANTY, to the extent permitted by law.  Type "show copying"
and "show warranty" for details.
This GDB was configured as "i686-linux-gnu".
For bug reporting instructions, please see:
<http://bugs.launchpad.net/gdb-linaro/>...
Reading symbols from /home/linux/mutex_lock...done.
Attaching to program: /home/linux/mutex_lock, process 5220
Reading symbols from /lib/i386-linux-gnu/libpthread.so.0...(no debugging symbols found)...done.
[Thread debugging using libthread_db enabled]
Using host libthread_db library "/lib/i386-linux-gnu/libthread_db.so.1".
[New Thread 0xb6dcab40 (LWP 5222)]
[New Thread 0xb75cbb40 (LWP 5221)]
Loaded symbols for /lib/i386-linux-gnu/libpthread.so.0
Reading symbols from /lib/i386-linux-gnu/libc.so.6...(no debugging symbols found)...done.
Loaded symbols for /lib/i386-linux-gnu/libc.so.6
Reading symbols from /lib/ld-linux.so.2...(no debugging symbols found)...done.
Loaded symbols for /lib/ld-linux.so.2
0xb77a9424 in __kernel_vsyscall ()
(gdb)

(gdb) info threads
  Id   Target Id         Frame
  3    Thread 0xb75cbb40 (LWP 5221) "mutex_lock" 0xb77a9424 in __kernel_vsyscall ()
  2    Thread 0xb6dcab40 (LWP 5222) "mutex_lock" 0xb77a9424 in __kernel_vsyscall ()
* 1    Thread 0xb75cc6c0 (LWP 5220) "mutex_lock" 0xb77a9424 in __kernel_vsyscall ()
(gdb) thread 2
[Switching to thread 2 (Thread 0xb6dcab40 (LWP 5222))]
#0  0xb77a9424 in __kernel_vsyscall ()
(gdb) bt
#0  0xb77a9424 in __kernel_vsyscall ()
#1  0xb77855a2 in lll_lock_wait () from /lib/i386-linux-gnu/libpthread.so.0
#2  0xb7780ead in L_lock_686 () from /lib/i386-linux-gnu/libpthread.so.0
```

```
#3  0xb7780cf3 in pthread_mutex_lock () from /lib/i386-linux-gnu/libpthread.so.0
#4  0x0804861e in function2 (arg=0x0) at t5.4.1.c:23
#5  0xb777ed4c in start_thread () from /lib/i386-linux-gnu/libpthread.so.0
#6  0xb76bcd3e in clone () from /lib/i386-linux-gnu/libc.so.6
(gdb)

(gdb) thread 3
[Switching to thread 3 (Thread 0xb75cbb40 (LWP 5221))]
#0  0xb77a9424 in __kernel_vsyscall ()
(gdb) bt
#0  0xb77a9424 in __kernel_vsyscall ()
#1  0xb77855a2 in __lll_lock_wait () from /lib/i386-linux-gnu/libpthread.so.0
#2  0xb7780ead in _L_lock_686 () from /lib/i386-linux-gnu/libpthread.so.0
#3  0xb7780cf3 in pthread_mutex_lock () from /lib/i386-linux-gnu/libpthread.so.0
#4  0x080485ce in function1 (arg=0x0) at t5.4.1.c:12
#5  0xb777ed4c in start_thread () from /lib/i386-linux-gnu/libpthread.so.0
#6  0xb76bcd3e in clone () from /lib/i386-linux-gnu/libc.so.6
```

在以上代码中，使用(gdb) info threads 可以查看运行的线程，线程在 GDB 环境下都有一个 id 编号标识。通过(gdb) thread 2，使 GDB 调试器跟踪调试 2 号线程(1 号线程 LWP 5520 说明它是主线程)。通过(gdb) bt 命令查看线程 2 的函数调用信息，可以发现该线程堵塞在程序中 pthread_mutex_lock()处，也即获取互斥锁 1 处。切换到线程 3，发现和线程 2 是类似的情况，在等待获取互斥锁 2，发生了死锁。

除了 GDB 强大的调试功能之外，Valgrind 也可以用来调试多线程程序。Valgrind 是一个 GPL 软件，常用于 Linux(X86、amd64、ppc32)程序的内存调试和代码剖析。Valgrind 是一个调试工具集，其中包含多个子工具，如 Memcheck、Cachegrind、Helgrind、Callgrind、Massif 等。每个子工具都有其专用的功能，其中 Helgrind 主要用来检查多线程程序中出现的竞争问题。Helgrind 寻找内存中被多个线程访问而又没有一贯加锁的区域，这些区域往往是线程之间失去同步的地方，而且会导致难以发现的错误；Helgrind 实现了名为"Eraser"的竞争检测算法，并做了进一步改进，减少了报告错误的次数。

例 5.2 用 Valgrind 工具调试多线程的例子。

```
1   #include<stdio.h>
2   #include<pthread.h>
3   #include<stdlib.h>
4   #define NLOOP 10
5   int count = 0;
6   void *threadfn(void *);
7
8   int main(int argc, char **argv)
9   {
10      pthread_t tid1,tid2,tid3;
11
```

```
12      pthread_create(&tid1, NULL, &threadfn, NULL);
13      pthread_create(&tid2, NULL, &threadfn, NULL);   ①
14      pthread_create(&tid3, NULL, &threadfn, NULL);
15
16      pthread_join(tid1, NULL);
17      pthread_join(tid2, NULL);
18      pthread_join(tid3, NULL);
19
20      return 0;
21  }
22
23  void * threadfn(void * vptr)
24  {                                                                       ②
25      int i, val;
26      for (i = 0; i<NLOOP; i++)
27      {
28          val = count;    ③
29          printf("%x:%d\n", (unsigned int)pthread_self(), val+1);
30          count = val+1;  ④
31      }
32      return NULL;
33  }
```

程序标记①处调用 pthread_create 函数创建了三个线程,让线程执行的函数都是 threadfn,也就是说三个线程做的事情是一样的。

标记②处是 threadfn 函数的实现,本质上是借助标记③处的临时变量 val 在标记④处为全局变量 count 加 1 的操作。

这里的问题是三个线程都在访问全局变量 count,而 count 没有互斥锁保护。

代码第 5 行 count 为全局变量,初始为 0。假设此时线程 1 执行标记③处 val = count,得到 val = 0。此时线程 2 争得 CPU 资源,由于这时 count 仍然为 0,因此线程 2 在执行标记③处 val = count,得到 val 也为 0。再切换到第一个线程继续执行标记④处 count = val+1,得到 count = 1。此时再切换到线程 2,线程 2 执行标记④处 count = val+1,也得到 count = 1。线程 1 和线程 2 互斥的操作如图 5.9 所示。

在 count 有互斥锁保护的情况下,执行两次 threadfn 函数应得到 count 等于 2。因此这里应给 count 加锁,这样以后每当一个线程开始操作 count 前必须获得锁,执行加 1 以后再释放锁。这样就可以保证 CPU 在执行一个线程过程中不会切换去执行另一个线程。

下面使用 Valgrind 工具演示本例 count 没有互斥锁保护情况下的调试结果。

① 打开终端。

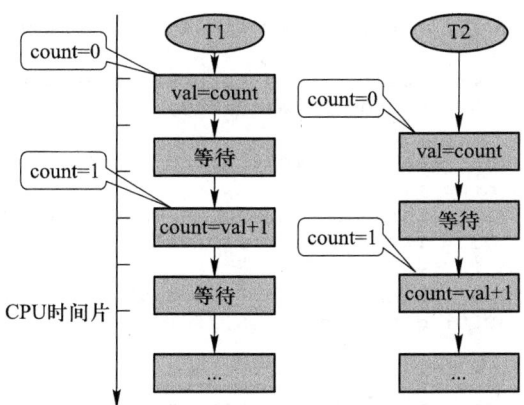

图 5.9 两个线程互斥操作的示意图

② 编译源程序,输入 gcc –Wall counter.c –o counter –lpthread。

③ 使用 Valgrind 调试,输入 valgrind --tool=helgrind ./counter。

④ 调试结果如下。可以看到一个日志报告,提示"Possible data race during read of size",意思是可能存在竞争。

```
root@ubuntu:/home/linux/chapter_2# gcc -Wall counter.c -o counter -lpthread
root@ubuntu:/home/linux/chapter_2# valgrind --tool=helgrind ./counter
==4596== Helgrind, a thread error detector
==4596== Copyright (C) 2007-2011, and GNU GPL'd, by OpenWorks LLP et al.
==4596== Using Valgrind-3.7.0 and LibVEX; rerun with -h for copyright info
==4596== Command: ./counter
==4596==
4a0fb40: 1
4a0fb40: 2
4a0fb40: 3
4a0fb40: 4
4a0fb40: 5
4a0fb40: 6
4a0fb40: 7
4a0fb40: 8
4a0fb40: 9
4a0fb40: 10
==4596== ---Thread-Announcement------------------------------------------
==4596==
==4596== Thread #3 was created
==4596==    at 0x4153B78: clone (clone.S:111)
==4596==
==4596== ---Thread-Announcement------------------------------------------
==4596==
==4596== Possible data race during read of size 4 at 0x804A028 by thread #3
==4596== Locks held: none
==4596==    at 0x80485BC: threadfn (in /home/linux/chapter_2/counter)
```

```
==4596==       by 0x402DD35: ??? (in /usr/lib/valgrind/vgpreload_helgrind-x86-linux
.so)
==4596==       by 0x4050D4B: start_thread (pthread_create.c:308)
==4596==       by 0x4153B8D: clone (clone.S:130)
==4596==
==4596== This conflicts with a previous write of size 4 by thread #2
==4596== Locks held: none
==4596==    at 0x80485EA: threadfn (in /home/linux/chapter_2/counter)
==4596==       by 0x402DD35: ??? (in /usr/lib/valgrind/vgpreload_helgrind-x86-linux
.so)
==4596==       by 0x4050D4B: start_thread (pthread_create.c:308)
==4596==       by 0x4153B8D: clone (clone.S:130)
==4596==
5610b40: 11
==4596== ----------------------------------------------------------------
```

【本章小结】

本章首先介绍线程的相关概念,随后着重分析了进程和线程之间的关系,在此基础上介绍了多线程的编程方法。由于线程之间共享进程的全局数据区域,使得线程之间的通信变得十分简便。针对应用来讲内核调度线程具有一定的不确定性,也使得线程之间访问全局共享资源的互斥性、有序性变得十分重要,本章基于此详细阐述了线程同步互斥的一些方法。

【研讨与思考】

研讨主题:进程与线程的区别。

题目说明:我们常说进程是操作系统资源分配的基本单位,而线程是任务调度和执行的基本单位。试从资源开销、运行效率、进程(线程)间通信方法、编程实现等方面分析两者的区别和联系。

调研关键词:进程线程异同点

【练习与实践】

1. 编写程序,在主线程中创建一个新线程。要求在创建新线程时通过 arg 传入一个整数,初始值为 100;在新线程中输出接收到的参数信息,将接收到的整数值加一后返回给主线程,并在主线程中打印出来。

2. 编写程序,main 线程创建两个新线程,三个线程各自交替往标准输出打印信息,譬如主线程输出 10 次"this is a thread 0",新线程 1 输出 10 次"this is thread 1",新线程 2 输出 10 次"this is thread 2"。同时访问全局变量,修改变量的值,并打印看输出结果。

3. 编写程序，在习题 2 的基础上，main 线程定义一个全局变量，初始值为 100，三个线程在打印信息的同时分别访问这个全局变量，访问的具体操作是对变量++，然后打印这个变量的值，打印看输出结果。

4. 编写程序，实现在主线程中输入字符"fgets"，输入"end"表示输入结束，主线程创建一个新的线程，并在新线程中统计用户输入字符的总个数，使用信号量同步这两个线程的操作。

5. 编写程序，模拟实现一个简单的火车售票系统，采用一个全局变量维护一个车票的流水号，创建两个线程任务分别模拟出票，出票的动作体现为对全局流水号++并打印其值。为避免两个线程打印的票号相同，使用互斥量实现以上互斥操作。

6. 参考习题 5，互斥量并不能保证两个线程的执行顺序，有可能一个线程连续访问全局流水号而另一个线程被阻塞，长时间内无法访问全局流水号。试在习题 5 的基础上加以改进，采用同步基础保证两个出票任务线程可以交替获取票号，考虑用条件变量等同步技术。

7. 编程题。使用读写锁练习对同一全局资源实现读共享和写独占，假设一个全局资源为一个全局整形变量，创建三个线程不定时写同一全局资源（对整形变量++），5 个线程不定时读同一全局资源，在线程访问全局变量时打印该变量的值并观察其变化。

第 6 章　Linux 文件及目录编程

知识框图

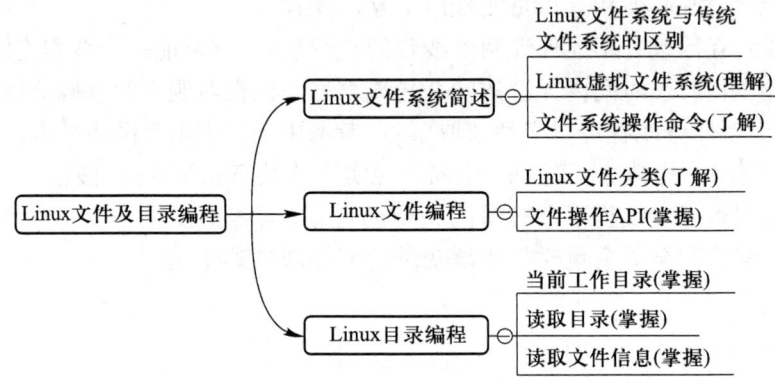

6.1　Linux 文件系统简述

文件系统是操作系统用于明确存储设备(如硬盘或磁盘)或分区上的文件的方法和数据结构,也可以说是存储和组织文件的方法。本章通过文件系统及文件和目录的操作来学习 Linux 下的文件机制。

6.1.1　Linux 文件系统与传统文件系统的区别

如图 6.1 所示,传统文件系统与 Linux 文件系统的结构中都有磁盘和相应的设备驱动。两者之间的区别在于,第一,Linux 文件系统结构的最上层均为文件应用程序接口(API),而没有设备 API。其原因是在 UNIX/Linux 的设计理念中,"一切皆是文件",不仅是普通的文件,目录、字符设备、块设备、套接字等在 UNIX/Linux 中都被看作文件,所以图中所示访问它们都用通过文件 API。第二,Linux 文件系统中增加了设备独立转换器。Linux 强调封装,其设计理念就是屏蔽底层所有的细节,所以这里增加了设备独立转换器,把一些设备间差异性的细节都在该转换器中封装处理,这种封装可以降低系统的开发难度,提高开发的效率。

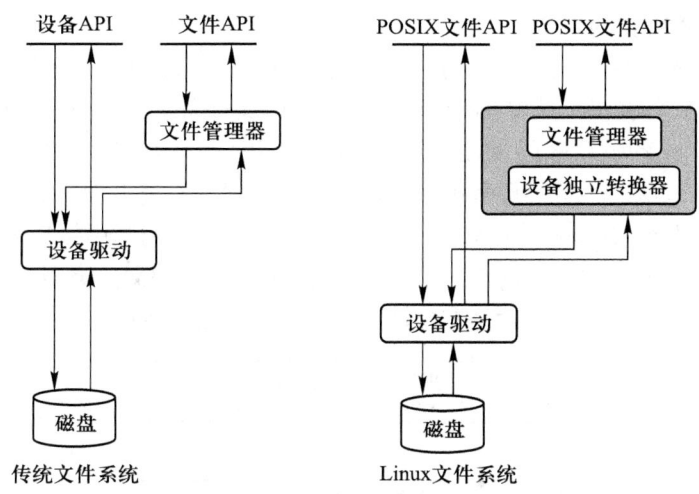

图 6.1 传统文件系统与 Linux 文件系统对比图

Linux 允许众多不同的文件系统共存,如 ext2、ext3、vfat 等。通过使用同一套文件 I/O 系统调用即可对 Linux 中的任意文件进行操作,无需考虑其具体的文件系统格式,也就是说对文件的操作可以跨文件系统而执行。如图 6.2 所示,可以使用 cp 命令从 vfat 文件系统格式的硬盘复制数据到 ext3 文件系统格式的硬盘,这样的操作涉及两个不同的文件系统。实现该特性的关键就在于 Linux 使用了虚拟文件系统。

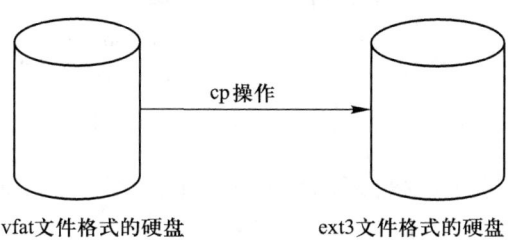

图 6.2 跨文件系统的文件操作

6.1.2 Linux 虚拟文件系统

虚拟文件系统(virtual file system,VFS)是 Linux 内核中的一个软件层,它为用户空间的程序提供文件系统接口,如函数接口集、管理用的数据结构,还有各种缓存机制等;同时,它也提供内核中的一个抽象功能,允许不同的文件系统共存。

1. 虚拟文件系统所在的层次

图 6.3 列出了虚拟文件系统在文件与用户之间的具体位置。图中最底层列出的是 ext2/ext3、iso9660、vfat 等不同格式的文件,这些都是 Linux 所支持的文件系统,只是它们具有不同的文件系统类型。最上面是用户或系统程序层,该层经常会执行一些命令,如与文件操作相关的命令 vi、ls、mv、rm 等;除了命令,该层还会运行很多操作文件的应用程序。不过不管是操作文件的命令还是应用程序,它们在内部都会使用 open()、read() 和 write() 这样的系统调用接口来操作文件。在这里虚拟文件系统抽象层就起到关键性的作用了,因为对于下面不同的文件类型,上层应用根本感觉不到,而这种屏蔽掉底层细节的功能,就是在虚拟文件系统抽象层实现的。

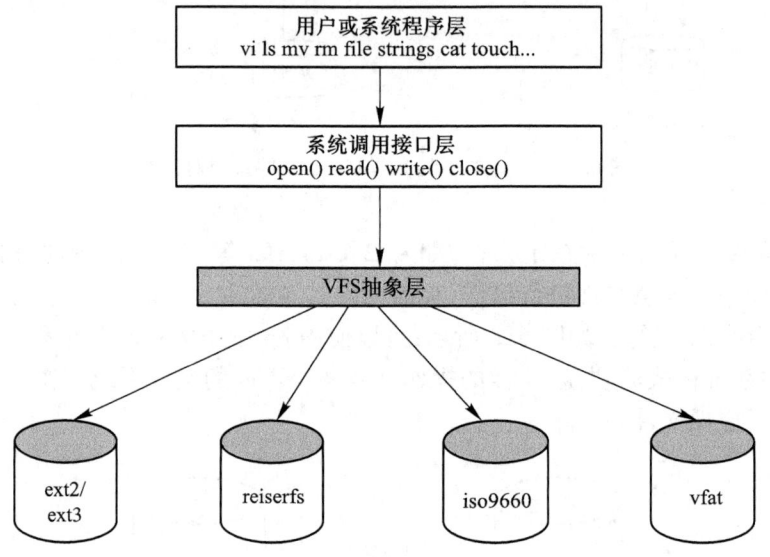

图 6.3 虚拟文件系统所在的层次

假设有这样一个场景:把一个文件复制到另外一个目录下,在 Shell 中执行如下命令:

```
#cp /floppy/test /temp/test
```

其中/floppy 是 MS-DOS 磁盘的一个安装点,而/temp 是一个标准的第二扩展文件系统(ext2)的目录。如图 6.4 所示,虚拟文件系统是用户应用程序 cp 和文件系统实现之间的抽象层。因此 cp 程序并不知道/floppy/test 和/temp/test 是什么文件系统类型,它直接与虚拟文件系统交互。

cp 所执行的代码如下所示。程序先使用打开文件的 API,然后使用系统调用提供的 API 读取文件中的数据,最后调用系统 API 关闭文件。

```
inf=open("/tmp/test", O_WRONLY |O_CREAT |O_TRUNC, 0600);
outf=open("/floppy/test", O_RDONLY,0);
do
```

```
{
    i=read(inf,buf,4096);
    write(outf,buf,i);
}
while(i);
close(inf);
close(outf);
```

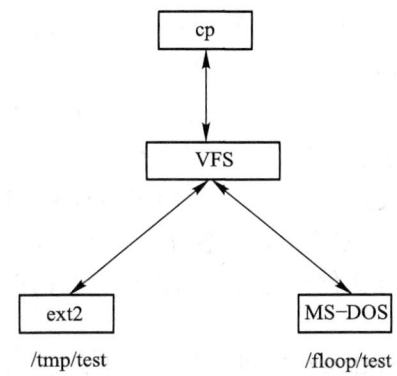

图 6.4 通过 VFS 把一个目录下的文件复制到另一个目录

严格说来,虚拟文件系统并不是一种实际的文件系统,它只存在于内存中,不存在于任何外存空间。虚拟文件系统在系统启动时建立,在系统关闭时消亡。

2. 虚拟文件系统支持的文件系统类型

虚拟文件系统支持的文件系统可以分为如下三类。

① 磁盘文件系统:管理本地磁盘分区中可用的存储空间,或其他可以起到磁盘作用的设备(如 USB 闪存)。磁盘文件系统是在非易失介质上存储文档的经典方法,用于多次会话之间保持文件的内容。实际上,大多数文件系统都由此演变而来,常见的磁盘文件系统有 ext2、ext3、SystemV、BSD 等。

② 网络文件系统:访问属于其他网络计算机的文件系统所包含的文件。常用的网络文件系统有 NFS、AFS、CIFS 等。

上述两个文件系统都有具体的物理位置相对应,还有一种文件系统是和磁盘空间或网络空间不对应的,即特殊文件系统。

③ 特殊文件系统:特殊文件系统并不管理磁盘空间(无论是磁盘的还是在网络上的),这种文件系统通常由系统内核或应用程序动态管理,以达到反映系统运行状况、进行进程间通信、获取临时文件空间等目的。比如/proc 就属于特殊文件系统,它是动态从系统内核中读出所需信息并提交。假设想要查看内核的版本,则使用 cat /proc/version;想要查看一个进程的相关信息,则

使用 cat /proc/pid。

3. 通用文件模型

虚拟文件系统对 Linux 每种文件系统的所有细节进行抽象，使得不同的文件系统在 Linux 核心以及系统中运行的其他进程看来都是相同的。这个抽象的结构称为通用文件模型。在通用文件模型中，每个目录都被看作是一个文件，可以包含若干目录和文件。

通用文件模型由下列对象组成。

① **超级块**(super block)**对象**：存放已安装文件系统的有关信息。对基于磁盘的文件系统，这类对象通常对应于存放在磁盘上的文件系统控制块(filesystem contorl block)。

② **索引节点**(inode)**对象**：存放关于具体文件的一般信息。对基于磁盘的文件系统，这类对象通常对应于存放在磁盘上的文件控制块(file control block)。每个索引节点都有一个索引节点号，该节点号唯一标识文件系统中的文件。

③ **目录项**(dentry)**对象**：存放目录项(文件的特定名称)与对应文件进行链接的有关信息。每个磁盘文件系统都以自己特有的方式将该信息存在磁盘上。

④ **文件**（file)**对象**：存放打开文件与进程之间进行交互的有关信息。这类信息仅当进程访问文件期间存在于内核内存中。

同时，虚拟文件系统引入磁盘高速缓存机制(即 Cache 层)，目的是提高 Linux 操作系统对磁盘访问的性能。Cache 层在内存中缓存了磁盘上的部分数据，当数据的请求到达时，如果在 Cache 中存在该数据且是最新的，则直接将数据传递给用户程序，免除了对底层磁盘的操作，提高了性能。

这个通用文件模型是对要支持的文件系统的一种抽象。Linux 是从 UNIX 操作系统中衍生出来的，而这个通用文件模型是从 UNIX 操作系统中继承的，所以它可以很好地支持类 UNIX 操作系统。Linux 也同样支持像 FAT 这样没有目录文件的文件系统，实现策略就是新建立对应的目录文件。

下面用一张图来说明通用文件模型几个对象之间的联系。如图 6.5 所示，首先进程对应到文件对象，然后文件对象对应到目录项对象，通过目录项对象查找到对应的索引节点对象，最后通过索引节点对象的指示对应到超级块对象，最终超级块对象和磁盘文件进行关联。

从图 6.5 中可以看到，这几个对象之间是有层次的。这种分层方法将复杂的文件系统转化为层次清晰的文件系统架构，有利于各层之间逻辑的复用。

4. 文件系统的存储结构

（1）磁盘文件的存储结构

一个磁盘可以划分成多个分区，每个分区必须先用格式化工具格式化成某种格式的文件系统，然后才能存储文件。格式化过程中会在磁盘上写一些管理存储布局的信息。文件系统中存储的最小单位是块，一个块究竟多大是在格式化时确定的。对于一个磁盘分区来说，在被指定为相应的文件系统后，整个分区被分为 1 024 B、2 048 B 和 4 096 B 大小的块。根据块使用的不同，每个块又可细分为以下几部分(如图 6.6 所示)。

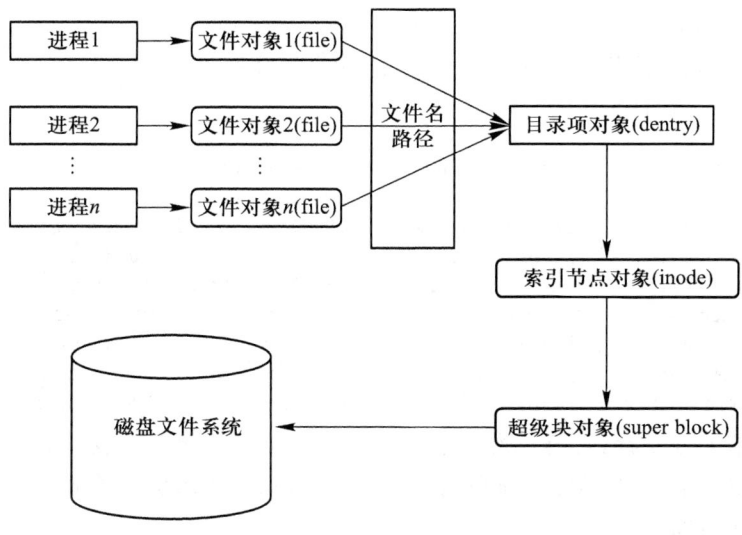

图 6.5　通用文件模型对象之间的关系

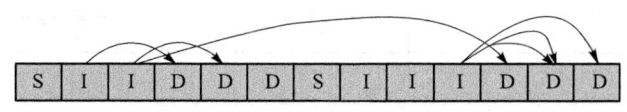

图 6.6　磁盘文件的存储结构

① 超级块(S)：整个文件系统的第一块空间，包括整个文件系统的基本信息，如块大小、指向空间索引节点和数据块的指针等相关信息。

② 索引节点(I)：文件系统索引。它是文件系统的最基本单元，是文件系统连接任何子目录、任何文件的桥梁。每个子目录和文件只有唯一的一个索引节点，包含文件系统中文件的基本属性、存放数据的位置等相关信息。

③ 数据块(D)：具体存放数据的位置区域。为了提高目录访问效率，Linux 提供了表达路径与索引节点对应关系的目录项对象结构。它描述了路径信息并连接到索引节点，包括各种目录信息，还指向索引节点和超级块。

就像一本书有封面、目录和正文一样，在文件系统中，超级块就相当于封面，从封面可以得知这本书的基本信息；索引节点相当于目录，从目录可以得知各章节内容的位置；数据块则相当于书的正文，记录具体内容。

每个文件由两部分组成，一部分是索引节点，另一部分是数据块。数据块用来存储数据，索引节点用来存储数据索引信息，这些信息包括文件大小、属主、归属的用户组、读写权限等。

操作系统根据用户指令，通过索引节点值就能很快找到相对应的文件。在 Linux 下可以通过 ls -li 命令查看文件的索引节点信息。

（2）ext2 文件系统的存储结构

通过 ls -li 命令查看文件的索引节点信息示例代码如下。

```
linux@ubuntu:~$ ls -li
total 460
 826162 -rwxrwxr-x 1 linux linux    7219 Mar 16 00:10 ab
 826161 -rw-rw-r-- 1 linux linux      95 Mar 16 00:07 a.c
 826131 -rw-rw-r-- 1 linux linux      20 Mar  6 22:09 awklist.txt
 826165 -rw-rw-r-- 1 linux linux      35 Mar 16 00:10 b.c
 804521 -rwxrwxrwx 1 root  root       36 Feb 25 22:28 bigfile.txt
 826122 -rwxrw-r-- 1 linux linux     118 Mar  3 19:00 breakTest.sh
 804524 -rwxrw-r-- 1 linux root      117 Feb 28 22:41 case.sh
 826103 -rwxrw-r-- 1 linux linux     241 Mar  3 17:05 caseTest.sh
1052798 drwxrwxr-x 2 linux linux    4096 Mar 25 00:15 chapter 5
```

从代码显示结果可以看到，第一列显示的就是一个文件的索引节点值。

下面简要介绍一下 ext2 文件系统的存储结构。图 6.7 所示为一个磁盘分区格式化成 ext2 文件系统后的存储布局。

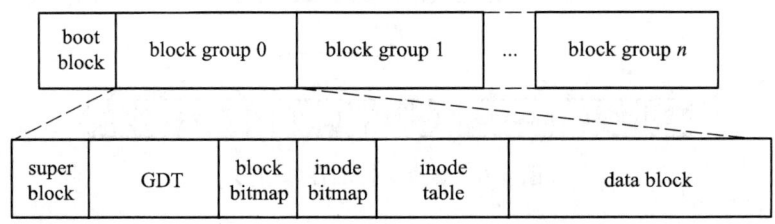

图 6.7　ext2 文件系统的存储结构

图中启动块（boot block）的大小是确定的，即 1 KB，用来存储磁盘分区信息和启动信息，任何文件系统都不能使用启动块。启动块之后才是 ext2 文件系统的内容。ext2 文件系统将整个分区划成若干个同样大小的块组（block group），每个块组都由以下几部分组成。

① 超级块（super block）：描述整个分区的文件系统信息。超级块在每个块组的开头都有一份拷贝。

② 块组描述符表（GDT）：由很多块组描述符组成，整个分区分成多少个块组就对应有多少个块组描述符。每个块组描述符存储一个块组的描述信息，例如在这个块组中从哪里开始是索引节点表，从哪里开始是数据块，空闲的索引节点和数据块还有多少个等。和超级块类似，块组描述符表在每个块组的开头也都有一份拷贝。这些信息是非常重要的，一旦超级块意外损坏就会丢失整个分区的数据，一旦块组描述符表意外损坏就会丢失整个块组的数据，因此它们都有多份拷贝。通常内核只用到第 0 个块组中的拷贝，当执行 e2fsck 检查文件系统一致性时，第 0 个块组中的超级块和块组描述符表就会复制到其他块组，这样当第 0 个块组的开头意外损坏时就可以用其他拷贝来恢复，从而减少损失。

③ 块位图(block bitmap):用来描述整个块组中哪些块已用,哪些块为空闲。它本身占一个块,其中的每个 bit 代表本块组中的一个块,这个 bit 为 1 表示该块已用,为 0 则表示该块空闲可用。

④ 索引节点位图(inode bitmap):和块位图类似,本身占一个块,其中每个 bit 表示一个索引节点是否空闲可用。

⑤ 索引节点表(inode table):一个文件除了数据需要存储之外,一些描述信息也需要存储,例如文件类型(常规、目录、符号链接等)、权限,文件大小,创建/修改/访问时间等,也就是 ls -li 命令看到的那些信息,这些信息存在索引节点中而不是数据块中。每个文件都有一个索引节点,一个块组中的所有索引节点组成了索引节点表。

⑥ 数据块(data block):根据不同的文件类型有不同的存储情况。对于常规文件,文件的数据存储在数据块中。

图 6.8 是一个进程与文件交互的简单实例。三个不同的进程打开同一个文件(索引节点对象,inode object),而每个打开的文件就是一个文件对象(file object,这里要体会文件和文件对象是截然不同的),其中两个进程使用同一个硬链接(说明这两个进程打开的文件在磁盘中存放在相同的位置)。这里,每个进程都使用自己的文件对象,但只需要两个目录项对象(dentry object),因为目录项对象描述的是路径,因此与硬链接对应。但是,这两个目录项对象实际上指向的是同一个索引节点对象。也就是说,索引节点对象+超级块对象(super block object)就可以确切地标识普通的磁盘文件。

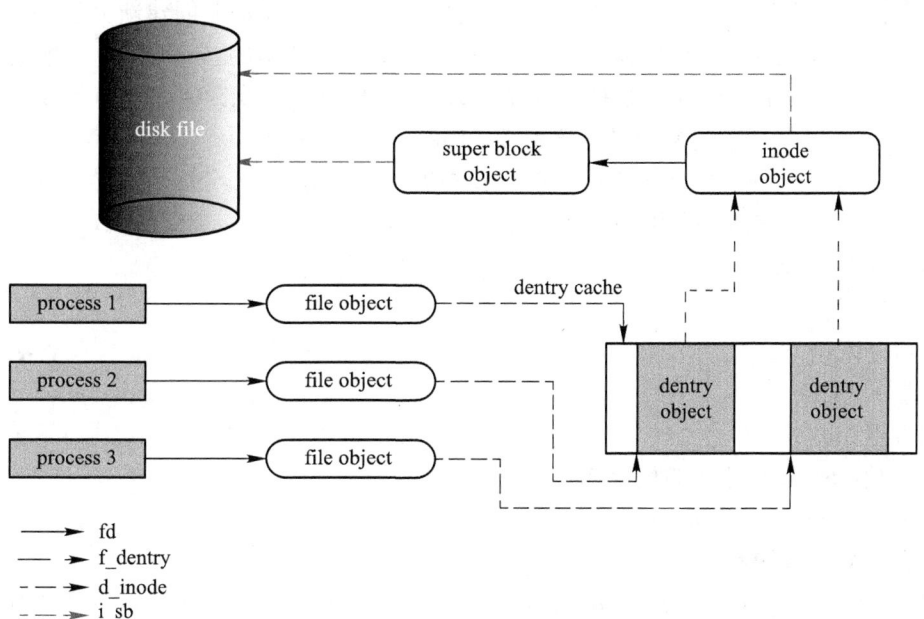

图 6.8 进程与文件交互的简单实例

图 6.9 表示的是目录文件和常规文件存储的关系。其中标号①inode 值为 3694 的文件是目录文件，其数据块标识是 6417。标号②在目录文件的数据块中记录着该目录下的各种文件名和相应的 inode 号等信息。标号③在数据块中 3694 记录着当前目录"."的 inode 号。标号④13 记录着上级目录".."的 inode 号。标号⑤xyz 和 abc 文件对应的 inode 号为 8391；而在 8391 目录文件中记录着文件的属性信息和文件的数据块标识 9041（标号⑥），根据该数据块标识就找到了具体的数据。

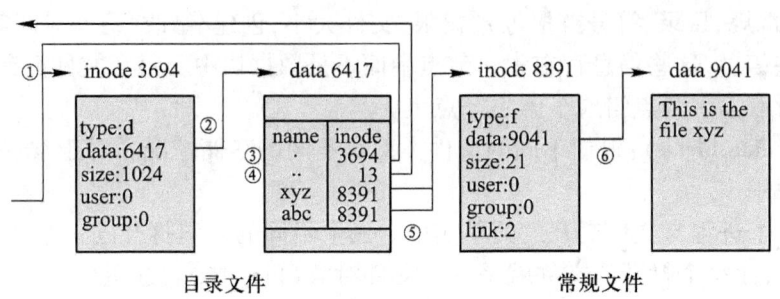

图 6.9　目录文件和常规文件的存储关系

6.1.3　文件系统操作命令

微视频：
文件系统的
基本命令

本小节介绍在 Linux 操作系统下对文件系统进行操作的一些相关命令。对某个新的存储设备的使用流程通常是，在存储设备上创建新分区→格式化一个具体的文件系统到该分区→挂载该分区到具体的挂载点，接下来就可以使用了。下面简要介绍相关的命令，详细信息可参照视频讲解或有关文献。

1. 创建和维护分区命令 fdisk

fdisk 命令主要用于创建和维护硬盘的分区表、分区。

该命令常用到以下参数：

-m 列出帮助信息。

-n 新建分区。

-p 显示分区信息。

-t 设置分区序号。

-w 保存退出。

例如，创建/dev/sdb 分区的代码如下：

```
[root@localhost ~]# fdisk /dev/sdb
```

2. 格式化文件系统命令 mkfs

mkfs 即 make file system 的缩写，用于在特定的分区上建立 Linux 文件系统。其命令格式为 mkfs.文件系统类型 某文件系统。

6.1 Linux 文件系统简述

该命令的主要参数有-t,用来指定要建立的文件系统类型。
例如,将/dev/sdb1 分区格式化为 ext4 文件系统的代码如下:

```
[root@localhost ~]# mkfs.ext4 /dev/sdb1
```

或

```
[root@localhost ~]# mkfs -t ext4 /dev/sdb1
```

mkfs 命令本身并不执行建立文件系统的工作,而是去调用相关的程序来执行,比如,

mkfs.dos　　　　　　创建 DOS 文件系统;
mkfs.reiserfs　　　　创建 reiserfs 文件系统;
mkfs.jfs　　　　　　创建 jfs 文件系统;
mkfs.vfat　　　　　　创建 vfat 文件系统。

3. 文件系统挂载命令 mount

mount 命令用来装载文件系统到指定的目录。其命令格式为 mount [参数] [设备名] <装载点>。

该命令常用到以下参数:
-t 指定文件系统类型。
-o 指定用什么方式来挂载。
例如,以下代码将/dev/sdb1 以 ext4 格式挂载到/data 目录下。

```
[root@localhost ~]#mount -t ext4 /dev/sdb1 /data
```

当要卸载一个设备时用 umount 命令,比如使用 umount /mnt/cdrom 命令就可以弹出光盘。

fstab(file system table)即文件系统表,通常位于目录/etc/fstab 下。系统在开机时就根据 fstab 内容执行挂载操作。查看/etc/fstab 目录下的内容如下。

```
root@ubuntu:/# cat /etc/fstab
# /etc/fstab: static file system information.
#
# Use 'blkid' to print the universally unique identifier for a
# device; this may be used with UUID= as a more robust way to name devices
# that works even if disks are added and removed. See fstab(5).
#
# <file system> <mount point>   <type>  <options>       <dump>  <pass>
proc            /proc           proc    nodev,noexec,nosuid 0       0
# / was on /dev/sda1 during installation
UUID=fbb7ceb2-bc67-43ba-aee6-91f30247f814 /              ext4    errors=remount
-ro 0           1
# swap was on /dev/sda5 during installation
UUID=36ccba25-b137-414c-891e-4d4404b065c9 none           swap    sw
    0       0
/dev/fd0        /media/floppy0  auto    rw,user,noauto,exec,utf8 0      0
```

上述显示结果中有关字段的含义如下。
<file systems>:要挂载的分区或存储设备。
<mount point>:<file systems>的挂载位置。

<type>：要挂载设备或是分区的文件系统类型。Linux 支持许多种不同的文件系统，如 ext4、reiserfs、vfat、swap 及 auto 等。将其设置成 auto 类型，mount 命令会猜测使用的文件系统类型，对 CDROM 和 DVD 等移动设备是非常有用的。

<options>：挂载时使用的参数。注意有些 mount 参数是特定文件系统才有的。常用的参数有 auto，指在启动时或键入了 mount –a 命令时自动挂载；rw，指以读写模式挂载文件系统等。

<dump>：dump 工具通过该字段决定何时做备份，允许的数字是 0 和 1。0 表示忽略，1 则进行备份。大部分用户没有安装 dump，对他们而言<dump>应设为 0。

<pass>：fsck 读取<pass>的数值来决定需要检查的文件系统的检查顺序。允许的数字是 0、1 和 2。根目录应获得最高的优先权 1，其他所有需要被检查的设备设置为 2，0 表示设备不会被 fsck 所检查。

也可根据 mount –a 命令手动生效 fstab 中的文件系统挂载动作。

6.2 Linux 文件编程

6.2.1 Linux 文件分类

Linux 系统主要有以下几种类型的文件。

微视频：
特殊文件的
介绍

1. 普通文件

普通文件包含文本文件与二进制文件，其中文本文件面向用户，是可读可修改的；二进制文件面向程序，是不可读的。

2. 目录文件

目录是一个驻留在磁盘上的文件，称为目录文件。目录文件存放该目录中的文件名和子目录名。系统对目录文件的处理方法与一般文件相同。只有目录中记录着文件的名字，文件本身的记录中是没有文件名的。

Linux 的目录项由两部分组成：文件名和 inode 号。Linux 下存在两个特殊的目录项，当前目录"."和父目录".."。../表示上层目录，../../表示上层目录的再上一层目录。这个".."父目录是通过硬链接的方式来实现的。

3. 设备文件

常用的设备文件包括磁盘设备、光盘设备、U 盘设备。设备文件都是可以在/dev 目录下找到的。在 Linux 中把设备划分成块设备和字符设备两种。块设备将信息存储在固定大小的块中，每个块都有自己的地址，块设备中的数据可以被应用程序随机读取。字符设备提供连续的数据流，应用程序可以顺序读取，通常不支持随机存取。此类设备支持按字节/字符来读写数据。

4. 链接文件

链接文件类似于 Windows 下的快捷方式。硬链接相当于文件的一个别名，同一个 inode，但是有不同的名字。对于一个文件,若想防止被物理删除,可建立一个硬链接。建立之后,文件真正被物理删除的条件是与之相关的所有硬链接文件均被删除。软链接文件只是其源文件的一个标记,当删除了源文件后,链接文件不能独立存在,虽然仍保留了文件名,但却不能查看软链接文件的内容。软链接提供了一种比较灵活的方式,其特点在于可以不复制数据的具体内容而去使用这个数据。

建立链接的方法主要有以下两种:

① 把一个文件链接到一个新的文件上,命令格式如下:

`ln [option] existing-file new-file`

② 把一个族文件链接到一个文件夹下。对族文件中的每一个文件创建一个同名链接,这个操作如果是批量处理的话,就会比较方便。命令格式如下:

`ln [option] existing-file-list  directory`

该命令的常用选项有:-s,建立软链接;-f,不管 new-file 存在与否都创建链接;-n,如 new-file 存在就不创建链接。

下面是一个硬链接的代码示例。

```
root@ubuntu:/home/linux# ls -il
total 460
 826162 -rwxrwxr-x 1 linux linux    7219 Mar 16 00:10 ab
 826161 -rw-rw-r-- 1 linux linux      95 Mar 16 00:07 a.c

root@ubuntu:/home/linux# ln a.c c.c
root@ubuntu:/home/linux# ls -il
total 464
 826162 -rwxrwxr-x 1 linux linux    7219 Mar 16 00:10 ab
 826161 -rw-rw-r-- 2 linux linux      95 Mar 16 00:07 a.c

 826161 -rw-rw-r-- 2 linux linux      95 Mar 16 00:07 c.c
```

上述代码中 ls -il 命令显示当前文件夹下有一个文件 a.c 的相关信息,可以看到当前第 3 列的硬链接数为 1。接着 ln a.c c.c 命令使文件 c.c 硬链接到文件 a.c,再用 ls -il 命令则显示出文件 c.c 的各种属性信息和文件 a.c 一样,并且可以看到文件 a.c 和文件 c.c 的硬链接数都已变为 2。

在上面示例的基础上,继续建立一个软链接,代码如下:

```
root@ubuntu:/home/linux# ln -s a.c d.c
root@ubuntu:/home/linux# ls -il
total 464
 826162 -rwxrwxr-x 1 linux linux    7219 Mar 16 00:10 ab
 826161 -rw-rw-r-- 2 linux linux      95 Mar 16 00:07 a.c

 826161 -rw-rw-r-- 2 linux linux      95 Mar 16 00:07 c.c

 826197 lrwxrwxrwx 1 root  root         3 Mar 29 01:14 d.c -> a.c
```

ln -s a.c d.c 命令将文件 d.c 作为文件 a.c 的软链接。ls -il 命令显示出文件 d.c 的各种属性信息。文件 d.c 为文件 a.c 的符号链接,对比两个文件的信息可看出,第一列 inode 号不一样;第 2 列文件 d.c 的属性中也显示出了 l,表示符号链接;第三列硬链接数也不同;最后一列显示出 d.c 就是 a.c 的符号链接。

综合上面两个代码示例,硬链接与软链接的对比如下:

① 文件 c.c 为文件 a.c 的硬链接,文件 d.c 为文件 a.c 的软链接。

② 文件 c.c 的 inode 号与原文件 a.c 的完全相同,而文件 d.c 的 inode 号与原文件 a.c 的不同。

③ 进行一次硬链接后,文件的硬链接数加 1,但是进行软链接后,文件的硬链接数没有变化。硬链接后文件的大小与原文件相同,但是软链接后文件则很小,因为没有重复存储原文件的内容。

5. 管道文件

管道文件是进程间通信时用于传递数据的文件。管道文件可以通过 mknod 命令创建,文件名以 p 开头。管道文件有有名和无名两种方式。

6. 密码文件

密码文件即/etc/passwd 文件,存储系统中的用户名、密码、用户 ID、所属组 ID。

可以用 getpwnam 函数和 getpwuid 函数获取用户密码,其中 getpwnam 函数是通过用户名来获取密码,getpwuid 函数则是通过 UID 来获取密码。函数形式如下:

```
struct passwd * getpwnam(const char * name);
struct passwd * getpwuid(uid_t uid);
```

7. 组文件

与密码文件一样,操作系统提供了 getgrnam 和 getgrgid 两个函数来获取组信息,分别通过用户名、GID 来获取密码。函数形式如下:

```
struct group * getgrnam(const char * name);
struct group * getgrgid(gid_t gid);
```

添加 GID 用来给某一个用户添加一个组,该操作用到的函数包括 getgroups 函数和 setgroups 函数。函数形式如下:

```
int getgroups(int size, gid_t list[]);
int setgroups(size_t size, const gid_t * list);
```

8. 登录注销文件

utmp 文件用来记录当前系统中的登录用户,而 wtmp 文件用来记录系统的登录和注销历史。每当注销时,就会将 utmp 文件中对应的用户名清除,并且将注销的用户信息添加到 wtmp 中。

用户登录操作系统时登录信息直接存放在/var/run/utmp 文件中,在使用用户信息时,需要读取 utmp 结构体的信息,再结合具体的结构体定义来读取相关信息。在用到如密码文件、组文件、登录注销文件等特殊文件时,都需要读取具体的结构体定义信息。

9. 系统相关文件

uname 命令用来获取和系统相关的一些信息。通过 proc 特殊文件系统可以查看到机器的基本信息,还可以直接在操作系统中使用 uname -r 命令获取机器的信息,比如系统的 kernel 是什么版本。

如果在写程序时,要写一个抓取机器信息的程序,可通过 uname 函数获取到这个信息。获得的机器信息存放在 uname 函数的传出参数 buf 中。具体信息存放在 utsname 结构体中,该结构体包括内核版本号、机器的硬件信息、机器的名字等。

6.2.2 文件操作 API

对文件的操作一般可以想到会有打开、关闭、读和写等多种操作。在 Linux 中有很多对文件操作的应用程序接口(API),如表 6.1 所示,有挂载/卸载文件系统函数 mount( )/umount( ),获取文件系统信息的函数 sysfs( ),创建/销毁目录函数 mkdir( )、rmdir( )等。本节挑选了几个比较常用的 API 来介绍。

微视频:
文件 I/O 编程

表 6.1　Linux 中的文件操作 API

系统调用名称	描述
mount( ),unmount( )	挂载/卸载文件系统
sysfs( )	获取文件系统信息
statfs( ),fstatfs( ),ustat( )	获取文件系统状态信息
chroot( ),pivot_root( )	改变根目录
chdir( ),fchdir( ),getcwd( )	操纵当前目录
mkdir( ),rmdir( )	创建/销毁目录
getdents( ),readdir( ),link( ),unlink( ),rename( )	操纵目录实体
readlink( ),symlink( )	操纵软链接
chown( ),fchown( ),lchown( )	更改文件宿主
chmod( ),fchmod( ),utime( )	更改文件属性
stat( ),fstat( ),lstat( ),access( )	读取文件状态
open( ),close( ),create( ),umask( )	打开/关闭文件
dup1( ),dup2( ),fcntl( )	操纵文件描述
select( ),poll( )	异步输入/输出提醒
truncate( ),ftruncate( )	改变文件大小

续表

系统调用名称	描述
lseek( ),_llseek( )	改变文件指针
read( ),write( ),readv( ),writev( ),sendfile( ),readahead( )	实施文件输入/输出操作
pread( ),pwrite( )	寻找并获得文件
mmap( ),munmap( ),madvise( ),mincore( )	控制文件内存映射
fdatasync( ),fsync( ),sync( ),msync( )	同步文件数据
flock( )	锁住文件操作

1. 打开文件函数 open( )

功能:打开设备文件。

原型:int open(const char *pathname, int flags);

变量:第一个参数 pathname 指定设备文件字符的地址。

第二个参数 flags 指定打开设备文件的属性,主要有以下一些方式:

O_RDONLY   以只读方式打开文件。

O_WRONLY   以只写方式打开文件。

O_RDWR   以可读可写方式打开文件。

O_NOCTY   当要打开的文件为终端机设备时,不会将该终端机当成进程控制终端机。

O_NONBLOCK 以不可阻断的方式打开文件,即无论有无数据读取或等待,都会立即返回进程之中。

O_NDELAY   以不可阻断的方式打开文件。

O_SYNC   以同步的方式打开文件,设备上写入的内容记录到硬件之前,调用进程处于阻断状态。

说明:利用 flags 指定的属性打开 pathname 上指定字符的设备文件。pathname 上指定的位置通常为"/dev/"目录中的设备文件。

返回值:若成功打开文件,则返回文件描述符,失败则返回-1。若所有欲核查的权限都通过了检查则返回 0 值表示成功,只要有一个权限被禁止则返回-1。得到-1 值时参考 errno,可以确定实际设备驱动程序中返回的值。

2. 关闭文件函数 close( )

功能:关闭设备文件。

原型:int close(int fd);

说明:关闭文件描述符 fd 相应的设备文件。

变量:fd 为 open( )函数运行结果返回的文件描述符。
返回值:成功关闭则返回 0,失败则返回-1。

3. 读文件函数 read( )

功能:从打开的设备或文件中读取数据。

原型:　　　　　`ssize_t read(int fd, void * buf, size_t count);`

变量:第一个参数 fd 是由 open( )函数运行结果返回的描述符。

第二个参数 buf 存储读取数据的空间位置。

第三个参数 count 是请求读取的字节数,读出的数据保存在缓冲区 buf 中,同时文件的当前读写位置向后移。

说明:read( )函数会将参数 fd 所指向的设备文件传送 count 个字节到 buf 指针所指的内存中。此时 count 值应小于 SSIZE_MAX。当 open( )函数没有指定打开设备文件属性为 O_NONBLOCK 或 O_NDELAY 时,阻断到可读取相应 count 值的大小。

返回值:成功则返回读取的字节数;如果在调用 read 函数之前已到达文件末尾,则返回 0;出错返回-1,系统会设置 errno。errno 是一个全局错误码,系统调用出错后由系统自动设置,通常程序中可通过 perror( )等函数打印出错误码对应的错误信息字符串。

4. 写文件函数 write( )

功能:将数据写入设备文件内。

原型:`ssize_t write(int fd, const void * buf, size_t count);`

变量:第一个参数 fd 是由 open( )函数运行结果返回的描述符。

第二个参数 buf 存储写入数据的空间位置。该地址所指的存储空间应大于 count 字节。

第三个参数 count 设备文件中要写入数据的大小。该值应小于 SSIZE_MAX。

说明:write( )函数会把参数 buf 所指内存中的 count 个字节写入参数 fd 所指的文件内。此时 count 值应小于 SSIZE_MAX。当 open( )函数没有指定打开设备文件属性为 O_NONBLOCK 或 O_NDELAY 时,阻断到可读取相应 count 值的大小。

返回值:成功则返回写入的字节数。即使该值小于相应的必要字节数也不是错误,可能是没有写入实际需要的字节数,或被某种信号中断了。失败则返回-1,得到-1 值时系统会设置 errno。该函数通常不会返回 0,除非 count 参数传入的是 0。

5. 移动文件读写指针函数 lseek( )

功能:每一个打开的文件都有一个读写位置,该函数用来移动文件的读写指针位置

原型:`off_t lseek(int fd, off_t offset, int whence);`

变量:第一个参数 fd 是由 open( )函数运行结果返回的描述符。

第二个参数 offset 以字节为单位指定被移动文件指针的位置。该值随 whence 解释为实际移动位置。

第三个参数 whence 指定用来解释 offset 的实际移动位置,其取值有以下三种。

SEEK_SET:参数 offset 即为新的读写位置。
SEEK_CUR:以目前的读写位置向后增加 offset 个位移量。
SEEK_END:将读写位置指向文件尾后再增加 offset 个位移。

说明:lseek()函数用来控制文件的读写位置,即把文件描述符 fd 所指的设备文件读写指针的位置移到 whence 所指选项 offset 值的位置上。文件指针的位置随设备文件所连接设备驱动程序的处理方式而变化。

返回值:成功时则返回目前的读写位置;错误则返回(off_t)-1,errno 会存放错误码。

下面的示例代码用文件 I/O 的常用函数进行文件读写操作。其中涉及打开文件、关闭文件、读文件、写文件等操作。

```
1   #include<stdio.h>
2   #include<fcntl.h>
3   #include<sys/types.h>
4   #include <string.h>
5
6   #define MAXSIZE 256
7
8   int main(void)
9   {
10      int fd_out, fd_in;
11      char buf[MAXSIZE];
12      ssize_t n;
13
14      fd_out = open("myfile", O_CREAT | O_WRONLY, 0644);
15
16      if (fd_out < 0) {
17          perror("open");
18          return -1;
19      }
20      memset(buf, 0x00, MAXSIZE);
21      strncpy(buf, "Linux", MAXSIZE);
22      n = write(fd_out, buf, strlen(buf));
23      if (n < 0) {
24          perror("write");
25          close(fd_out);
26          return -1;
```

```
27        }
28
29        close(fd_out);
30
31        fd_in=open("myfile", O_RDONLY);
32
33        if (fd_in < 0) {
34            perror("open");
35            return -1;
36        }
37        memset(buf, 0x00, MAXSIZE);
38
39        n=read(fd_in, buf, MAXSIZE);
40        if (n < 0) {
41            perror("read");
42            close(fd_in);
43            return -1;
44        }
45        buf[MAXSIZE-1]='\0';
46        printf("read: %s\n", buf);
47
48        close(fd_in);
49    }
```

代码说明如下:

第14行以只写的方式打开一个文件,文件不存在则创建,创建的新文件的访问权限为八进制的0644(6代表文件拥有用户可读可写,后面两个4分别代表同组用户和其他用户对文件可读)。如果打开失败,由于系统会设置errno错误码,通过perror打印错误原因。

第22行将buf中内容写入该文件。

第31行以只读方式再次打开该文件。

第39行读文件。

第46行输出读到的信息。

代码运行结果如下:

```
linux@ubuntu:~/test/IO/fileio$ gcc read_write.c
linux@ubuntu:~/test/IO/fileio$ ./a.out
read: Linux
```

6.3 Linux 目录编程

6.3.1 当前工作目录

在 Linux 中目录是一种特殊的文件,称为目录文件。本节将介绍目录文件相关的一些操作。

首先来看当前工作目录的概念。每个进程都有一个当前工作目录,进程在哪个目录下工作,当前目录就在哪里。可以在 Shell 下使用 pwd 命令查看当前的工作目录。当前工作目录一般是在进程创建时从父进程继承的,也就是说父进程的当前工作目录在哪里,子进程的当前工作目录就在哪里。

当前工作目录是内核解析相对路径名的起始点。比如打开一个 a.txt 文件,而这个 a.txt 文件所在目录为/home/abc/,那么其实是将要打开/home/abc/a.txt 文件。在 Linux 系统下对当前工作目录的操作主要有两项,一是获取当前的工作目录,二是改变当前的工作目录。

有关目录的操作函数及说明见表 6.2 所示,目录的权限列表见表 6.3 所示。

表 6.2 目录的操作函数及说明

函数	含义
char * getcwd（char * buf, size_t size）	复制当前工作目录的绝对路径到字符串 buf 中,参数 size 为 buf 的空间大小
int chdir（const char * path）	改变当前工作目录为 path 指定的路径名
int fchdir（int fd）	改变当前工作目录为文件描述符 fd 指向的路径名
int chroot（const char * path）	改变进程的根目录为 path 指定的路径名
int mkdir（const char * path, mode_t mode）	创建目录 path（相对路径或绝对路径）
int rmdir（const char * path）	删除 path 指向的目录（该目录必须为空）

表 6.3 目录的权限列表

目录权限	说明
S_IRWXU	00700 权限,代表该文件所有者拥有读、写和执行操作的权限
S_IRUSR（S_IREAD）	00400 权限,代表该文件所有者拥有可读的权限
S_IWUSR（S_IWRITE）	00200 权限,代表该文件所有者拥有可写的权限
S_IXUSR（S_IEXEC）	00100 权限,代表该文件所有者拥有执行的权限
S_IRWXG	00070 权限,代表该文件用户组拥有读、写和执行操作的权限

续表

目录权限	说明
S_IRGRP	00040 权限,代表该文件用户组拥有可读的权限
S_IWGRP	00020 权限,代表该文件用户组拥有可写的权限
S_IXGRP	00010 权限,代表该文件用户组拥有执行的权限
S_IRWXO	00007 权限,代表其他用户拥有读、写和执行操作的权限
S_IROTH	00004 权限,代表其他用户拥有可读的权限
S_IWOTH	00002 权限,代表其他用户拥有可写的权限
S_IXOTH	00001 权限,代表其他用户拥有执行的权限

6.3.2 读取目录

前面介绍过目录文件的数据内容主要为该目录下所有文件的信息。要读取目录的内容,首先要使用 opendir()函数创建一个目录流,然后用 readdir()函数从目录流中读取该目录的内容。目录流对象类似于标准 I/O 中的文件流对象 FILE(由 fopen()打开文件的操作所返回),都是在库中对一些缓冲区及其描述信息的封装,以便用户对文件数据的访问。

1. 创建目录流函数 opendir()

原型:`DIR * opendir (const char *name);`

说明:成功调用 opendir()会创建 name 所指向目录的目录流,并返回其指针,若调用失败则返回 NULL。

2. 读取目录函数 readdir()

获取到目录的目录流指针后,将该指针作为 readdir()的入参,就可以得到目录的数据结构了。

原型:`struct dirent * readdir (DIR *dir);`

微视频:
目录操作

说明:成功调用 readdir()会返回 dir 指向的目录的下一个目录项,通过连续调用 readdir()可以依次获取目录中的所有目录项。若目录已经读完或函数调用失败,则返回 NULL。

结构体 dirent 的定义如下:

```
struct dirent {
            ino_t d_ino;                /* inode number,索引节点号 */
            off_t d_off;                /* 在目录文件中的偏移 */
            unsigned short d_reclen;    /* 文件名长 */
            unsigned char d_type;       /* 文件类型 */
            char d_name[256];           /* 文件名 */
}
```

调用 readdir 返回的是目录项的数据结构,其中第一个参数是读取到的文件的 inode 值,第二个参数是在目录文件中的偏移,第三个参数是文件名长,第四个参数是读取到的文件的类型,最后一个参数就是文件的名字。最后两项参数是平时经常用到的。其中 d_type 对于文件类型的定义是用专门的宏来表示的,定义在 dirent.h 头文件中,如 DT_REG 表示普通文件,DT_DIR 表示普通目录等。

3. 关闭目录流函数 closedir( )

closedir( )函数用来关闭由 opendir( )打开的目录流。closedir( )和 opendir( )的调用在同一个头文件中被定义,closedir( )的入参就是 opendir( )的返回值。

原型:int closedir (DIR *dir);

说明:成功调用 closedir( )函数会关闭 dir 指向的目录流,并返回 0,若调用失败则返回 -1。closedir( )与 opendir( )成对出现。

下面的代码示例用来获取/home/linux/目录下的文件目录。

```
1   #include<stdio.h>
2   #include<dirent.h>
3   int main()
4   {
5       char *path="/home/linux/chapter_6";
6       DIR *dirptr=opendir(path);
7       struct dirent *entry;
8       if(dirptr!=NULL)
9       {
10          while(entry=readdir(dirptr))
11              if(entry->d_type & DT_DIR)
12                  printf("%s\n",entry->d_name);
13          close(dirptr);
14      }
15      return 0;
16  }
```

该程序首先调用 opendir( )函数获取到目录流,然后调用 readdir( )函数读取这个目录中的内容。将读到的内容和表示目录的 DR_DIR 宏进行与操作,如果是目录,就打印出该目录名。最后调用 closedir( )函数关闭该目录。

程序运行结果如下:

root@ubuntu:/home/linux/chapter_6# gcc -o opendir opendir.c
root@ubuntu:/home/linux/chapter_6# ./opendir
.

```
test_dir
test_mkdir
test_mkdir2
..
```

6.3.3 读取文件信息

文件中实际上包含两部分信息,一部分是文件的属性信息,也称为元信息;另外一部分是数据信息。本小节介绍如何读取其属性信息,类似 ls -il 命令所执行的效果,主要用到 stat 函数与 stat 命令。

1. stat 函数

原型:int stat(const char * file_name, struct stat * buf);

说明:通过文件名 file_name 获取文件信息,并保存在 buf 所指的结构体 stat 中。执行成功则返回 0,失败返回-1,错误代码存于 errno。

错误代码如下。

ENOENT:参数 file_name 指定的文件不存在。

ENOTDIR:路径中的目录存在但却非真正的目录。

ELOOP:欲打开的文件有过多符号连接问题,上限为 16 符号连接。

EFAULT:参数 buf 为无效指针,指向无法存在的内存空间。

EACCESS:存取文件时被拒绝。

ENOMEM:核心内存不足。

ENAMETOOLONG:参数 file_name 的路径名称太长。

stat 结构体如下:

```
struct stat {
    dev_t           st_dev;         //文件的设备编号
    ino_t           st_ino;         //节点
    mode_t          st_mode;        //文件的类型和存取的权限
    nlink_t         st_nlink;       //连到该文件的硬链接数目,刚建立的文件值为 1
    uid_t           st_uid;         //用户 ID
    gid_t           st_gid;         //组 ID
    dev_t           st_rdev;        //(设备类型)若此文件为设备文件,则为其设备编号
    off_t           st_size;        //文件字节数(文件大小)
    unsigned long   st_blksize;     //块大小(文件系统的 I/O 缓冲区大小)
    unsigned long   st_blocks;      //块数
    time_t          st_atime;       //最后一次访问时间
    time_t          st_mtime;       //最后一次修改时间
    time_t          st_ctime;       //最后一次改变时间(指属性)
```

};

下面的代码示例使用 stat 函数获取/etc/passwd 文件的基本信息。

```
1   #include <sys/stat.h>
2   #include <unistd.h>
3   #include <stdio.h>
4
5   int main()
6   {
7       struct stat buf;
8       stat("/etc/passwd",&buf);
9       printf("st_dev:%d\n",(int)buf.st_dev);
10      printf("st_ino:%d\n",(int)buf.st_ino);
11      printf("st_nlink:%d\n",(int)buf.st_nlink);
12      printf("st_uid:%d\n",(int)buf.st_uid);
13      printf("st_gid:%d\n",(int)buf.st_gid);
14      printf("st_blksize:%d\n",(int)buf.st_blksize);
15      printf("st_blocks:%d\n",(int)buf.st_blocks);
16      printf("/etc/pawsswd file size=%d\n",(int)buf.st_size);
17  }
```

代码中调用 stat 函数来获取/etc/passwd 文件的信息。运行结果如下：

```
linux@ubuntu:~$ ./stat
st_dev: 2049
st_ino:807125
st_nlink:1
st_uid:0
st_gid:0
st_blksize:4096
st_blocks:8
/etc/pawsswd file size = 1867
```

2. stat 命令

stat 命令与 stat 函数的功能基本一致。下面是使用 stat 命令查看/etc/passwd 文件的基本信息的代码及运行结果。可以看到，该结果与使用 stat( )函数的结果基本一致。

```
linux@ubuntu:~$ stat /etc/passwd
  File: '/etc/passwd'
  Size: 1867        Blocks: 8          IO Block: 4096   regular file
Device: 801h/2049d  Inode: 807125      Links: 1
Access: (0644/-rw-r--r--)  Uid: (    0/    root)   Gid: (    0/    root)
Access: 2018-05-28 22:11:11.877011163 -0700
Modify: 2018-05-20 19:36:54.266073061 -0700
Change: 2018-05-20 19:36:54.266073061 -0700
 Birth: -
```

【本章小结】

本章首先对 Linux 文件系统进行概述,引入虚拟文件系统。虚拟文件系统是 Linux 的一个关键技术点,它的存在是 Linux 把一切都看作是文件的基础。接下来介绍了文件类型和 Linux 系统中操作文件的各种 API,在理解这些 API 的原理及作用的前提下编写程序实现对 Linux 文件的操作。

【研讨与思考】

研讨主题:认识 Linux 下不同文件系统。
题目说明:调研 Linux 下主要的不同类型的文件系统,并从原理、功能、使用等方面举例分析。
Linux 下常见的文件系统有:
(1)基于磁盘的文件系统(如 ext2、ext3)
(2)网络文件系统(如 nfs)
(3)特殊文件系统(如 proc 文件系统)
调研关键词:虚拟文件系统

【练习与实践】

1. 使用 fopen 函数以"a+"方式新建一个文件,用 fwrite 函数向文件中写入一些内容。再使用 rename 函数将文件重命名,使用 stat 函数和 chmod 函数关闭文件 group 的写权限和 others 的写权限。在运行过程中输出该文件初始的 group 和 others 权限,以及输出关闭写权限后的 group 和 others 权限。

2. 使用 fopen 函数以"r"方式打开一个存在的文件、fread 函数从文件中读内容到缓存中。再使用 stat 函数和 chmod 函数设置文件的访问权限为 rwx--x—x。在此过程中输出该文件的初始权限,以及修改后的权限。

3. 根据命令行输入的文件名 filetest,使用 fopen 函数以"r"方式打开一个存在的文件,使用 stat 函数获取并输出该文件的 UID、GID、大小、最后访问时间、最后修改时间。将文件 filetest 另存为 filetest_bak(提示,类似 cp 的操作),然后删除原文件 filetest。

4. 通过命令行输入一个绝对路径,判断该路径是否为一个目录,如果是则输出该目录下所有文件名。提示:打开目录函数 opendir;读取目录函数 readdir。

5. 通过命令行输入一个绝对路径,判断该路径是否为一个目录,如果是则输出该目录下所有文件的绝对路径,采用非递归方式。提示:绝对路径由指定目录的绝对路径加上文件的相对路径得到。

6. 将文本文件各行字符串排序并输出。具体描述:将一个文本文件的各行字符串按照字母表顺序进行排序,并输出排序后的各行字符串。要求:命令行中以文本文件名做输入参数,输出各行排序后的结果。注:按照字母 ASCII 码的大小进行排序。

示例:

输入一个有 6 行文本行的文本文件 test1.txt,内容如下:

hellp
hello
hello
world
and sym
and sym

输出:

and sym
and sym
hello
hello
hellp
world

第 7 章　Linux Socket 网络编程

知识框图

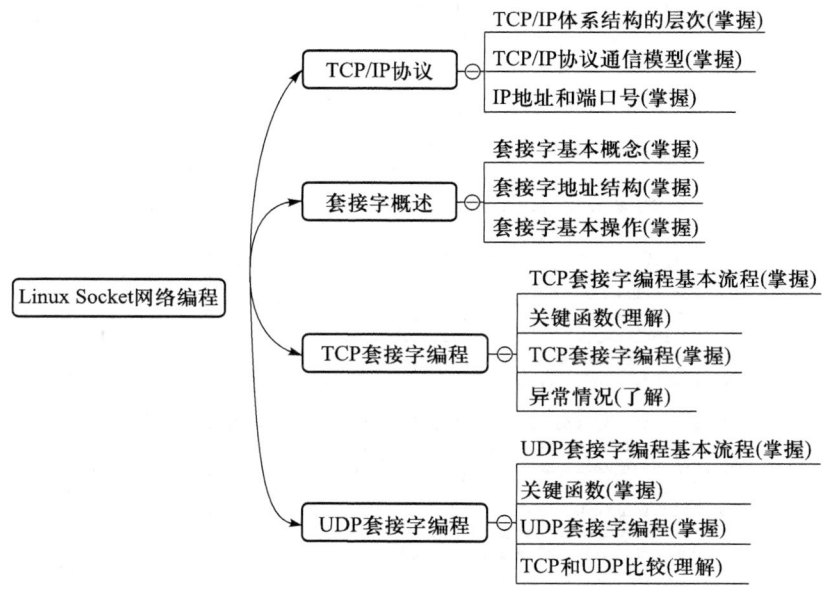

7.1　TCP/IP 协议

TCP/IP 协议是 Internet 上的标准通信协议族，它不是单指 TCP 协议和 IP 协议，而是由数十个具有层次结构的协议组成的一个协议族。其中 TCP 协议和 IP 协议是该协议族中最核心的两个协议。

TCP/IP 是以 RFC(Request For Comments)文档发布的，RFC 是一系列关于 Internet 的技术文档集合。当某个机构或团体开发出一套标准或提出对某种标准的设想，想要征询外界的意见时，就会在 Internet 上发放一份 RFC 文档，对这一问题感兴趣的人可以阅读该文档并提出自己的意见。绝大部分网络标准的制定都是以 RFC 形式开始的，然后经过大量的论证和修改最终得以确定，例如下面这种对协议的指定方式：

微视频：
TCP/IP 协议

TCP	[RFC 793]
UDP	[RFC 768]
IP	[RFC 791]
DNS	[RFC 1034,1035]
FTP	[RFC 959,1635]

TCP [RFC 793]表示 TCP 的 RFC 文档编号 793,可以通过搜索引擎搜索 RFC 793,结果会显示出关于 TCP 协议的所有条目,参见图 7.1。

```
September 1981
                                        Transmission Control Protocol


                            TABLE OF CONTENTS

     PREFACE ................................................... iii

  1. INTRODUCTION .............................................. 1

     1.1  Motivation ........................................... 1
     1.2  Scope ................................................ 2
     1.3  About This Document .................................. 2
     1.4  Interfaces ........................................... 3
     1.5  Operation ............................................ 3

  2. PHILOSOPHY ................................................ 7

     2.1  Elements of the Internetwork System .................. 7
     2.2  Model of Operation ................................... 7
     2.3  The Host Environment ................................. 8
     2.4  Interfaces ........................................... 9
     2.5  Relation to Other Protocols .......................... 9
     2.6  Reliable Communication ............................... 9
     2.7  Connection Establishment and Clearing ................ 10
     2.8  Data Communication ................................... 12
     2.9  Precedence and Security .............................. 13
     2.10 Robustness Principle ................................. 13

  3. FUNCTIONAL SPECIFICATION .................................. 15

     3.1  Header Format ........................................ 15
     3.2  Terminology .......................................... 19
     3.3  Sequence Numbers ..................................... 24
     3.4  Establishing a connection ............................ 30
```

图 7.1 RFC 793 的部分目录

7.1.1 TCP/IP 体系结构的层次

1. TCP/IP 模型的 4 个层次

图 7.2 是 TCP/IP 模型的层次结构示意图,从下往上分别是网络接口层(也就是 OSI 模型中的物理层和数据链路层)、网络层、传输层和应用层;各层的传输单元分别是比特、帧、包、段、报文。

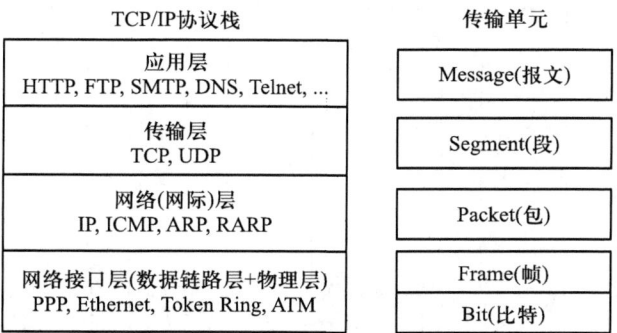

图 7.2　TCP/IP 体系结构层次

各层的作用及包含的协议如下。

(1) 应用层

应用层为用户提供所需要的各种服务,如文件传输、电子邮件、Web 浏览等。应用层包含的常用协议有 Web 应用协议 HTTP,文件传输协议 FTP、TFTP、NFS,电子邮件协议 SMTP、POP3 等。

(2) 传输层

传输层的主要功能是分割和组装应用层提供的数据流,为数据流提供端到端的传输服务。传输层主要包含 TCP 和 UDP 两种传输协议。

TCP 是面向连接的传输协议,在数据传输前需要先建立连接。使用 TCP 传输时,把报文分解为多个段进行传输,在接收端再重新组装这些段,必要时需要重新传输发生错误的段或接收端没收到的丢失的段,因此它是可靠的传输协议。

UDP 是无连接传输协议,数据传输前不需要建立连接。该协议对发送的段不会校验和确认,因此它是不可靠的传输协议。

传输层向上层的应用层传输数据时,是通过端口号来区分进程的(见图 7.3 所示)。

例如主机 A 向主机 B 通过 FTP 服务传输一个文件时,主机 B 在收到数据后处理到传输层时,需要知道向上一层提交的是 FTP 服务,通过 TCP 协议的 21 端口号,传输层才能把数据流发到 FTP 服务。如果通过 Telnet 传输就需要 TCP 的 23 端口号识别 Telnet 服务。

(3) 网络层

网络层又称网际层,主要实现的功能是把数据通过最佳的路径送达目的端,包括寻址(IP 地址)、路由选择、封包/拆包等过程。这里涉及的核心协议是 IP 协议。IP 协议提供无连接的数据报传输服务(不保证送达,不保序,不保证无错),传输前不需建立连接,这样就提高了传输效率。

网络层是网络转发节点(如路由器)上的最高层,网络节点设备不需要传输层和应用层,如路由器只由网络层和网络接口层构成,完成数据的转发功能。

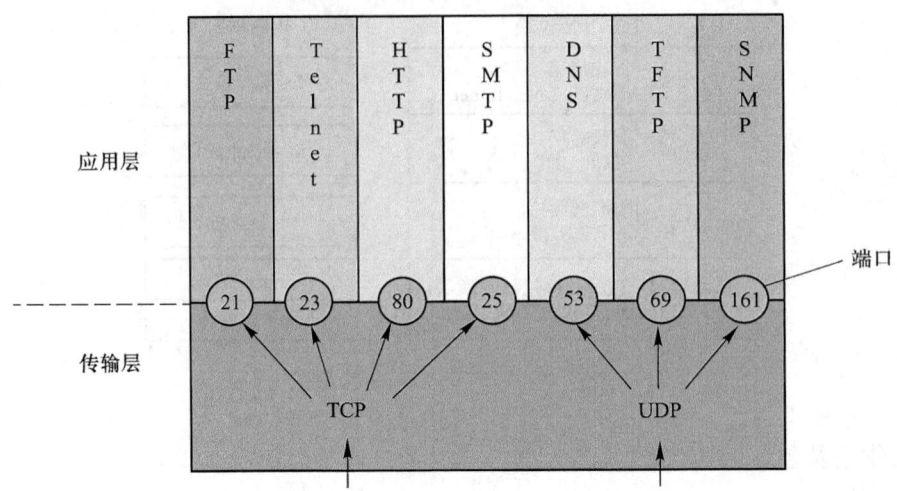

图 7.3 端口号和应用进程的对应关系

图 7.4 描述的是两主机直连和两主机之间经过数个路由器的情况。特殊情况下源主机和目的主机直连,由源主机直接把数据传递给目的主机,传递使用 ARP 协议。后面的章节会详细介绍 ARP 协议。

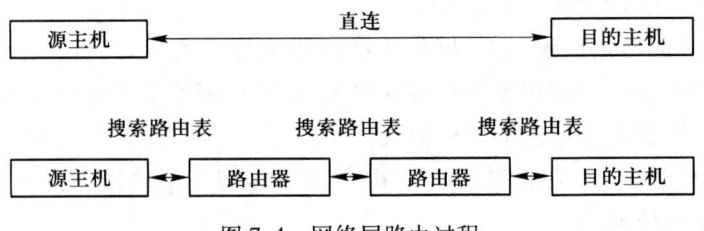

图 7.4 网络层路由过程

一般的情况是源主机通过若干个路由器和目的主机连接,源主机从路由表中优先搜索是否存在匹配的目的主机信息,如果找到,则将数据直接发送给目的主机,也就是两个主机直连的情况;匹配失败,则搜索匹配主机所在网段的路由器,如果搜索到,则将数据包转发到该路由器;如果都搜索失败,就选择默认路由,将该包转发给默认路由器。

数据包转发给路由器后,路由器继续搜索目的主机,该过程与主机的搜索过程相同,直到最后一个路由器搜索到目的主机,即完成了数据包传递到目的主机的任务。

网络层的协议主要有 ICMP 协议、ARP 协议和 RARP 协议等。

ICMP 协议用于确认某个主机是否可达,例如 ping <IP>就是通过 ICMP 协议测试的。

ARP 协议和 RARP 协议用于 MAC 地址和 IP 地址之间相互转换。当网络层确认数据包发往下一站目的地时,由于在实际的传输过程中 IP 地址不能被物理设备识别,因此需要将目的主机的 IP 地址转化为物理地址(网卡的 MAC 地址)才能将数据送达下一站目的地。IP 地址是逻辑地址,MAC 地址是网卡地址,每个网卡有唯一的一个 MAC 地址,因此在实际传输时使用 MAC 地址才能找到数据发往的下一站设备。将 IP 地址转化为 MAC 地址就是 ARP 协议所要完成的任务。RARP 是将 MAC 地址转化为 IP 地址,是和 ARP 协议相反的过程。图 7.5 描述了网络层在接收端收到数据包后,如何确定传输层使用的是哪种协议。

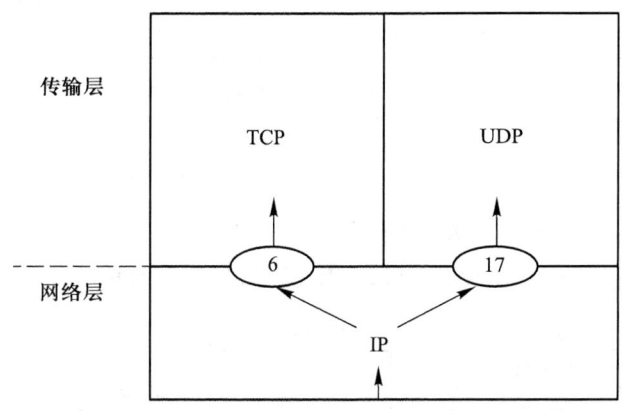

图 7.5 IP 分组中的协议域确定目的端的上层协议

当网络层向传输层提交数据时,接收端会根据数据包头部信息中的"协议域"来区分是 TCP 协议还是 UDP 协议。协议域的标识是 6,表示将数据发送给 TCP 协议;协议域的标识是 17,表示将数据发送给 UDP 协议。

(4) 网络接口层

网络接口层主要包括设备驱动程序和网络设备接口。网络接口层的任务有两个,一是根据 ARP/RARP 协议返回的物理地址将网络层数据包封装成帧(帧在物理链路上传输);二是接收数据并发送给网络层。

TCP/IP 模型没有为网络接口层定义任何实际协议,仅定义了网络接口。任何已有的数据链路层协议和物理层协议都可以用来支持 TCP/IP,比如 Ethernet、Token Ring、HDHL、X.25、ATM,这样做的优点是适应性强,缺点是不能利用已存在的某些有用的功能。

网络接口层把要传输的数据与网络相连,可以连接到以太网、令牌环网或光纤分布式局域网(FDDI)等。应用最广泛的是以太网,在网络接口层形成以太网帧。

简单总结 TCP/IP 的 4 个层次,最上面的应用层对应的就是应用程序,而下面三层中,TCP/IP 协议以及网络接口层中的设备驱动程序可以理解为都在内核中,通过具体的硬件设备实现真正的传输。

表 7.1 总结了 TCP/IP 协议的体系结构中各层的主要功能。

表 7.1 TCP/IP 协议各层的主要功能

TCP/IP 协议	功能
应用层	面向不同的网络应用服务,有 FTP 的文件传输服务、POP3 的电子邮箱服务等
传输层	在发送端,负责把上层传送下来的字节流分成报文段并传递给网络层;在接收端,负责把收到的报文进行重组后递交给应用层
网络层	负责寻找合适的路由将数据转发到目的主机
网络接口层	提供主机/路由器与网络相连的接口

2. TCP/IP 协议与 OSI 参考模型的对应关系

这里把 OSI 标准模型与 TCP/IP 协议做个比较,如图 7.6 所示。

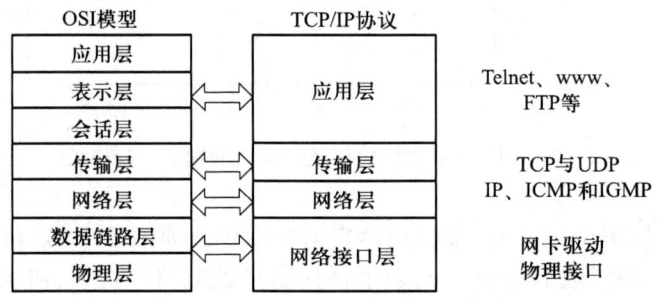

图 7.6 OSI 标准模型与 TCP/IP 协议的对应关系

① TCP/IP 协议的应用层对应 OSI 模型的应用层、表示层和会话层。
② TCP/IP 协议的传输层和网络层与 OSI 模型的传输层、网络层相同。
③ TCP/IP 协议的网络接口层对应 OSI 模型的数据链路层和物理层。

OSI 模型是为了使各层上的协议国际标准化而发展起来的,但是 TCP/IP 协议却成为事实上的应用标准。

7.1.2　TCP/IP 协议通信模型

图 7.7 所示为一个 TCP/IP 协议的通信模型,本小节将以此模型为例,介绍数据在各层的传递过程。后面章节的套接字(Socket)编程将以此为基础展开。

图 7.7 中的设备有主机 A、主机 B、路由器 A 和路由器 B。假设主机 A 与主机 B 之间要进行通信,通过 FTP 程序相互传送文件。由于它们不在同一个局域网,因此需要通过路由器 A、B 进行转发实现。

7.1 TCP/IP 协议

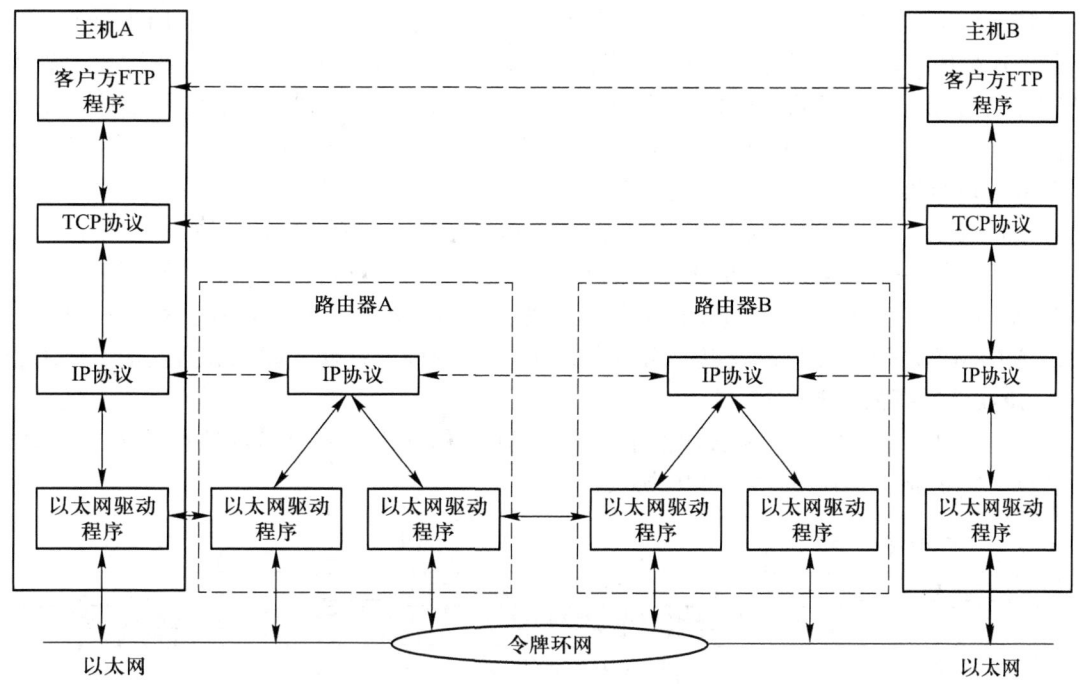

图 7.7 TCP/IP 协议通信模型

主机 A 要向主机 B 发送一个文件,数据的传送过程如图 7.8 所示。

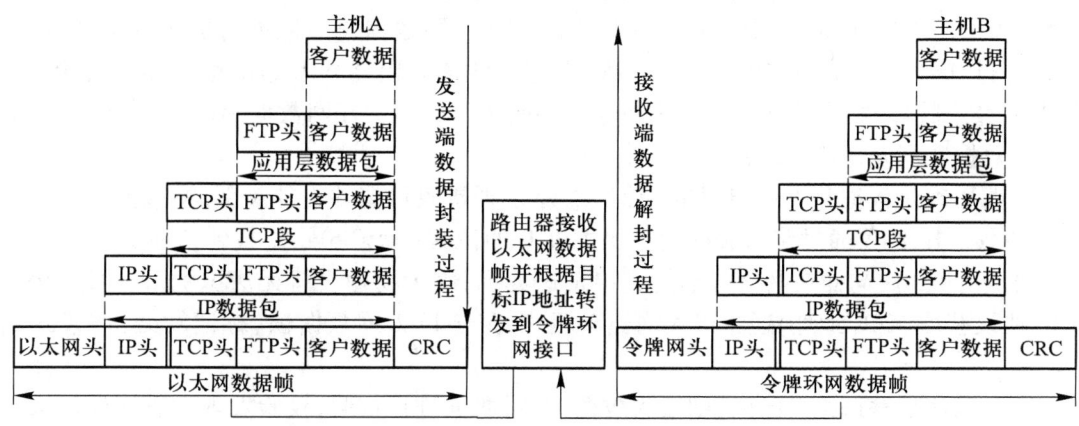

图 7.8 TCP/IP 协议中数据的封装和传递过程

1. 发送端数据的封装过程

当主机 A 要发送数据时,首先应用层通过 FTP 协议封装,添加 FTP 头形成数据报,发送给传输层。传输层通过 TCP 协议封装,添加了 TCP 头(主要加入源和目的端口号用来标识应用程序)形成 TCP 段,发送给网络层。网络层通过 IP 协议封装,添加了 IP 头(主要是协议域、源 IP 地址和目的 IP 地址,协议域用来标识不同的协议),形成 IP 数据包,数据包发到网络接口层。在网络接口层,由于主机 A 连接到的是以太网,所以通过以太网驱动程序封装,添加了以太网头(主要指源和目的地 MAC 地址),形成以太网数据帧。

在主机 A 的网络接口层,主机 A 需要通过查找本地路由表确定主机 B 的位置。因为主机 A 和主机 B 不在同一个局域网,主机 A 最终将寻找到路由器 A,然后将数据包发送给路由器 A。由于在数据实际传输过程中 IP 地址不能被物理设备识别,因此通过 ARP 协议获得主机 A 自身和路由器 A 的 MAC 地址,并封装成以太网头形成以太网数据帧,这样才能把数据发送给路由器 A。

2. 接收端数据的解封过程

如图 7.9 所示,路由器 A 确认数据是发给自己的(标记①处),则接收数据并去掉以太网头之后将数据传递给上一层网络层的 IP 协议。

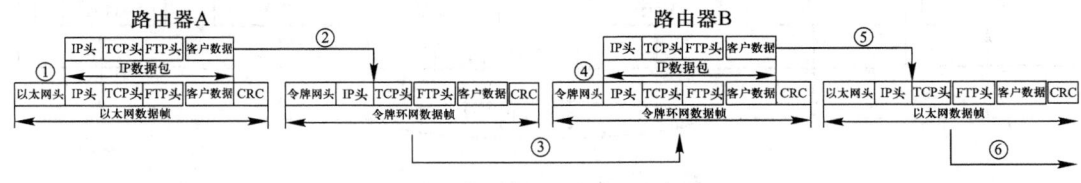

图 7.9 路由器间数据的传递

IP 协议继续寻找主机 B 的地址(标记②处),没有找到主机 B 的情况下找到主机 B 所在网段的路由器 B,会将数据发往路由器 B。同样,由于网络层数据包中记录的是路由器 B 的 IP 地址,仍需经过 ARP 协议寻找路由器 B 的 MAC 地址。由于路由器 A 和路由器 B 连接的端口在令牌环网中,经令牌环网驱动程序封装,添加令牌环网头形成令牌环网数据帧(标记③处),从而路由器 A 将数据顺利发送给路由器 B。

路由器 B 确认数据是发给自己的(标记④处),则接收数据并去掉头部,将数据传递给网络层的 IP 协议。IP 协议通过路由表继续寻找主机 B 的位置(标记⑤处),找到了主机 B 后将数据直接发送给主机 B。同样在网络层不能直接发送数据,因为物理设备无法识别 IP 地址,仍然通过 ARP 协议获取 MAC 地址,通过以太网驱动程序,形成以太网数据帧(标记⑥处)并发送给主机 B。

主机 B 确认是发送给自己的,则接收数据,并对数据进行校验,校验发现没有错误后去掉以太网头,将数据传递给网络层,网络层 IP 协议根据协议域确定将数据提交给哪个协议,本例中是提交给 TCP 协议处理,TCP 协议根据端口号确定将数据提交给 FTP 应用程序。最后主机 B 获得主机 A 的数据。

以上即为一个 TCP/IP 通信模型中数据在各层的传递过程。

7.1.3 IP 地址和端口号

在理解了 TCP/IP 协议及其通信模型后,本小节简要介绍套接字的基础知识:IP 地址和端口号。

1. IP 地址

IP 地址作为网络主机的唯一标识,主要用于主机和其他主机之间的通信。在 IP 层,每个数据报都携带目的 IP 地址和源 IP 地址,路由器依靠地址信息为数据报选择路由。

IP 地址根据位数可以分为 32 位的 IP 地址(IPv4)和 128 位的 IP 地址(IPv6),出现 128 位是因为在很多情况下 32 位不足以分配给众多主机。

特殊的 IP 地址有广播地址和多播地址。广播地址是指主机之间"一对所有"的通信模式,网络对其中每一台主机发出的信号都进行无条件复制并转发,所有主机都可以接收到所有信息,有线电视网就是典型的广播型网络。多播地址是主机之间"一对多"的通信模式,网络只对特定的一些主机发送信息。

IP 地址的表示常用点分形式,如 202.38.64.10,最后都会转换为一个 32 位的整数。

2. 端口号

一台主机接收到数据包后,在传输层需要知道发送给哪个应用进程来处理,端口号的作用是区分不同的服务。TCP 和 UDP 使用的端口号范围都是 1~65 535,它们的端口号是相互独立的。

端口号一般由因特网编号分配机构(internet assigned numbers authority,IANA)组织管理,根据范围可以分为以下三类。

① 1—1023:系统预留的端口号。其中 1—255 是一些知名的端口号,例如 HTTP 服务的端口号是 80,256—1 023 端口通常由 UNIX 系统占用。

② 1 024—49 151:注册端口号。松散地绑定于一些服务,例如微软向 IANA 注册 Microsoft SQL 服务器的端口号为 1433。大多数 TCP/IP 应用服务可以使用这个区间的端口号。

③ 49 151—65 535:动态端口号。这些端口号一般不固定分配给某个服务,通常是为不常见的服务预留的。

7.2 套接字概述

7.2.1 套接字基本概念

在 20 世纪 80 年代早期,美国国防部高级研究计划局(defense advanced research projects agency,DARPA)资助了加州大学伯克利分校的一个研究组,将 TCP/IP 软件移植到 UNIX 操作系统中。作为项目的一部分,设计者创建了一个接口,应用进程使用这个接口就可以方便地进行通信,由此产生了插

微视频:
套接字

口接口(Berkeley 套接口)。它首先出现在 BSD 4.2 中。这个接口不断完善,最终形成了套接字(socket)。由于许多计算机厂商都采用了 Berkeley UNIX,于是许多机器上都可以使用套接字,由此套接字得到了广泛使用,到现在已成为事实上的标准。

图 7.10 为套接字在 OSI 模型中的位置,它位于传输层和传输层之间。套接字是独立于协议的。套接字本身不是协议,而是一个调用接口,通过套接字才能使用 TCP/IP 协议。因此,套接字提供了程序员做网络开发的编程接口。

在 Linux 系统中一切皆文件,通常都用打开文件→读/写操作→关闭文件的模式来操作文件。套接字是一种特殊的文件,因此也适用于这样的模式,只是具体的实现函数不同于普通文件。

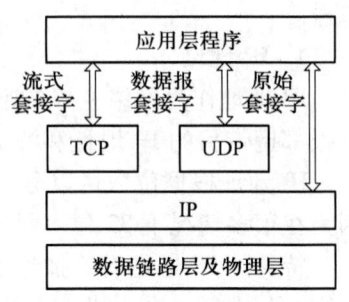

图 7.10 套接字在 OSI 模型中的位置

同一主机上的进程间通信主要有管道、信号、消息队列、共享内存等,套接字是实现不同进程间通信的一种方式。目前使用 TCP/IP 协议的应用程序几乎都采用套接字实现网络进程间的通信。套接字成为一种通用的网络编程接口,实现机器之间的互联互通。

根据基于的协议不同,可以将套接字大致分为以下三类:

① **流式套接字**(SOCK_STREAM)。使用 TCP 协议的套接字称为流式套接字,它提供可靠的、面向连接的服务。由 TCP 发送的数据保证了数据的顺序性和正确性。

② **数据报套接字**(SOCK_DGRAM)。使用 UDP 数据报协议的套接字称为数据报套接字,它提供一种无连接的服务。由 UDP 发送的数据是无序的。

③ **原始套接字**(SOCK_RAW)。该套接字允许对底层协议,如 IP 或 ICMP 进行直接访问,主要用于一些协议的开发。

7.2.2 套接字地址结构

套接字在内核中的存储形式有 IPv4、IPv6 和通用套接字地址结构三种方式,其中包括 IP 地址、端口号、协议族等信息,有了这些信息能够完成网络中两个主机之间的相互通信。

1. IPv4 套接字地址结构

IPv4 的套接字地址结构 sockaddr_in 在 netinet/in.h 头文件中的定义如下。

```
struct in_addr{
    in_addr_t           s_addr;              //32 位 IPv4 地址
};                                           //网络字节顺序

struct sockaddr_in{
    uint8_t             sin_len;             //结构的长度(=16)
```

```
    sa_family_t       sin_family;       //AF_INET,协议族
    in_port_t         sin_port;         //16 位端口号
    struct in_addr    sin_addr;         //网络字节顺序,in_addr 结构体,表示 IP 地址
    char              sin_zero[8];      //系统预留,以 0 填充该字段
};
```

2. IPv6 套接字地址结构

IPv6 的套接字地址结构 sockaddr_in6 在 netinet/in.h 文件中的定义如下。

```
struct in6_addr {
    uint8_t           s6_addr[16];      //128 位 IPv6 地址
};    //网络字节顺序
struct sockaddr_in6{
    uint8_t           sin6_len;         //结构的长度(=24)
    sa_family_t       sin6_family;      //AF_INET6,协议族
    in_port_t         sin6_port;        //16 位端口号
    uint32_t          sin6_flowinfo;    //通信流类别和流标签
    struct in6_addr   sin6_addr;        //网络字节顺序
};
```

struct sockaddr_in6 是保存 IPv6 Socket 信息的结构体,其各个字段含义与 IPv4 类似,不同的是 IPv6 的 Socket 结构体多了 sin6_flowinfo 字段,该字段表示通信流类别。

3. 通用套接字地址结构

通用套接字地址结构 sockaddr 在 sys/socket.h 文件中的定义如下。

```
struct sockaddr{
    uint8_t           sa_len;           //结构的长度(=16)
    sa_family_t       sa_family;        //协议族:AF_xxx
    char              sa_data[14];      //协议特殊的地址,将端口号和 IP 地址放在一起
};
```

sockaddr 是一个 Socket 通用结构体,无论是 IPv4 还是 IPv6 都可以使用这个结构体。sockaddr 主要包括三个字段,第一个字段 sa_len 是结构体长度,第二个字段 sa_family 是协议族,表示是 IPv4 协议还是 IPv6 协议,第三个字段是 Socket 的 IP 地址和端口号。

在 Socket 函数中使用的都是通用结构体,如果 Socket 定义为 IPv4 结构体,那么就要做强制类型转换。例如将一个本地协议地址赋予一个套接字的函数 bind 形式如下:

```
int bind (int , struct sockaddr *, socklen_t)
```

该函数第二个参数 sockaddr 使用的是通用结构体。如果用户定义了一个 IPv4 Socket 结构体 serv:

```
struct sockaddr_in serv;
```

在使用 bind()时,必须把第二个参数 serv 强制类型转换为通用结构体类型:

```
bind(sockfd, (struct sockaddr *) &serv , sizeof (serv));
```

目前广泛使用的还是 IPv4 地址,但下一代网络将会使用 IPv6 地址,考虑到兼容性问题,尽量使用 Socket 的通用地址结构。

7.2.3 套接字基本操作

在网络编程中,会遇到不同的操作系统字节序不一致、IP 地址需要在整数和点分制之间转换等问题。本小节介绍涉及这些问题的套接字编程的相关基本操作。

1. 字节序转换

主机上存储数据的字节顺序,称为主机字节顺序(host byte order,HBO)。不同的 CPU 类型存储数据的字节顺序是不同的。

如果内存的低位地址存储数值的低位字节,那么称为小端字节顺序。如果内存的高位地址存储数值的低位字节,那么称为大端字节顺序(参见图 7.11 所示)。

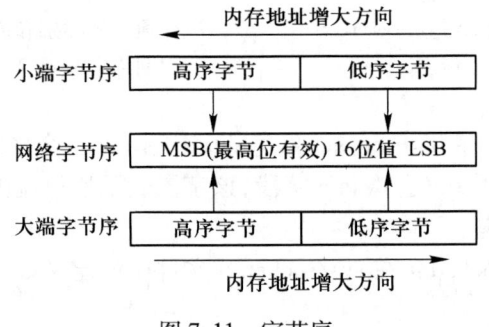

图 7.11 字节序

网络字节顺序(network byte order,NBO)是 TCP/IP 协议中规定好的一种数据表示格式,要求数据在网络上传输具有统一的顺序,与具体 CPU 类型、操作系统无关。网络字节顺序采用的是大端字节顺序。Motorola 68K 系列主机字节顺序与网络字节顺序是一致的,而 Intel X86 系列则不一致。

例如,有一个整数 258,16 进制表示为 0x0102。由于 Intel 类型的机器存储顺序为小端字节序,0x0102 的高位字节 0x01 放在内存高地址,低位字节 0x02 放在内存的低地址,如图 7.12(a)所示。

网络字节序是按照大端字节序传输的,即从内存低地址取出的第一个字节作为数值的高位字节,得到 0x0201,发送的数值为 0x0201,因此接收端接收到的值并不能被正确地解释成 258。如果该机器是大端字节序存储数值 258,如图 7.12(b)所示,那么发送的数值仍然为 0x0102。

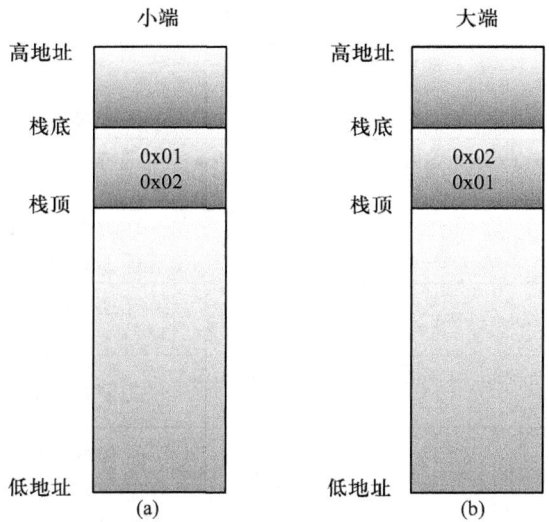

图 7.12　小端字节序和大端字节序

为了使数据在不同主机间传输时能够被正确解释,在网络上传送数值前需要实现字节序的转换。表 7.2 是实现字节序转换的 4 个函数,定义在 netinet/in.h 头文件中。

表 7.2　字节序转换函数

类别	函数	说明
主机字节序转网络字节序	uint16_t htons(uint16_t host16bitvalue);	把 16 位的主机字节序转网络字节序
	uint32_t htonl(uint32_t host32bitvalue);	把 32 位的主机字节序转网络字节序
网络字节序转主机字节序	uint16_t ntohs(uint16_t net16bitvalue);	把 16 位的网络字节序转主机字节序
	uint32_t ntohl(uint32_t net32bitvalue);	把 32 位的网络字节序转主机字节序

这几个函数的函数名中的"h"代表 host;"n"代表 network;"s"理解为 short 类型,即对 2 个字节的转换;"l"理解为 long 类型,即对 4 个字节的转换。

用户不需要清楚自己系统的主机字节序和网络字节序是否一致,以及是否需要使用这些转换函数。无论在发送还是接收数据前,都建议用户使用字节序转换函数。因为如果主机字节序和网络字节序一致时,系统会将这些函数定义为空宏。

2. 字节处理函数

表 7.3 是字节处理的一些函数,定义在 arpa/inet.h 头文件中。

表 7.3 字节处理函数

类别	函数	说明
POSIX 标准的 BSD 函数	void bzero(void * s, size_t n);	把字符串 s 的前 n 个字节置为 0
	void bcopy(const void * src, void * dest, size_t n);	把字符串 src 中的前 n 个字节复制到 dest 中
	int bcmp(const void * s1, const void * s2, size_t n);	比较字符串 s1 和 s2 的前 n 个字节,如果相等返回 0,否则返回非 0 值
C90(C99)标准 C 函数	void * memset(void * s, int c, size_t n);	把字符串 s 的前 n 个字节设置成 c 指定的字符
	void * memcpy (void * dest, const void * src, size_t n);	把字符串 src 的前 n 个字节复制到 dest 中
	int memcmp (const void * s1, const void * s2, size_t n);	比较字符串 s1 和 s2 的前 n 个字节,相等返回 0 值;s1 大于 s2 返回值>0;s1 小于 s2,返回值<0

通常用户在表达地址时采用的是点分十进制,而 Socket 使用的是二进制,因此需要对这两种表示方式进行转换。

3. IP 地址转换函数

表 7.4 是 IP 地址转换的几个函数,定义在 arpa/inet.h 头文件中。

表 7.4 IP 地址转换函数

类别	函数	说明
IPv4 地址转换函数	int inet_aton(const char * strptr, struct in_addr * addrptr)	将点分十进制 IP 地址转换为 32 位的二进制网络字节序的 IP 地址
	in_addr_t inet_addr(const char * strptr)	将点分十进制的 IP 地址转换为 32 位二进制网络字节序的 IP 地址。成功返回该值,否则返回 INADDR_NONE
	char * inet_ntoa(struct in_addr inaddr)	将 32 位二进制网络字节序 IPv4 地址转换成对应的点分十进制 IP 地址。返回值是该字符串
兼容 IPv4 和 IPv6	int inet_pton(Int family, const char * strptr, void * addrptr)	将十进制 IP 地址转换成二进制,成功返回 1,字符串格式不合法返回 0,错误返回 -1
	const char * inet_ntop(int family, const void * addrptr, char * strptr, size_t len)	执行与 inet_pton 相反的功能,失败返回 NULL

需要注意,上面的三个函数:inet_aton( )、inet_addr( )和 inet_ntoa( )都是针对 IPv4 地址的,下面的两个函数 inet_pton( )和 inet_ntop( )兼容 IPv4 和 IPv6 地址。

下面是使用 inet_ntoa 函数的示例,主要是练习字节序转换函数和 IP 地址转换函数的用法。

```
#include<stdio.h>
#include<stdlib.h>
#include<netinet/in.h>
#include<arpa/inet.h>

int main()
{
    char *c;
    struct in_addr addr;
    addr.s_addr = htonl(0xD2220601);
    c=inet_ntoa(addr);
    printf("address:%s\n", c);
}
linux@ubuntu:~$gcc -o testorder  testorder.c
linux@ubuntu:~$./testorder
address:210.34.6.1
```

本例首先定义了一个 char 指针以及 in_addr 结构体的变量,in_addr 类型在 Socket 的 IPv4 结构体中用于保存 32 位 IP 地址,而且是按照网络字节序赋值 IP 地址。使用 htonl( )函数将十六进制数"0xD2220601"转换为网络字节序,再使用 inet_ntoa( )函数将网络字节序的地址转换为点分十进制的 IP 地址,最后打印出十六进制数"0xD2220601"表示的 IP 地址"210.34.6.1"。

图 7.13 是对前面介绍的 Socket 编程可能用到的三类函数的总结。

第一类是在主机字节序与网络字节序不同时,需要使用到的字节序转换函数,主要有 htonl、htons、ntohl、ntohs。

第二类是用于处理字节的几个函数,主要有 memset,memcpy,memcmp。

第三类是点分十进制 IP 地址与二进制地址相互转换的几个函数,处理 IPv4 的函数有 inet_aton、inet_addr、inet_ntoa,处理 IPv6 的函数有 inet_pton、inet_ntop。

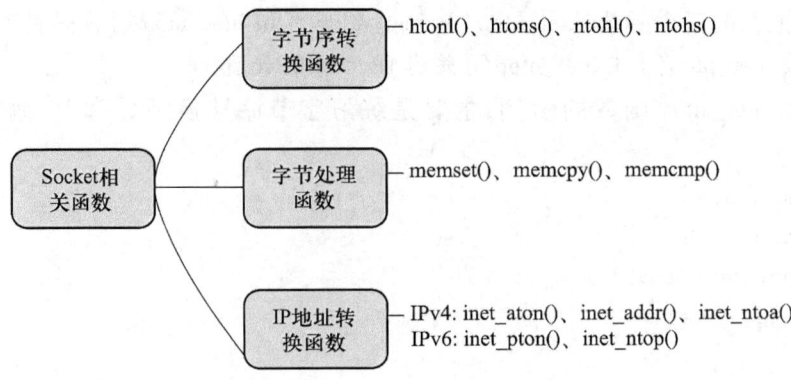

图 7.13 Socket 编程用到的函数

7.3 TCP 套接字编程

7.3.1 TCP 套接字编程基本流程

TCP 套接字编程分为服务器端编程和客户端编程,其流程如图 7.14 所示。

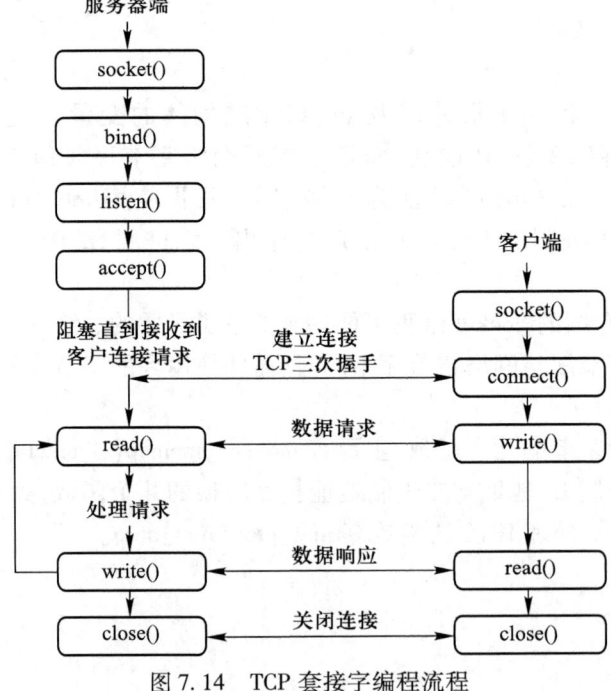

图 7.14 TCP 套接字编程流程

7.3 TCP 套接字编程

服务器端首先加载套接字库，使用 socket() 函数创建一个套接字，再用 bind() 函数将自己的 IP 地址和端口号绑定到创建的套接字上，然后用 listen() 函数将套接字设置为监听模式等待连接请求，即设置服务器在同一时刻最多能允许多少个连接请求。请求到来后，使用 accept() 函数等待客户端连接，函数返回后，意味着有一个客户端连接上来，accept 会返回一条新的文件描述符，在和客户端通信时是用这条新的文件描述符进行通信。服务器端用 read() 函数读取这条新的文件描述符，如果读到客户端发送过来的数据就进行处理，处理完后再回送到客户端，等待另一连接请求到来，最后用 close() 函数关闭加载的套接字库。

客户端想要和服务器端通信，也是要先加载套接字库，创建一个套接字，然后用 connect() 函数与服务器端的 IP 地址和端口号建立连接。连接成功以后，客户端可以向建立的套接字进行 write 操作，服务器读到客户端发送的信息以后，进一步进行处理。最后关闭网络连接。

微视频：
TCP 套接字编程

7.3.2 关键函数讲解

图 7.15 给出了一系列函数，主要用于完成客户端—服务器端模型的基本套接字操作。

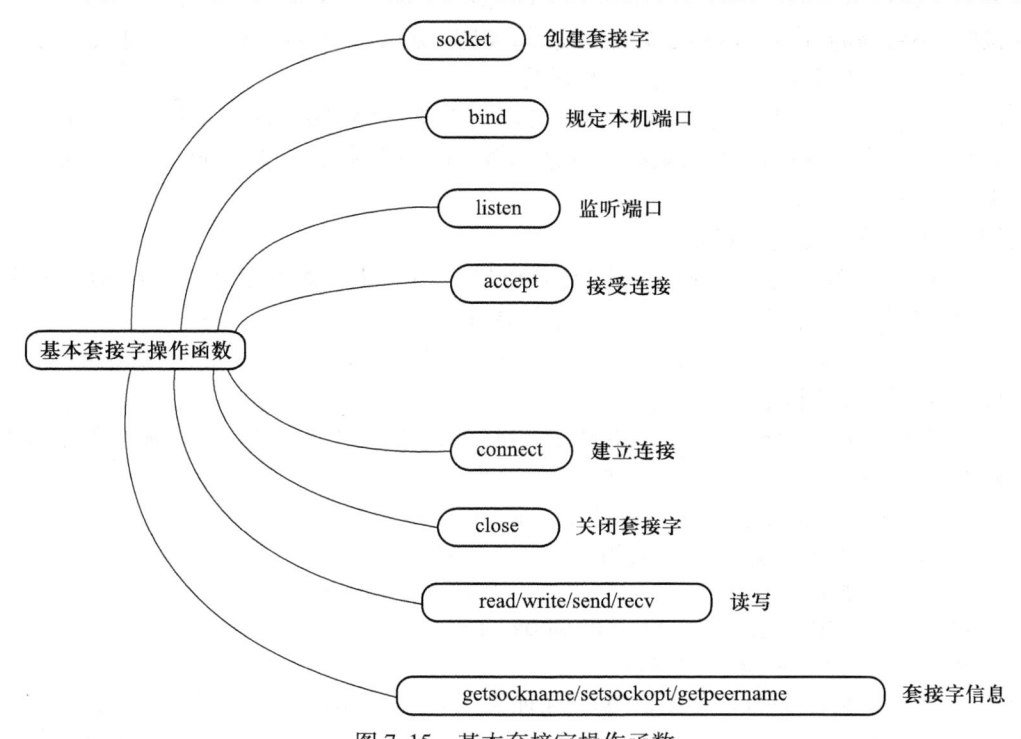

图 7.15 基本套接字操作函数

1. socket 函数

功能：取得套接字描述符。

说明：socket 函数用来创建一个套接字描述符，类似于文件打开操作返回一个文件描述符标识打开的文件，后续用这个文件描述符对文件进行读写等操作，socket 函数返回一个套接字描述符，后续使用该套接字描述符发送和接收数据。

原型：int socket (int domain, int type, int protocol)

返回值：成功时返回非负描述符，失败时返回-1。

应用示例：

TCP:sockfd=socket(AF_INET,SOCK_STREAM,0);
UDP:sockfd =socket(AF_INET, SOCK_DGRAM,0);

参数解释：

① domain 参数指定套接字的协议族，协议族决定了 IP 地址的类型。常用的值有三个：AF_INET 表示使用 IPv4 地址；AF_INET6 表示使用 IPv6 地址；AF_UNIX 本地协议，在 UNIX 和 Linux 系统上，当客户端和服务器端在同一台机器上时使用，表示使用绝对路径名作为地址。

② type 参数指定套接字的类型。除非使用原始套接字，否则 protocol 参数应设为 0。套接字的类型有三个：SOCK_STREAM 提供面向连接的稳定数据传输，即 TCP 协议；SOCK_DGRAM 提供无连接的、不可靠的、固定长度的数据传输，即 UDP 协议；SOCK_RAW 提供对底层协议如 IP 或 ICMP 的直接访问，主要用于一些协议的开发。

③ protocol 参数指定协议类型，这个参数可以指定单个协议系列中不同的传输协议。在 Internet 通信域中这个参数一般填 0，系统会根据套接字的类型决定应使用的传输层协议。

2. bind 函数

功能：绑定协议地址到某套接字。

说明：bind( )的作用是将参数 sockfd 套接字描述符和 addr 地址绑定在一起，使 sockfd 这个用于网络通信的描述符监听 addr 指定的地址和端口号。

原型：int bind (int sockfd, const struct sockaddr * addr, socklen_t addrlen);

返回值：成功时返回 0，失败时返回-1。

下面的代码是通过指定端口号为 8000，让 bind( )函数指定一个端口号。通过如下方法可指定自动获取 IP 地址。

```
struct sockaddr_in servaddr;
bzero(&servaddr, sizeof(servaddr));
servaddr.sin_family=AF_INET;
servaddr.sin_addr.s_addr=htonl(INADDR_ANY);
servaddr.sin_port=htons(8000);
```

bzero 将整个结构体 servaddr 清零；设置地址类型为 AF_INET，表示是 IPv4 地址；网络地址为 INADDR_ANY 表示本地的任意 IP 地址，因为服务器可能有多个网卡，每个网卡也可能绑定多个 IP 地址，这样设置可以在所有的 IP 地址上监听，直到与某个客户端建立连接时才确定下来用哪个 IP 地址。htons 指定端口号为 8000。

参数解释:

① sockfd 参数是 socket()函数返回的套接字描述符。

② addr 参数是个指针,指针类型是 struct sockaddr 通用结构体,addr 参数可以接受多种协议类型的地址结构。

③ addrlen 参数用来指定参数 addr 的长度,因为不同协议类型的地址结构不同。

3. listen 函数

功能:进行系统侦听,等待客户连接。

说明:典型的服务器程序可以同时服务于多个客户端,当有客户端发起连接时,服务器调用 accept()函数返回并接受这个连接,如果有大量客户端发起连接请求而服务器来不及处理,尚未 accept 的客户端就处于连接等待状态。listen()函数声明 sockfd 处于监听状态,并且最多允许有 backlog 个客户端处于连接等待状态,如果接收到更多的连接请求就忽略。

原型:int listen (int sockfd, int backlog);

返回值:成功时返回 0,失败时返回-1。

参数解释:

① sockfd 参数是 socket()函数返回的套接字描述符。当一个套接字被创建时,在默认情况下假设为一个主动的套接字,也就是一个将调用 connect 函数的客户套接字。listen 函数将一个尚未连接的套接字转换为一个被动的套接字,指示内核应接收外来的指向这个套接字的连接请求。

② backlog 参数指定未经处理的连接请求队列可以容纳的最大数目,推荐值为 5~10。cat /proc/sys/net/ipv4/tcp_max_syn_backlog 查看系统默认值为 128。

4. accept 函数

功能:响应连接请求,建立连接。

说明:三方握手完成后,服务器调用 accept()函数接受连接,如果服务器调用该函数时还没有客户端的连接请求,就阻塞等待直到有客户端连接上来。函数成功返回后将返回一个新的套接字描述符,用来表示这个连接。远程主机的信息将由参数 cliaddr 返回,而该地址结构的大小将由 addrlen 返回。

相关函数:getpeername()。

原型:int accept (int sockfd, struct sockaddr *cliaddr, socklen_t *addrlen);

返回值:成功时返回非负 socket 描述符,失败时返回-1。

参数解释:

① sockfd 参数是 socket()函数返回的套接字描述符。

② cliaddr 是一个传出参数,accept()返回时传出客户端的 IP 地址和端口号。

③ addrlen 参数是一个传入传出参数,传入的是调用者提供的缓冲区 addr 的长度以避免缓冲区溢出,传出的是客户端地址结构体的实际长度(有可能没有占满调用者提供的缓冲区)。如果给 addr 参数传 NULL,则表示不关心客户端的地址。

5. connect 函数

功能:客户端和指定服务器建立连接。

说明:在调用 connect 函数之前不需要调用 bind 函数,内核将选择一个端口号和 IP 地址。connect 函数不仅可以进行 TCP 连接,还可以进行 UDP 连接。当对一个 UDP 套接字使用 connect 函数时,内核仅记录对方的 IP 地址和端口号,直接返回到调用进程。

原型:int connect (int sockfd,const struct sockaddr * servaddr,socklen_t addrlen);

返回值:成功时返回 0,失败时返回-1。

参数解释:

① sockfd 参数是 socket( )函数返回的套接字描述符。

② servaddr 参数指向要连接套接字的 sockaddr 结构体的指针。

③ addrlen 参数表示 sockaddr 结构体的字节长度。

6. write 函数

功能:向一个套接字发送一定字节的数据。

说明:客户端通过 connect 函数连接成功后就可以正常收发数据了。发送数据可以用 write,即向 sockfd 套接字描述符所指的文件里写入 buff 中的数据。write 的返回值大于 0,表示写了部分或全部数据。用 while 循环不停地写入,循环过程中 buff 参数和 nbytes 参数需要更新。

返回的值小于 0 表示出错,要根据错误类型来处理。如果错误为 EINTR 表示在写的时候出现了中断错误;如果为 EPIPE 表示网络连接出现了问题(对方已经关闭了连接)。

原型:ssize_t write (int sockfd, const void * buff,size_t nbytes);

返回值:返回已成功发送字节数,失败返回-1。

参数解释:

① sockfd 参数是 socket( )函数返回的套接字描述符。

② buff 参数是个指针,指向要发送出去的数据。

③ nbytes 参数表示要发送的数据的长度。

7. read 函数

功能:从一个套接字接收一定字节的数据。

说明:read 函数的作用是将 sockfd 套接字描述符指向的数据读到 buff 当中。根据不同的传输层协议和内核缓存机制,返回值可能小于请求的字节数。参数 nbytes 是请求读取的字节数,读出的数据保存在缓冲区 buff 中,同时文件的当前读写位置向后移。

原型:ssize_t read (int sockfd, void * buff, size_t nbytes);

返回值:返回读到的字节数,读到 EOF 时返回 0,失败返回-1。

参数解释:

① sockfd 参数是 socket( )函数返回的套接字描述符。

② buff 参数是个指针,指向要接收的数据。
③ nbytes 参数表示要接收的数据的长度。

在流式套接字中使用 read 和 write 函数,其行为和在普通文件中使用这两个函数 I/O 的过程不同。read 或 write 发送或接收比所要求量小的数据,原因是这个调用可能已经达到了套接字在内核中的缓冲区限制,只需再次调用 read 或 write 就可以了。这种现象在调用 read 时经常发生,仅当套接字是非阻塞时才会出现在 write 调用中。

8. send 函数

功能:向一个套接字发送一定字节的数据。

原型:`ssize_t send (int sockfd, const void *buff,size_t nbytes, int flags);`

返回值:返回已成功发送的字节数,失败返回-1。

9. recv 函数

功能:从一个套接字接收一定字节的数据。

原型:`ssize_t recv (int sockfd, void *buff, size_t nbytes, int flags);`

返回值:返回读到的字节数,失败返回-1。

这里需注意,recv、send 函数和标准的 read、write 函数功能类似,唯一的差别在于 recv 和 send 函数的第四个参数是一个整型的标志位,可以以位或的形式包含系统允许的一系列标志,从而设置本次 I/O 的特性。通常情况下这个参数都被置为 0,实现普通 read 和 write 的功能。

10. close 函数

功能:关闭套接字描述符。

说明:调用本函数后,参数所描述的套接字将被标记成关闭的。从此该套接字对于对应进程将是不可用的。

原型:`int close (int sockfd);`

返回值:成功时返回 0,失败时返回-1。

11. getsockname 函数

功能:用于获取一个套接字的名字。

说明:主要在三种情况下需要使用 getsockname 函数:成功连接之后、用端口号 0 调用 bind 函数、调用 bind 时指定自动获取 IP 地址。

原型:`int getsockname (int sockfd,struct sockaddr *localaddr,socklen_t *addrlen);`

返回值:成功时返回 0,失败时返回-1。

12. setsockopt 函数

功能:取得和设置套接字选项。

说明:setsockopt 函数获取或设置与某个套接字关联的选项,选项可能存在于多层协议中。尽管在不同协议层上存在选项,但 setsockopt 函数仅定义了最高的"套接口"层次上的选项。当操作套接字选项时,选项位于层和选项名称必须给出。为了操作套接字层的选项,应将层的值指定为 SOL_SOCKET。为了操作其他层的选项,控制选项的合适协议号必须给出。

原型:int setsockopt (int sockfd, int level, int optname,const void *
    optval, socklen_t optlen);

返回值:成功时返回 0,失败时返回-1。

默认情况下,一个套接字终止后不能用同一端口重启。为了解决这个问题,服务器程序在 socket 和 bind 之间通常用 setsockopt 函数设置选项 SO_REUSEADDR:

int opt=1;
setsockopt (sockfd, SOL_SOCKET, SO_REUSEADDR,&opt, sizeof (opt));

参数解释:

① sockfd 参数是将要被设置或者获取选项的套接字。

② level 参数是选项所在的协议层,支持 SOL_SOCKET、IPPROTO_TCP、IPPROTO_IP 和 IPPROTO_IPV6。

③ optname 参数是需要访问的选项名。

④ optval 参数对于 getsockopt(),指向返回选项值的缓冲;对于 setsockopt(),指向包含新选项值的缓冲。

⑤ optlen 参数对于 getsockopt(),作为入口参数时是选项值的最大长度,作为出口参数时是选项值的实际长度;对于 setsockopt(),是选项的长度。

13. getpeername 函数

功能:返回与一个套接字相关的远程协议地址。

说明:服务器调用 accept 函数完成一个连接后可以获得远程主机的有关信息,但有一种特殊的情况,即服务器本身不调用 accept,它是被调用 accept 的进程 exec 启动的,这时服务器进程若需要知道远程主机的信息则必须调用本函数。

原型:int getpeername (int sockfd,struct sockaddr * peeraddr, socklen_t
    * addrlen);

返回值:成功时返回 0,失败时返回-1。

7.3.3 TCP 套接字编程

本小节将从服务器端和客户端分别介绍 TCP 套接字编程。

1. TCP 服务器端编程

TCP 服务器端编程可总结为以下 6 个步骤:

① 创建一个 socket:socket()。

② 绑定 IP 地址、端口等信息到 socket 上:bind()。

③ 设置套接字为监听模式,并设置允许的最大连接数:listen()。

7.3 TCP 套接字编程

④ 接收客户端请求,建立连接:accept( )。
⑤ 收发数据:send( )/recv( )或 read( )/write( )。
⑥ 关闭网络连接:close( )。

(1) TCP 服务器端程序模板

下面是 TCP 服务器端的程序模板。

```
1   int main(void)
2   {
3       int sockfd,connect_sock;
4       if((sockfd=socket(AF_INET,SOCK_STREAM,0))==-1){
5           perror("create socket failed.");
6           exit(-1);
7       }
8       /* bind sockfd to some address */
9       /* listen */
10      ……
11      loop{
12          if((connect_sock=accept(sockfd,NULL,NULL))==-1) {
13              perror("Accept error.");
14              exit(-1);
15          }
16          /* read and process request */
17          close(connect_sock);
18      }
19      close(sockfd);
20  }
```

第 4 行先通过 socket 函数创建一个套接字,返回一个 socket 套接字描述符 sockfd,AF_INET 表示使用的是 IPv4 地址,SOCK_STREAM 表示使用的是 TCP 协议,0 是表示默认的协议。

服务器在启动时会绑定一个地址用于提供服务,客户端通过这个地址连接服务器;客户端不需要指定,系统会自动分配一个端口号和自身的 IP 地址组合。因此,服务器端在 listen 之前需要调用 bind( )函数,而客户端则不需要调用 bind( )函数,客户端是在调用 connect( )函数时由系统随机生成一个地址。

第 9 行在调用 bind( )之后调用 listen( )来监听这个 socket。socket( )函数创建的套接字默认是一个主动类型的,listen 函数将套接字变为被动类型的,等待客户的连接请求。

TCP 客户端调用 connect( )之后向 TCP 服务器端发送连接请求。TCP 服务器通过 listen( )函数监听到这个请求后调用 accept( )函数接收请求,服务器和客户端之间的连接就建立好了。

第 11 行通过循环等待客户端的连接。第 12 行用 accept 函数建立连接,该函数第二个参数和第三个参数都为 NULL,表示不关心客户端的 IP 地址等信息。accept( )函数返回一个新的套接字 connect_sock,用于和客户端收发数据。

连接建立之后就可以收发数据了,第 16 行说明可以用 send( )/recv( )或 read( )/write( )函数进行收发数据。第 17 行关闭网络连接。

（2）服务器端编程实例

下面结合具体的代码示例对服务器端编程进行说明。

```
1   #include<stdio.h>
2   #include<stdlib.h>
3   #include<errno.h>
4   #include<string.h>
5   #include<sys/types.h>
6   #include<netinet/in.h>
7   #include<sys/socket.h>
8   #include<sys/wait.h>
9   #define MYPORT 3490
10  #define BACKLOG 10
11  void main()
12  {
13    int sockfd,new_fd;
14    struct sockaddr_in my_addr;
15    struct sockaddr_in their_addr;
16    int sin_size;
17    if((sockfd=socket(AF_INET,SOCK_STREAM,0))==-1)
18    {
19      perror("socket");
20      exit(1);
21    }
22    my_addr.sin_family=AF_INET;
23    my_addr.sin_port=htons(MYPORT);
24    my_addr.sin_addr.s_addr=INADDR_ANY;
25    bzero(&(my_addr.sin_zero),8);
26    if(bind(sockfd,(struct sockaddr *)&my_addr,sizeof(struct sockaddr))==-1)
27    {
28      perror("bind");
29      exit(1);
30    }
```

```
31    if(listen(sockfd, BACKLOG)==-1)
32    {
33      perror("listen");
34      exit(1);
35    }
36    while(1)
37    {
38      sin_size=sizeof(struct sockaddr_in);
39      new_fd=accept(sockfd,(struct sockaddr*)&their_addr,&sin_size);
40      if(new_fd==-1)
41      {
42        perror("accept");
43        continue;
44      }
45      printf("Got connection from %s\n",inet_ntoa(their_addr.sin_addr));
46      if(!fork())
47      {
48        if(send(new_fd,"Hello World!\n",14,0)==-1)
49          perror("send");
50        close(new_fd);
51        exit(0);
52      }
53      close(new_fd);
54      while(waitpid(-1,NULL,WNOHANG)>0)
55        ;
56    }
57  }
```

根据前面的服务器端编程步骤,第一步为取得 socket 描述符。

```
int sockfd;
sockfd=socket(AF_INET, SOCK_STREAM, 0));
```

通过 socket 函数创建一个新的 socket 套接字,这个新的套接字赋值给 sockfd,通过 AF_INET 和 SOCK_STREAM 指定为 TCP 协议。

第二步为填写自身地址信息的 sockaddr_in 结构。

```
struct sockaddr_in my_addr;                    /* 自身的地址信息 */
my_addr.sin_family=AF_INET;
my_addr.sin_port=htons(MYPORT);                /* 网络字节顺序 */
my_addr.sin_addr.s_addr=INADDR_ANY;            /* 自动填本机 IP */
```

```
bzero(&(my_addr.sin_zero),8);                /*其余部分置0*/
```
将sockaddr_in的三个字段填写完整。字段sin_family赋值为AF_INET;字段sin_port通过htons函数转化为网络字节序的端口号;字段sin_addr.s_addr赋值为INADDR_ANY,表示可以为任意IP地址。

第三步为绑定端口。
```
bind(sockfd, (struct sockaddr *)&my_addr, sizeof(struct sockaddr));
```
绑定第二步设置好的地址相关的结构体信息。因为第二步中地址的结构体是struct sockaddr_in结构体,但是bind函数的第二个参数需要struct sockaddr*结构体,所以需要强制转换为struct sockaddr*结构体类型。

第四步为监听端口。
```
#define BACKLOG 10
listen(sockfd, BACKLOG);
```
监听socket创建的套接字描述符sockfd,并设置最多允许连接的数目BACKLOG为10。

第五步为接受连接请求。
```
int new_fd;                                  /* 数据端口 */
struct sockaddr_in their_addr;               /* 连接对方的地址信息 */
int sin_size;
sin_size=sizeof(struct sockaddr_in);
new_fd=accept(sockfd, (struct sockaddr *)&their_addr, &sin_size));
```
定义一个客户端的地址信息,通过accept函数与客户端进行连接,accept返回一个新的套接字,准备接收数据。

第六步为产生新进程(线程)处理读写套接字。
```
if (!fork()) {        /*子进程*/
    if (send(new_fd, "Hello, world!\n", 14, 0)==-1)  perror("send");
    close(new_fd);
    exit(0);
}
close(new_fd);
```
产生新的进程处理读写socket,子进程发送"Hello,world!",父进程关闭accept返回的新文件描述符new_fd。

第七步将转回第五步,继续等待其他客户端的连接并处理。

2. TCP 客户端编程

(1) TCP 客户端程序模块

下面是TCP客户端的程序模块。
```
/* include some header files */
```

7.3 TCP 套接字编程

```
1   int main(void)
2   {
3       int sockfd;
4       if((sockfd=socket(AF_INET,SOCK_STREAM,0))=-1)
5       {
6           perror("Create socket failed.");
7           exit(-1);
8       }
9       /* connect to server */
10      ……
11      /* send requst and receive response */
12      ……
13      close(sockfd);
14  }
```

第 4 行创建一个 socket，客户端会自动被分配一个临时的端口号，设置要连接的对方的 IP 地址和端口等属性。

第 9 行使用 connect() 函数连接服务器，连接成功之后就可以通过 send()/recv() 或 read()/write() 函数直接收发数据，第 13 行是关闭网络连接。

（2）客户端编程实例

下面结合具体的代码示例对客户端编程进行说明。

```
1   #include<stdio.h>
2   #include<stdlib.h>
3   #include<errno.h>
4   #include<string.h>
5   #include<netdb.h>
6   #include<sys/types.h>
7   #include<netinet/in.h>
8   #include<sys/socket.h>
9   #define PORT 3490
10  #define MAXDATASIZE 100
11  int main(int argc,char *argv[])
12  {
13      int sockfd,numbytes;
14      char buf[MAXDATASIZE];
15      struct hostent *he;
16      struct sockaddr_in their_addr;
```

```
17   if(argc!=2)
18   {
19     fprintf(stderr,"usage: client hostname \n");
20     exit(1);
21   }
22   if((he=gethostbyname(argv[1]))==NULL)
23   {
24     herror("gethostbyname");
25     exit(1);
26   }
27   if((sockfd=socket(AF_INET,SOCK_STREAM,0))==-1)
28   {
29     perror("socket");
30     exit(1);
31   }
32   their_addr.sin_family=AF_INET;
33   their_addr.sin_port=htons(PORT);
34   their_addr.sin_addr=*((struct in_addr *)he->h_addr);
35   bzero(&(their_addr.sin_zero),8);
36   if(connect(sockfd,(struct sockaddr *)&their_addr,sizeof(struct sockaddr)==-1)
37   {
38     perror("connect");
39     exit(1);
40   }
41   if((numbytes=recv(sockfd,buf,MAXDATASIZE,0))==-1)
42   {
43     perror("recv");
44     exit(1);
45   }
46   buf[numbytes]='\0';
47   printf("Received: %s",buf);
48   close(sockfd);
49   return 0;
50 }
```

第一步为取得 socket 描述符。

int sockfd;

sockfd=socket(AF_INET, SOCK_STREAM, 0);

首先通过 socket 函数创建一个新的 socket 套接字,返回一个 socket 描述符 sockfd,AF_INET

7.3 TCP 套接字编程

和 SOCK_STREAM 指定为 TCP 协议。

第二步为填写连接客户端地址信息的 sockaddr_in 结构。

```
struct hostent *he;
struct sockaddr_in their_addr;              /* 对方的地址信息 */
he=gethostbyname("whitehouse.gov");         /* 通过给定的域名获取IP地址 */
their_addr.sin_family=AF_INET;
their_addr.sin_port=htons(4000);            /* short, NBO,端口号是4000 */
their_addr.sin_addr = *((struct in_addr *)he->h_addr);
bzero(&(their_addr.sin_zero),8);            /* 其余部分设置成0 */
```

首先定义一个 hostent 结构体和 sockaddr_in 结构体,通过 gethostbyname 函数返回对应于主机名 whitehouse.gov 包含的主机名字和地址信息的 hostent 结构指针。设置 sockaddr_in 的三个字段的信息,字段 sin_family 赋值为 AF_INET,字段 sin_port 通过 htons 函数转化为网络字节序的端口号,字段 sin_addr.s_addr 赋值为对方的 IP 地址,sockaddr_in 结构体中其余部分置 0。

第三步为连接端口。

```
connect(sockfd, (struct sockaddr *)&their_addr, sizeof(struct sockaddr));
```

第四步为读写 socket。

```
numbytes=recv(sockfd,buf,MAXDATASIZE,0):
```

第五步为关闭 socket。

```
close(sockfd);
```

7.3.4 异常情况

本小节主要讨论在服务器主机崩溃、服务器主机崩溃后重启以及服务器主机关机三种异常情况发生后,TCP 服务器/客户端程序的反应。

1. 服务器主机崩溃

当服务器主机崩溃后,服务器端不会向客户端发送任何数据,但这时客户端并不知道,还是会不断地向服务器端发送数据,客户端就会阻塞在"从服务器端读数据"处。客户端给服务器端发送数据,一直没有收到服务器的响应,所以客户端会不断地重传数据。当客户端重传达到 12 次就放弃发送数据,客户端会接收到"ETIMEDOUT"的错误提示。

解决的方法是,在通过网络层的 ICMP 协议发送 ICMP 包时,告知客户端主机已经崩溃。也可以通过设置套接字选项更改 TCP 持续重传等待的超时时间,从而提前知道服务器已经崩溃了。

2. 服务器主机崩溃后重启

在服务器主机崩溃并重启的这段时间内,如果客户端没有给服务器端发送消息,客户端是不知道服务器重启过的。由于服务器重启后丢失了之前的连接信息,如果客户端给服务器发送数据,服务器会给客户端发送一个 RST 消息,表示重启过,当客户端 TCP 收到 RST 消息才知道服务器是崩溃后重启的。同样,也可以设置套接字选项,使客户端不向服务器端发送消息,客户端也能收到服务器端的崩溃情况。

3. 服务器主机关机

当 Linux 主机关机时,由 init 进程给所有运行的进程发信号 SIGTERM(服务器程序可以捕获该信号,并在信号处理程序中正常关闭网络连接)。

如果服务器程序忽略了 SIGTERM 信号,则 init 进程会等待一段固定的时间(通常是 5~20s),然后给所有还在运行的程序发信号 SIGKILL(该信号不能由服务器程序捕获);服务器将由信号 SIGKILL 终止,此时所有打开的描述字被关闭,将导致向客户端发送 FIN 分节。客户端收到 FIN 分节后,能推断出服务器将终止服务。

7.4 UDP 套接字编程

微视频:
UDP 套接字编程

7.4.1 UDP 套接字编程基本流程

UDP 套接字的编程与 TCP 套接字的编程是不同的。TCP 是面向连接的、可靠的,有流量控制、拥塞控制等机制的协议,而 UDP 是面向无连接的协议,它发送数据之前不与对方建立连接,直接把数据包发送给对方。其编程流程如图 7.16 所示。

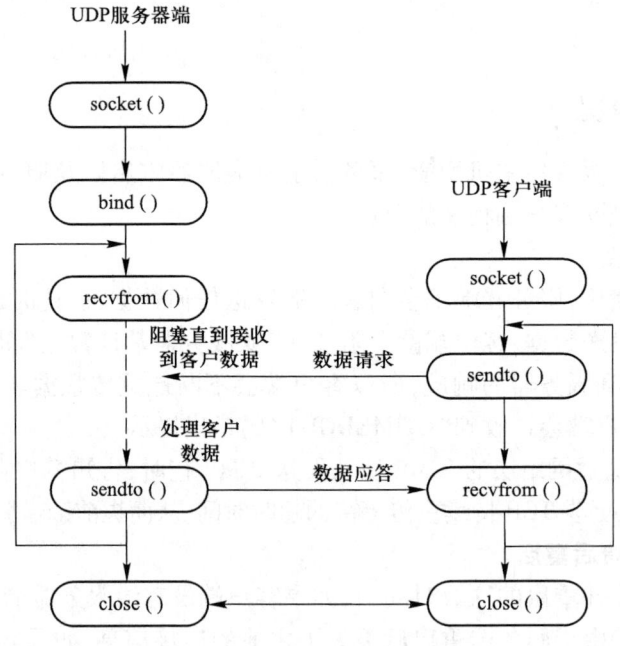

图 7.16 UDP 套接字编程流程

从图 7.16 可以看出,UDP 的服务器端没有 listen( )函数,客户端没有 connect( )函数,这些相关的功能主要是由服务器端的 recvfrom( )函数和客户端的 sendto( )函数实现。recvfrom( )函数和 sendto( )函数的最后两个参数会给出相应的客户端的 IP 地址等信息。服务器端不需要用 listen 进行监听,是通过 recvfrom( )函数一直阻塞,直到有客户端使用 sendto( )发送消息给服务器端,然后再通过 sendto( )函数和 recvfrom( )函数进行交互。

实现 UDP 套接字编程同样分为服务器端编程和客户端编程两部分。

1. UDP 服务器端套接字编程步骤

① 创建一个 socket:socket( )。
② 绑定 IP 地址、端口等信息到 socket 上:bind( )。
③ 循环接收数据:recvfrom( )。
④ 发送信息回客户端:sendto( )。
⑤ 关闭网络连接:close( )。

在 UDP 套接字编程中,服务器端首先使用 socket( )函数创建一个 socket 套接字描述符,然后通过 bind( )函数绑定 IP 地址、端口等信息到套接字描述符上,再通过 recvfrom( )函数循环接收数据,处理客户端请求,通过 sendto( )函数发送信息给客户端,最后通过 close 函数关闭网络连接。

2. UDP 客户端套接字编程步骤

① 创建一个 socket:socket( )。
② 发送数据:sendto( )。
③ 接收数据应答:recvfrom( )。
④ 关闭网络连接:close( )。

客户端首先通过 socket( )函数创建一个 socket 套接字描述符,然后通过 sendto( )函数连接到服务器端,之后就可以发送数据,通过 recvfrom( )函数接收数据应答。数据传送完之后关闭网络连接。

7.4.2 关键函数

本小节介绍 UDP 套接字编程中用到的两个关键函数:sendto 函数和 recvfrom 函数。

1. sendto 函数

功能:发送一定字节数的 UDP 数据报。
原型:ssize_t sendto (int sockfd, const void *buff,size_t nbytes, int flags,
　　　　　　　　　const struct sockaddr *to,socklen_t addrlen);
返回值:返回已成功发送字节数,失败返回-1。
说明:sendto 函数和 send 函数是类似的,不同之处是多了最后两个参数,用来指定发送到的目的端的具体地址信息。

2. recvfrom 函数

功能：接收一定字节数的 UDP 数据报。

原型：ssize_t recvfrom (int sockfd, void *buff, size_t nbytes, int flags, struct sockaddr *from, socklen_t *addrlen);

返回值：返回读到的字节数，失败返回-1。

说明：recvfrom 和 sendto 参数用在未连接的 UDP 套接字中，前面 4 个参数和 recv 函数、send 函数相同，参数 to 和 from 分别指定所接收数据报的源地址和所发送数据报的目标地址。参数 addrlen 则指定地址结构的大小。这里有一个变量的特殊用法"值—结果"参数，也就是传入传出参数，图 7.17 是值—结果参数说明。

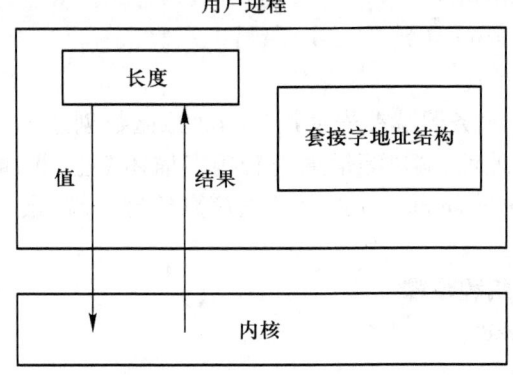

图 7.17 值—结果参数说明

当函数被调用时，作为入参的结构大小是一个值；当函数返回时，作为出参的结构大小是另一个值，这种参数类型叫作值—结果参数。

bind(int sockfd, const struct sockaddr *addr, socklen_len len)
recvfrom(int sockfd, void *buf, size_t len, int flags, struct sockaddr *from, int *fromlen)

bind 函数相当于是一个用户进程到内核的值传递。当 bind 函数被调用时，len 变量表示地址结构体大小，这样传入的目的是内核对结构进行操作时不至于越界。

recvfrom 函数相当于是一个内核到用户进程的结果传递，参数 fromlen 作为入参是一个值，作为出参返回来后是一个指针。当 recvfom 函数返回时，fromlen 参数的结果被修改为另一个值，目的是告知进程内核在此结构中实际存储的字节数。

7.4.3 UDP 套接字编程

本小节仍从服务器端和客户端两方面介绍 UDP 套接字编程。

1. UDP 服务器端套接字编程

(1) UDP 服务器端套接字程序模板

下面是 UDP 服务器端套接字程序的模板。

```
#include <sys/types.h>
#include <sys/socket.h>
#inlcude <netinet/in.h>
int main(void)
{
    int sockfd;
    if ((sockfd=socket(AF_INET, SOCK_DGRAM, 0))==-1) {
        perror("Create socket failed.");
        exit(1);
    }
    /* Bind socket to address */
    ……
    loop{
        /* receive and process data from client */
            ……
            /* send resuts to client */
    }
    close(sockfd);
}
```

首先通过 socket 函数创建一个套接字,通过 AF_INET 和 SOCK_DGRAM 指定为 UDP 协议,最后一个参数默认情况下指定为 0。通过 bind( )函数绑定 IP 地址、端口等信息到 socket 上,通过 recvfrom( )函数循环接收数据,处理客户端请求。通过 sendto( )函数发送信息到客户端,最后通过 close 函数关闭网络连接。

(2) UDP 服务器端套接字编程实例

下面结合具体的代码示例对 UDP 服务器端套接字编程进行说明。

```
1    #include<stdio.h>
2    #include<stdlib.h>
3    #include<sys/types.h>
4    #include<sys/socket.h>
5    #include<netinet/in.h>
6    #include<strings.h>
7    #include<unistd.h>
8    #include<arpa/inet.h>
9    #include<ctype.h>
```

```c
10   #define MAXLINE 80
11   #define SERV_PORT 8000
12   int main(void)
13   {
14       struct sockaddr_in servaddr,cliaddr;
15       socklen_t cliaddr_len;
16       int sockfd;
17       char buf[MAXLINE];
18       char str[INET_ADDRSTRLEN];
19       int i,n;
20
21       sockfd=socket(AF_INET,SOCK_DGRAM,0);
22
23       bzero(&servaddr,sizeof(servaddr));
24       servaddr.sin_family=AF_INET;
25       servaddr.sin_addr.s_addr=htonl(INADDR_ANY);
26       servaddr.sin_port=htons(SERV_PORT);
27
28       bind(sockfd,(struct sockaddr*)&servaddr,sizeof(servaddr));
29
30       printf("Accept connections...\n");
31       while(1)
32       {
33          cliaddr_len=sizeof(cliaddr);
34          n=recvfrom(sockfd,buf,MAXLINE,0,(struct sockaddr*)&cliaddr,&cliaddr_len);
35          if(n==-1)
36              perror("recvfrom error");
37          printf("recvfrom from %s at PORT %d\n",
38          inet_ntop(AF_INET,&cliaddr.sin_addr,str,sizeof(str)),ntohs(cliaddr.sin_port));
39          for(i=0;i<n;i++)
40              buf[i]=toupper(buf[i]);
41          n=sendto(sockfd,buf,n,0,(struct sockaddr*)&cliaddr,
42                  sizeof(cliaddr));
43          if(n==-1)
44              perror("sendto error");
45       }
46       close(sockfd);
47       return 0;
48   }
```

本例先引入必要的头文件,定义了构造 UDP 通信的套接字,使用 socket( )函数创建一个套接字。通过 bind( )函数绑定服务器端,通过 recvfrom( )函数接收客户端发送过来的数据,再通过 toupper( )函数处理数据,将小写转大写。通过 sendto( )函数把处理后的数据发送给客户端,最后关闭网络连接。

2. UDP 客户端套接字编程

(1) UDP 客户端套接字程序模板

下面是 UDP 客户端套接字程序的模板。

```
#include <sys/types.h>
#include <sys/socket.h>
#inlcude <netinet/in.h>
int main(void)
{
    int sockfd;
    if ((sockfd=socket(AF_INET, SOCK_DGRAM, 0))==-1) {
        perror("Create socket failed.");
        exit(1);
    }
    /* send data to the server */
    ……
    /* receive data from the server */
    ……
    close(sockfd);
```

首先通过 socket( )函数创建一个 socket 套接字描述符,然后通过 sendto( )函数连接到服务器端,这样客户端就可以和服务器端进行通信了。通过 recvfrom( )函数接收数据。最后关闭网络连接。

(2) UDP 客户端套接字编程实例

下面结合具体的代码示例对 UDP 客户端套接字编程进行说明。

```
1   #include<netinet/in.h>
2   #include<stdio.h>
3   #include<sys/types.h>
4   #include<sys/socket.h>
5   #include<arpa/inet.h>
6   #include<string.h>
7   #include<stdlib.h>
8   #include<sys/stat.h>
```

```
9   #include<unistd.h>
10  #include<fcntl.h>
11  #include<net/if.h>
12  #define SERV_PORT 8000
13  #define MAXLINE 80
14  int main(int argc, char *argv[])
15  {
16      struct sockaddr_in servaddr;
17      int sockfd,n;
18      char buf[MAXLINE];
19
20      sockfd=socket(AF_INET,SOCK_DGRAM,0);
21
22      bzero(&servaddr,sizeof(servaddr));
23      servaddr.sin_family=AF_INET;
24      inet_pton(AF_INET,"127.0.0.1",&servaddr.sin_addr.s_addr);
25      servaddr.sin_port=htons(SERV_PORT);
26
27      while(fgets(buf,MAXLINE,stdin)!=NULL)
28      {
29          n=sendto(sockfd,buf,strlen(buf),0,(struct sockaddr *)&servaddr,sizeof(servaddr));
30          if(n==-1)
31              perror("sendto error");
32          n=recvfrom(sockfd,buf,MAXLINE,0,NULL,0);
33          if(n==-1)
34              perror("recvfrom error");
35          write(STDOUT_FILENO,buf,n);
36      }
37      close(sockfd);
38      return 0;
39  }
```

本例中客户端同样也是先通过 socket 函数创建一个套接字,然后循环地从客户端输入数据存在 buf 中,通过 sendto() 函数发送数据到服务器端。服务器端处理完以后,客户端通过 recvfrom 函数接收服务器端发回的数据并存放在 buf 中,然后通过 write() 函数输出结果到屏幕上。最后关闭网络连接。

UDP 服务器端和客户端套接字编程实例的运行结果如下。

```
root@ubuntu:/home/linux/chapter_7#./UDP_server
Accept connections…

recvfrom from 127.0.0.1 at PORT 60535
recvfrom from 127.0.0.1 at PORT 60535
root@ubuntu:/home/linux/chapter_7#./UDP_client
aaa
AAA
sdf
SDF
```

程序先启动服务器端,再启动客户端。服务器端输出了连接信息,IP 地址是本机,端口号是 60535。客户端输入的字符串都被服务器端转为了大写。

7.4.4 TCP 和 UDP 比较

由前所述,可总结出 TCP 套接字和 UDP 套接字编程的异同点。

① TCP 协议在通信之前是需要连接的,UDP 则不需要提前连接。

② TCP 和 UDP 都需要通过 socket 建立套接字,但 TCP 需要使用 listen 函数来监听端口,而 UDP 却不需要 listen 监听,因为 UDP 是通过 recvfrom 函数和 sendto 函数指定接收端地址信息和发送端的地址信息。UDP 的服务器端通过 recvfrom 函数一直阻塞,直到有客户端使用 sendto 发给服务器端消息。

③ 在客户端 TCP 需要通过 connect 函数建立连接,而 UDP 则不需要,因为 UDP 是面向无连接的。

④ TCP 和 UDP 最后都需要关闭套接字。

可以看出 TCP 对系统资源的要求较多,UDP 则较少。UDP 相比 TCP 编程更简单,但 TCP 能保证数据正确、可靠传输,UDP 则可能丢包且不保证传输顺序。

【本章小结】

本章介绍了 TCP/IP 协议,套接字的概念,重点介绍了 TCP、UDP 套接字编程流程及关键函数的使用方法。通过本章的学习,读者可对 Linux Socket 网络编程有更多的了解。

【研讨与思考】

研讨主题:I/O 复用模型探讨。

题目说明:针对 I/O 复用模型进行调研,并通过实例阐述该部分知识。重点从以下方面进行调研:

(1) I/O 模型的基本原理。

(2) I/O 复用模型有哪些方式实现,例如 select、poll。

(3) 以一种实现方式(如 select)通过示例阐述该模型。

(4) I/O 模型的应用场景。

(5) 与其他同类 I/O 模型(例如非阻塞 I/O)的简单比较。

调研关键词:I/O 模型、select、poll

【练习与实践】

1. 用 C 语言编写一个程序,输出数字 0x12345678 的本地字节序形式。用 htonl 函数把本地字节序转换成网络字节序,并输出。

2. 用 C 语言编写服务器端程序,利用 socket 函数创建一个套接字(TCP 协议)。返回创建套接字的状态,若成功则打印创建成功信息,若失败则返回失败原因。

3. 用 C 语言编写服务器端程序,利用 socket 函数创建一个套接字(TCP 协议),然后调用 bind 函数,将创建好的套接字绑定到指定端口上,如 2500 端口。

4. 在第 3 题基础上,利用 listen 函数将已绑定的套接字设置为被动连接监听状态。

5. 在第 4 题基础上,添加对客户端连接的处理,调用 accept 函数为客户端连接分配一个新的套接字,并输出客户端 IP 地址和端口号。

6. 创建一个客户端程序,利用命令行模式输入 IP 地址,客户端程序调用 connect 函数与服务器程序取得连接。其中,argv[1] 参数为目的 IP 地址,要求必须对连接不可达的各种状态进行解析,并输出提示信息。

7. 用 C 语言创建一个套接字,调用 bind 函数,其中端口设置为 0,将该套接字绑定到本地某个端口上。调用 getsockname,显示内核为该 bind 函数分配的端口号。

8. 在前面练习基础上实现的服务器端和客户端程序中,加入数据传输功能。客户端执行时,除了要输入服务器端的 IP 和端口号,还需要输入要发送到服务器的字符串。在服务器程序中显示客户端发送过来的字符串,并回复应答信息。客户端显示服务器的应答信息。

9. 利用 UDP 协议实现 Server-Client 通信程序。具体描述:实现一个 UDP 协议的服务器,要求绑定到本地端口 2500 上。在接收到 UDP 消息时服务器端打印该消息,并把同样的消息回传到发送端上去。实现一个 UDP 协议的客户端,要求在 argv[1] 中输入服务器的 IP 地址,然后输入要发送的字符串,输入回车之后,该字符串以 UDP 数据包的形式发送到服务器端,并可以显示服务器端回传的数据。例如:

运行 server:./server

运行 client:./client 127.0.0.1

输入要发送的字符串:Hello!(回车)

显示服务器回传的消息:Hello!

第 8 章 Linux 安全编程

知识框图

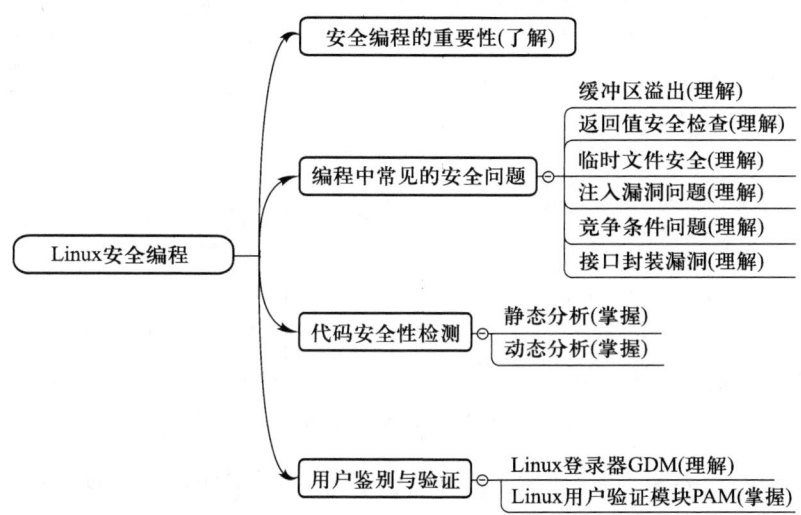

8.1 安全编程的重要性

安全问题是普遍存在的,存在安全漏洞的软件或工具使黑客有机可乘。在公共网络环境中,例如在商场、咖啡厅通过手机或笔记本电脑登录网银、QQ、支付宝、微信等,由于这个公开的网络是完全暴露的,用户的个人信息很容易被黑客挖掘到。

2014 年 4 月 7 日,发生了一个非常严重的安全问题——OpenSSL 软件包的 Heartbleed 模块存在安全漏洞。这个漏洞一经发布,互联网上几乎绝大多数网站都被发现存在该安全漏洞。其实这个漏洞已经存在了约两年时间。漏洞的问题存在于 ssl/dl_both.c 程序的心跳处理部分,即 SSL 心跳实现部分没有进行越界检查。SSL 提供对数据的加密处理,几乎绝大数网站在用户登录时都使用了该技术,如 Gmail、Facebook、淘宝等。也就是说,黑客利用这个漏洞能拿到加密协议下的加密数据。下面来具体了解一下这个漏洞,如图 8.1 所示。

标记①处是指客户端每隔一定时间(例如 10 s)向服务器发送心跳数据包,服务器收到心跳包,返回相同的心跳数据包确定彼此在线,以便进行持续通信。之所以称为心跳包,是因为它像

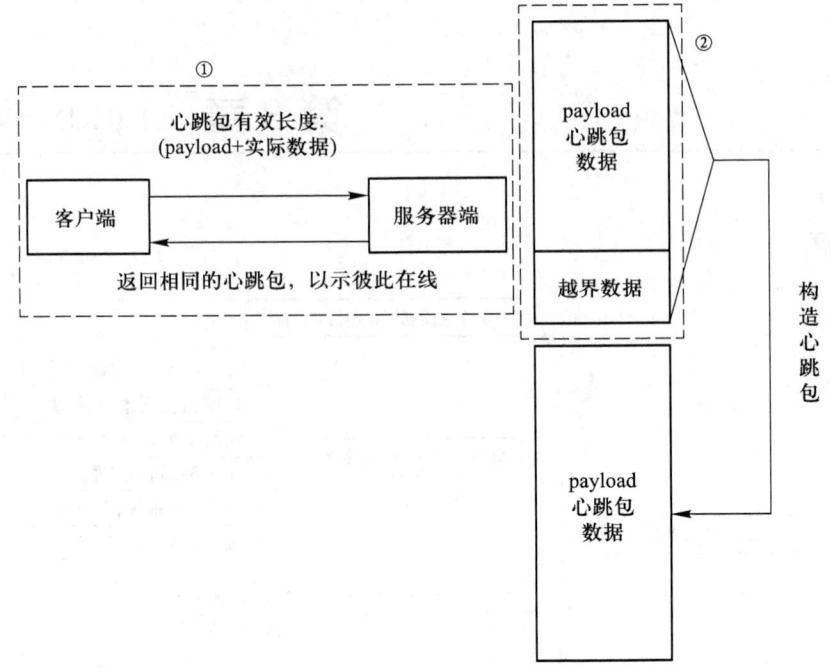

图 8.1 Heartbleed 漏洞

心跳一样每隔固定时间发送一次,从而可以确认双方是否在线、可通信。然而由于心跳包的实现部分存在漏洞,黑客可以通过构造一个恶意的心跳包,如标记②处,使心跳包中 payload 负荷值大于实际数据长度,那么在服务器收到心跳包后,根据 payload 负荷值分配空间,并利用 memcpy( ) 从收到心跳包的实际数据位置开始复制 payload 个字节到新的心跳包。因为收到的心跳包数据长度小于 payload 值,导致越界读取了心跳包后的数据,这些数据可能是用户的用户名、密码等。通过构造返回心跳包前需要检查心跳包中的 payload 值是否正确,是否等于数据的实际长度,这个漏洞就可以被修复了。

第二个例子是 2015 年,一架 U-2 间谍飞机飞过美国西南部上空时造成洛杉矶的空中交通系统直接崩溃。这是因为间谍飞机的高度数据超过了系统限制的范围,导致整个系统溢出,系统不断地重启,使接下来的两周数百个航班被取消或延误。

从上述两个例子可以看出,程序不安全或存在漏洞让黑客有机可乘。作为程序员,开发产品时注意溢出和越界检查很重要。

安全漏洞很难被察觉,甚至经过专门的测试都不能完全排除。安全漏洞一旦被黑客利用,其后果是非常严重的,用户的重要交付信息、交友信息等都可能暴露到别人手里。

国内的一些大公司对安全问题非常重视,经常招聘测试工程师、安全工程师,尤其是高级安全工程师,那么招聘安全测试人员到底需要具备哪些技能呢? 图 8.2 是某科研机构招聘漏洞检测工程师的需求。

```
漏洞检测工程师招聘需求

通用要求:
 1. 掌握操作系统、体系结构的基础知识,有安全工作经验,了解漏洞、安全机制等相关概念
 2. 熟悉使用Java, Python, HTML5, C等开发语言
 3. 熟悉Linux平台及Shell, GCC, GDB 等常用开发工具
 4. 熟悉Git, Svn, Bugzilla等常用开发管理工具
 5. 具有Linux内核、框架或应用相关的开发经验
 6. 具有良好的沟通协调能力与团队合作意识

额外要求:
 1. 有漏洞分析经验, 使用过商用或开源的安全检测工具
 2. 具有模糊测试工作经验
 3. 熟悉Linux安全机制等相关配置
 4. 对Linux安全性问题有深刻理解
 5. 具有Android系统开发经验,可独立开发apk
 6. 具有Web或Html5应用相关的开发经验
 7. 至少熟练使用一门脚本语言Python或Ruby
```

图 8.2　某公司招聘漏洞检测工程师的需求

熟悉 Shell、GCC、GDB、Git、Svn 等是基本的需求,另外还有对漏洞检测方面的要求,例如使用安全检测工具、熟悉 Linux 安全机制、对 Linux 安全问题有深刻理解等。

那么,什么样的程序才是安全的呢？安全的程序必须要保证稳定、可靠。也就是说,无论使用什么样的破坏手段,都能够使程序按照预定的步骤执行。一个程序如果在执行过程中跳转到其他地方,那么后果将会非常严重。安全程序不应损害系统的本地安全策略,也就是说程序的运行不应改变系统本身的一些机制,例如不改变系统的防火墙策略。如果不按照规范去写,那么程序中的潜在问题有可能被黑客利用并进行攻击,从而造成经济或名誉损失。而且,不安全的程序会造成产品的不安全、不可控、不可靠,最终会影响客户对产品的信任,导致产品很难销售出去。

8.2　编程中常见的安全问题

本节详细介绍几种常见的安全问题,包括缓冲区溢出、返回值安全检查、临时文件安全、注入漏洞问题、竞争条件问题、接口封装漏洞等。

8.2.1 缓冲区溢出

缓冲区是用来临时存储数据的一段内存区域。溢出是指需要存储的数据过长导致无法存储在预定区域内，出现越界的情况。缓冲区边界检查是指读写缓冲区中的数据，确定数据的长度是否超出缓冲区边界。如果不进行边界检查，就会读取或覆盖其他一些数据。

缓冲区溢出的原理是通过"淹没"相邻变量、返回地址，让程序执行到其他地址空间的代码，从而改变原来的执行流程，让黑客有机会执行恶意程序。最常出现的导致溢出的函数有 strcpy()、gets()、memcpy()等。缓冲区溢出有堆栈溢出、整数溢出，还有格式串溢出，例如 printf 语句中格式化说明符的个数和待输出变量不对应时，也会产生溢出。

在讨论进程布局时介绍过几个内存区域：栈主要用来存放函数调用的现场信息、局部变量等；堆是在程序执行过程中动态分配的内存空间；BSS 用来存放未初始化的全局变量和静态变量。保存在栈中的函数返回地址，是指函数执行完后返回调用函数中继续执行的下一条指令地址。

对缓冲区溢出漏洞的攻击，是指由于缓冲区溢出"淹没"了相邻变量以及函数的返回地址，黑客利用这一漏洞进行攻击，改变程序的执行流程，使其执行攻击代码。如图 8.3 所示。

如果一个程序存在缓冲区溢出漏洞，黑客就可以通过触发缓冲区溢出，控制跳转的返回地址，使返回地址处指向一些恶意的代码。也就是说，整个函数的执行流程发生了图 8.3 中标记①处的变化，并没有按照标记②处预定的步骤执行。

1. 缓冲区溢出漏洞示例 1——堆栈溢出

下面从内存空间角度重点分析基于堆栈缓冲区溢出的攻击。图 8.4 所示为堆栈的正常分布。

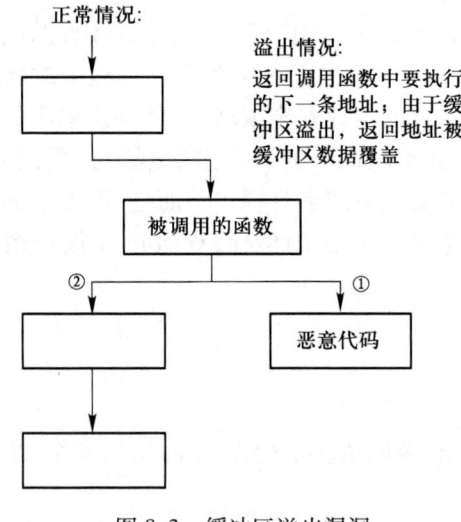

图 8.3　缓冲区溢出漏洞

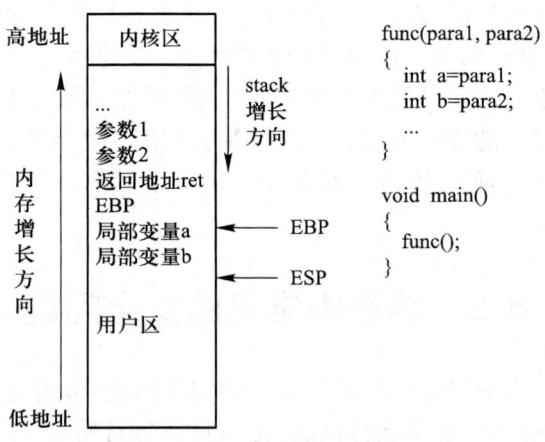

图 8.4　堆栈的正常分布

内存的生长方向是向上的,从低地址到高地址;而栈的生长方向是向下的,从高地址到低地址。ESP 是栈顶指针,每压栈一次,ESP 指针下移 4 个字节;出栈一次,ESP 指针上移 4 个字节。

假如现在 main() 函数调用 func(para1,para2){int a=para1;int b=para2;…},func() 带有两个参数,那么调用 func() 函数过程中的入栈顺序是:函数参数从右向左入栈,即 para2、para1 依次入栈。接着压入返回地址 ret,也就是 func() 函数执行结束后将要执行的下一条命令的地址入栈。然后将先前的 EBP(EBP 寄存器中保存先前的栈底地址)入栈,并设置 EBP 指向当前的栈顶位置,即此时 EBP 和 ESP 相等。从下面开始 func() 执行过程中 EBP 指针位置不变,EBP 指向 func() 函数的基地址。func() 函数内部局部变量的地址空间,每分配一次空间,ESP 下移一次。func() 执行结束后,局部变量空间被释放,但里面的数据并不会被清除。在函数返回时,弹出 EBP,恢复到函数调用前的地址,弹出返回地址 ret 到 EIP 寄存器,CPU 继续执行。

下面的代码是具体的例子,main 函数中调用 gets(name) 函数,等待用户输入,最后 printf 语句输出"Hello,XXX"。

```
1    #include <stdio.h>
2    
3    int main(void)
4    {
5        char name[3];
6        printf("Please type your name:");
7        gets(name);
8        printf("Hello %s !\n", name);
9        return 0;
10   }
```

为了查看这个程序的压栈顺序,通过 gcc -s 命令生成的部分汇编指令如下:

```
pushl %ebp
movl %esp, %ebp
subl $8, %esp
```

首先保存 EBP,即 EBP 入栈,使 EBP 指针指向 ESP 栈顶指针的当前位置,这样 EBP 作为被调用函数的基址。之后 ESP 减 8 个字节,也就是栈顶指针下移 8 个字节,用于存放 name[ ] 数组的空间。图 8.5 是栈的分布情况。

在执行完 gets(name) 语句后,也就是用户输入字符串"ipxodi"后,栈的分布情况如图 8.6 所示。

最后返回 main 函数,弹出 ret 里的返回地址并赋值给 EIP 指令寄存器,CPU 继续执行 EIP 所指向的指令。但是如果在 gets() 输入时,输入一个非常长的字符串"ipxodiAAAAAAAAAAAAAAAAA",如图 8.7 所示。

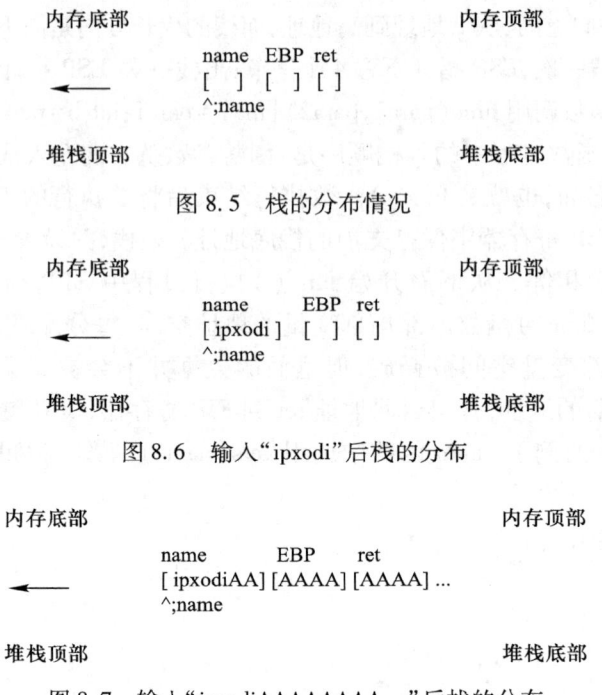

图 8.5 栈的分布情况

图 8.6 输入"ipxodi"后栈的分布

图 8.7 输入"ipxodiAAAAAAAA…"后栈的分布

在图 8.7 中,首先存放前 8 个字符"ipxodiAA",剩下的"AAA…"只好向内存的生长方向,也就是高地址覆盖已有数据,即"淹没"EBP 和返回地址 ret。那么在函数调用结束返回 main 时,就会把"AAA…"的 ASCII 码作为返回地址。CPU 将会试图执行该地址中的指令,从而改变了程序原来的执行流程。通常情况下,CPU 无法执行这个溢出情况的返回地址,最后报错。如果黑客利用这个溢出返回的地址指向一段恶意程序,就可以达到破坏系统的目的。

当输入的字符串长度小于 8 时,程序正常执行。但是当输入的字符串超过 8 时,程序报错"stack smashing detected",也就是提示栈溢出,最后程序中止结束。程序运行结果如下所示。

```
root@ubuntu:/home/linux/book_sec8#  ./a.out
Please type your name:sd
Hello sd!
root@ubuntu:/home/linux/book_sec8#  ./a.out
Please type your name:asdfasdfasdfasdfasdf
Hello asdfasdfasdfasdfasdf!
*** stack smashing detected ***: ./a.out terminated
== == == =Backtrace:== == == == =
```

上面的示例表明,当存放的数据大于缓冲区大小时,程序溢出。如果攻击者探测到该程序存在溢出漏洞,就可以对该程序进行攻击。

2. 缓冲区溢出漏洞示例 2——整数溢出

接下来演示的是 Android 移动智能终端溢出的漏洞。这个漏洞是手机内核中的整数溢出漏洞,通过溢出覆盖附近的指针指向内容,选择性地执行下一个将要执行的指令段。这样就给黑客一个机会,可以将指针指向内核地址空间,执行各种内核级的指令,甚至导致手机死机。图 8.8 中的代码演示了如何利用这个整数溢出漏洞来提升攻击程序的权限。

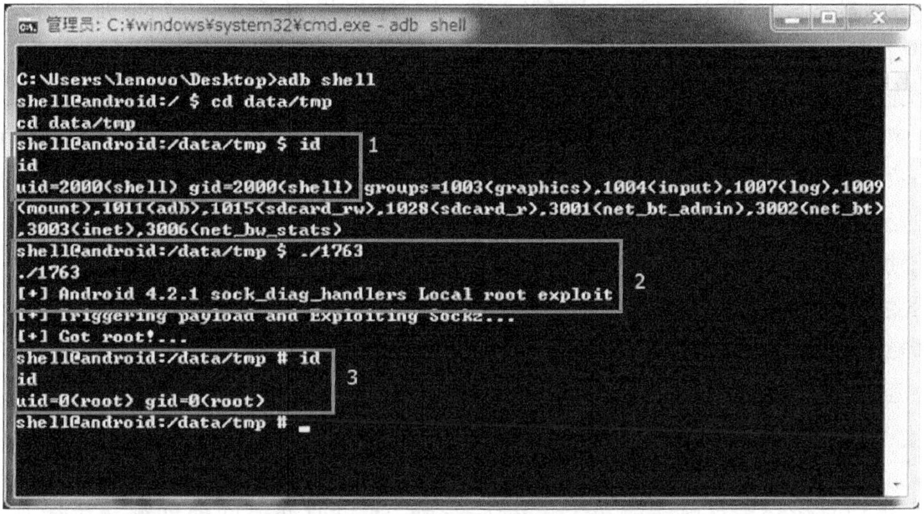

图 8.8 Android 移动智能终端溢出的漏洞

① 在 Android 手机上安装一个程序,它只有一个普通用户的权限。这个程序用来模拟 Linux 系统终端,可以执行各种 Shell 脚本。

② 进入模拟的 Shell 终端。在手机里已事先植入了一个脚本,这个脚本用来触发整数溢出,并完成获取 root 权限的工作。

③ 使用"cd data/tmp"命令,进入植入脚本所在的目录。

④ 使用 id 命令查看当前这个模拟 Linux 终端软件的权限,这里 uid = 2000,即普通权限。

⑤ 执行植入脚本"./1763",这个脚本利用了 Linux 内核的整数溢出漏洞,获取 root 权限。

⑥ 再使用 id 命令,可以看到 uid 等于 0,即这个模拟软件获取了 root 权限,可以对手机进行任何操作,包括删除手机里的所有内容。

产生缓冲区溢出的原因,可以总结为以下几个方面:

① 缺乏安全编程意识,认为分配的内存足够使用。

② 使用不安全的复制函数:strcpy、strcat、gets、sprintf。

③ 错误地使用一些所谓"安全"的复制函数,也可能导致内存溢出。例如 memcpy(dest, src, strlen(src)),虽然计算了要复制的字符串长度,但很可能是将要复制到的目的地址空间小

于将要复制的字符串长度,因此仍然不能避免缓冲区溢出的可能。

对于前面的溢出分析,下面提供了阻止缓冲区溢出的几个方法:

① 不使用前面提到的不安全的数据复制函数。

② 往缓冲区填充数据时必须要进行边界检查。

③ 尽量使用动态分配内存的方式存储数据,不要使用固定大小的缓冲区。

④ 程序尽量不要设置成 suid/sgid 属性。如果程序被设置了 suid 属性,那么任何人运行该程序时都拥有程序所有者的权限访问系统资源。

⑤ 通过使堆栈不可执行也可以阻止缓冲区的溢出。

例如,使代码段和数据段不重叠可以防止数据被覆盖。Sun Solaris 通过设置 set noexec_user_stack=1;set noexec_user_stack_log=1 以达到保护堆栈的目的。此外,还可以通过使用检测活动记录改变的编译器来阻止缓冲区的溢出。例如 StackGuard 或 StackShield,StackGuard 通过在返回地址前增加字符串中止符号或随机数检测是否被修改。

缓冲区溢出是安全编程最容易出现的问题,有 70%~80% 的漏洞都是由于缓冲区溢出导致的。前面提到的 OpenSSL 漏洞问题就是开发者使用了不安全的 memcpy() 函数导致大多数网站都被攻击,造成的后果非常严重。

8.2.2 返回值安全检查

缓冲区溢出是比较常见的漏洞攻击。攻击者主要通过改变返回地址跳转执行恶意代码,从而实现攻击。返回值安全检查主要是指对有可能执行失败的函数,需要对其执行是否成功的返回值进行检查。

本小节通过下面的一段程序代码示例来介绍返回值安全检查。

```
char maketest()
{
    char *name="/tmp/testfile";
    create(name,0644);
    chown(name,0,0);
    return name;
}
```

这段代码首先定义了一个字符串,然后创建一个 0644 权限的文件 /tmp/testfile,改变文件的所有者和所属组为 root,最后函数返回文件名。

在上面的例子执行前,如图 8.9 所示,在标记①处如果攻击者事先把一个没有执行权限的 /bin/sh 脚本(或者其他的恶意脚本)复制为 /tmp/testfile 文件,并设置 suid 属性,由于执行 create() 函数时 /tmp/testfile 文件已经存在,因此创建是不成功的,但上面的程序并没有对 create() 返回值进行检查。

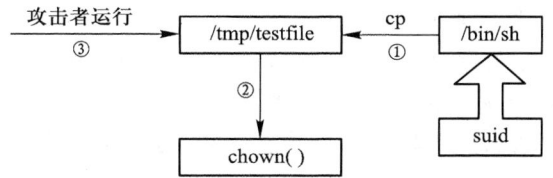

图 8.9 黑客攻击示例

在标记②处程序继续执行 chown()，将/tmp/testfile 的所有者、所属组设为 root，因此该文件的所有者是超级用户 root。由于设置了 suid 属性，因此在标记③处攻击者执行该文件就享有该文件所有者 root 的执行权限。由于该文件对应的是 Shell 脚本，也就是攻击者获得了一个 root 权限的 Shell，在 Shell 中可以任意操作系统资源，后果是难以想象的。

其实攻击者能够实行攻击是有前提的，他基本上能猜测到程序员可能会创建这样的文件，并升级设置该文件的所有者为特权用户。接下来攻击者就等待程序员运行这段有漏洞的程序，伺机获取 root 权限，然后实施一些破坏行为。

通过严格检查函数返回值，例如上面的程序在创建/tmp/testfile 后检查 create() 函数返回值并进行处理，就可以避免发生这样的安全漏洞。

8.2.3 临时文件安全

临时文件的使用也容易导致产生安全问题。由于临时文件名易猜测，且程序在使用临时文件时没有判断其是否已存在，因而经常会被攻击者利用。

图 8.10 是在攻击者知道临时文件名或可猜测到临时文件名的情况下发生的攻击。程序打开一个临时文件，向该文件写入数据。如果攻击者猜到该临时文件名，并事先创建这个临时文件，使这个临时文件作为其他文件的软链接，那么向这个临时文件中写入的数据就写到了其他文件中。

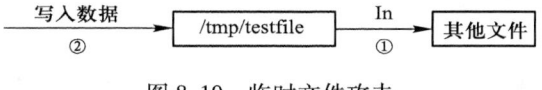

图 8.10 临时文件攻击

这样往往会发生的情况是：一个有特权的程序可以被攻击者执行，或者攻击者期望系统上其他用户执行一个已知临时文件处理问题的非特权程序。

假如攻击者猜测到某个程序会执行打开/tmp/program.temp 文件的操作，会事先将/tmp/program.temp 作为/etc/passwd 的软链接，指向/etc/passwd。

当程序向/tmp/program.temp 写入数据时，其实是写入了/etc/passwd。/etc/passwd 中每一行代表一个用户的信息、用户名、UID 等，如果攻击者巧妙地构造一条 root 用户信息更新到/etc/passwd 中，那么就能取得 root 的使用权限。

那么如何解决使用临时文件产生的安全问题呢？

① 避免在/tmp 目录下建立临时文件。

② 建立的临时文件名最好是随机的或不可猜测的。例如 log 日志文件名通常都是 log+date-time（生成时间），这是难以猜测到的。

③ 在程序向文件中写入数据前检查文件是否存在，最好使用系统提供的接口函数创建临时文件。

其实导致产生临时文件的安全问题，归根到底还是没有养成良好的编程规范。例如，对可能执行失败的函数，一个优秀的程序员一定会检查其执行是否有成功的返回值。

8.2.4 注入漏洞问题

SQL 注入攻击，简称为注入攻击，是非常常见的一种漏洞。例如，在 Web 网页上输入用户名和密码时，如果数据库不够安全，很可能导致信息被攻击者获取。这种漏洞在移动端，如手机、平板电脑等很常见。每个应用程序保存数据时都要保存到自己的数据库中。这样一来，注入攻击可以从数据库中获取敏感信息，或添加、修改用户，从而导致应用产生问题。

注入攻击如何才能执行获取敏感信息等操作呢？由于安全问题，程序没有过滤用户的输入，攻击者向服务器提交恶意的 SQL 查询语句能够将数据库中保存的敏感数据提取出来。或者，应用程序接收后错误地将攻击者的输入作为原始 SQL 查询语句。无论是哪种方式，都改变了程序原本的执行流程，额外地执行了攻击者的 SQL 查询语句。

图 8.11 中的例子针对的是安卓手机。安卓系统使用的数据库是轻量级数据库 SQLite。对比 Mysql 和 Sqlite 的登录过程就可以体会到轻量级数据库的差别。MySQL 在使用时需要先输入用户名和密码，即 mysql -u -p(u 就是 user，p 就是 password)，密码的验证过程很复杂，包括密码存储、密码保护等。SQLite 的登录就没有这个流程。安卓的每个应用程序都有数据库，不像

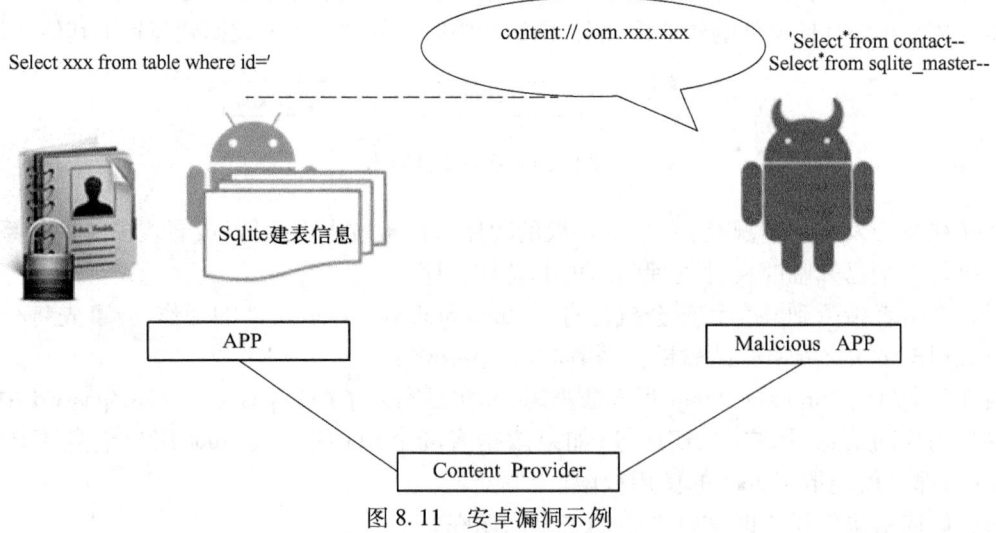

图 8.11 安卓漏洞示例

MySQL 一样直接在系统文件上编写数据库程序。安卓系统通过沙箱机制来区分哪个应用可以访问数据,即每个应用程序安装到系统上后都有一个 UID,只能访问 UID 下的数据。

安卓的 Content Provider 相当于一个接口,可以实现在应用之间共享数据。例如把通信录信息提供给搜狗拼音输入法,搜狗通过 Content Provider 去访问通信录应用程序。所以,Content Provider 就是一个应用查询另一个应用数据的接口。

对于安卓手机里的 SQLite 数据库,假设一个应用程序需要访问另一个应用程序的表,必须申请一个 content 权限,假设 content://com.xxx.xxx 是通信录 App 的 URI,用来标识通信录模块对外提供的数据。其他应用可以通过申请 URI 的访问权限访问对应的数据。这里恶意程序获得通信录数据库的访问权限后,首先传的数据是'select * from sqlite_master--,这条查询语句可以查出所有的建表信息,从而会发现有黑名单表、白名单表。知道了这些信息就可以继续查询,得到一个叫做 contact 的表,然后再加入的参数是'select * from contact--。最后的--是注释符,表示后面都是注释。SQL 注入攻击在这里就是通过一个单引号截断了前面想查询的数据,直接执行后面的恶意查询语句。

8.2.5 竞争条件问题

出现竞争条件问题的原因有以下两点:
① 当两个或更多的操作以一种不确定的状态发生,会导致竞争条件问题。
② 在对文件操作时经常会产生竞争漏洞。
下面通过一个实例来说明,代码如下。

```
int unsafeopen(char *filename)
{
    struct stat st;
    int fd;
    /* obtain the file status information */
    if(stat(filename,&st)!=0)
        return -1;
    /* make sure that the file is owned by root -uid 0 */
    if(st.st_uid!=0)
        return -1;
    fd=open(filename,O_RDWR,0);
    if(fd<0)
        return -1;
    return fd;
}
```

本例首先定义了一个文件的状态 st,一个文件描述符 fd。通过 stat 函数获取文件的状态信息,然后确定该文件是否属于 root 用户,再打开这个文件。

上面的代码主要进行了如下操作:检查文件名是否存在并检查属主是否为 root,打开文件。两个操作分别调用 stat( )和 open( )这两个系统调用函数实现。系统在调用这两个系统调用的过程中会有个时间差,在这个时间差中就可能造成文件和文件属性被改变。

攻击者可以用下面的方法利用这个漏洞:如果在上面的两个操作之间建立一个符号链接,把/tmp/filename 指向一个属于 root 的文件,如/etc/passwd,接下来的 stat( )调用会遵循符号链接,并返回信息给属性为 root 用户的/etc/passwd,这时攻击者去掉符号链接并把它指向一个属主为自己的文件,执行后面的 open 操作后,程序很自然地打开/tmp/filename 来读操作,这个读取的数据本来应该是另一属于 root 进程的文件数据。为了解决这个问题,在打开文件之后,再次调用 fstat( )检查打开的文件和开始的 lstat( )文件的 i 结点号和设备号是否相同。

8.2.6 接口封装漏洞

接口封装漏洞的原理和 SQL 注入攻击基本上一致。就是当接口封装不够严谨时,恶意构造的接口调用将会产生安全问题。接口封装问题容易导致拒绝服务攻击和进程劫持。下面来看一段代码示例。

```
298    ComponentName toTest2 = new ComponentName("com.lookout", "com.lookout.security.ScanTelIntent");
299    i.setComponent(toTest2);   ③
300
301    if (sendIntentByType(i, t)) {   ④
302        return "Sent: " + i;
303    } else {
304        return "Send failed. ";
305    }
306    }
```

首先在标号①处封装一个 package,作为攻击的对象。这里的 package 是 Lookout,Lookout 是一款知名的手机杀毒软件。对于一个应用程序来讲,如标号②处,取其中的一部分 ScanTelIntent,然后再把相应的数据放到标号③对应的代码中。最后再如标号④处,发起一个 sendIntentByType 调用。

正常情况下,应用程序内部可以调用 Intent,调用 Intent 之后会触发一个 activity,Intent 封装了触发 activity 的一系列命令。假设自己写的命令可以直接去调用 Lookout 中的 Intent,将会弹出一个界面,这个界面正常启动后是一个通信录的信息。作为一个独立的应用程序,如果封装得不够好,一调用就会导致应用程序崩溃,Lookout 杀毒软件一点击就会关闭,通过这种方式使这个杀毒软件停止服务,这样就会导致应用程序出现一个严重的问题。对于开发人员来讲,这个 Intent 是不允许调用的。

下面是接口封装的具体代码实现,当调用一个 sendIntentBytype 函数时,不断去调用如 Lookout 这样的应用程序,列出其所有的 activity 并封装到 Intent 中,然后逐步调用。对于杀毒软件来讲,正常情况下是不允许调用的,一旦调用就会崩溃。

```
402  protected boolean sendIntentByType(Intent i, IPCType t) {
403    try {
404      switch (t) {
405        case ACTIVITIES:
406          startActivity(i);
407          return true;
408        case BROADCASTS:
409          sendBroadcast(i);
410          return true;
411        case SERVICES:
412          startService(i); // stopping these might be nice too
413          return true;
414        case PROVIDERS:
415          // uh - providers don't use Intents...what am I doing...
416          Toast.makeText(this,
417            "Proivders don't use Intents, ignore this setting.",
418            Toast.LENGTH_SHORT).show();
419          return false;
420        case INSTRUMENTATIONS:
421          Toast.makeText(
422            this,
423            "Instrumentations aren't Intent based... starting Instrumentation."
424            Toast.LENGTH_SHORT).show();
425          startInstrumentation(i.getComponent(), null, null); // not
426          // intent based you could fuzz these params, if anyone cared.
427          return true;
428      }
429    } catch (Exception e) {
430      return false;
431    }
432    return false;
433  }
```

下面的代码是遍历传入的组件数组,依据传入的每一个组件对象分别启动其对应的 service,这样可以对启动的服务分别进行攻击。

```
fuzzAllServices(List<ComponentName> comps)
{
    …
    for (int i = 0; i < comps.size(); i++)
    {
        Intent in = new Intent();
        in.setComponent(comp.get(i));
        startService(in);
        …
    }
    …
}
```

以上介绍了编程中常见的一些安全问题。在写 Linux 应用程序时一定要非常严谨,清楚哪些数据是开放的,哪些数据是不开放的。对于开发人员,每一种接口只要给别人调用,一定要做仔细分析。这里以安卓为例,其实在 Linux 和一些高级语言如 Java、Python 中也是一样的,需要把每个接口都封装好。

在软件开发中需要注意操作系统本身的安全、开发软件的安全,还有应用软件的架构要尽可能分开。采用客户端—中间件—后端服务多层结构,避免攻击直接接触到后端软件。还有代码的合理性以及安全性测试,在开发过程中需定期使用源码审计工具进行安全测试。程序员需要消除有问题的代码,程序只实现开发人员指定的功能。对用户输入数据要做有效性检查,考虑意外情况并进行处理,不要试图在发现错误之后继续执行,要尽可能使用安全函数进行编程。

8.3 代码安全性检测

代码安全性检测的目的是发现代码的安全缺陷,以及相应的安全漏洞。前面介绍了开发人员在开发过程中会引入一些源代码缺陷,如 SQL 注入、缓冲区溢出、跨站脚本攻击等,同时一些应用程序的编程接口本身也可能存在安全缺陷。这些安全缺陷轻则导致应用程序崩溃,重则导致计算机死机,造成的经济和财产损失是无法估量的。如何发现代码的安全缺陷,以及由安全缺陷导致的安全漏洞问题,就是本节要讨论的主要内容。

安全漏洞是指在软/硬件、协议的具体实现或系统安全策略上存在的缺陷。这种缺陷可以让攻击者在没有被授权的情况下访问系统,对系统进行攻击破坏。比如在 UNIX 系统中,管理员设置匿名 ftp 服务时配置不当可能被攻击者使用,威胁到系统的安全。

一般情况下,安全漏洞不会影响到软件的正常功能,但是一旦入侵者发现了软件中的一个漏洞,就能轻而易举地闯入系统,执行额外的恶意代码,破坏系统的安全。所以,了解问题可能出在哪里,对于修补漏洞是非常重要的。图 8.12 展现了在代码安全性检测方面的一个技术线路图,

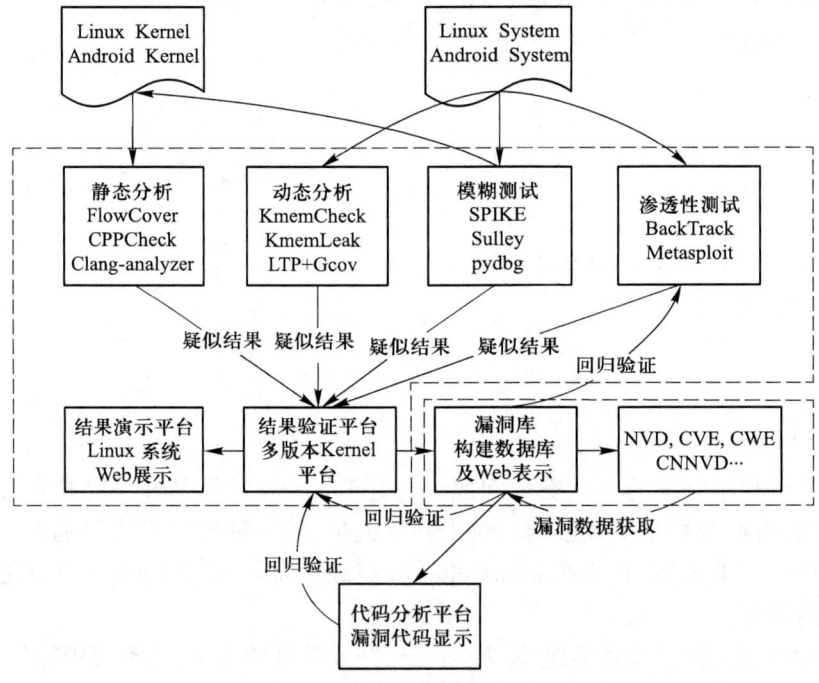

图 8.12 代码安全性检测的技术线路图

即代码安全性检测主要包括静态分析、动态分析、模糊测试以及渗透性测试。这 4 个方面的偏重点不同,静态分析和模糊测试侧重于 Linux Kernel 和 Android Kernel 的代码安全检测;动态分析、模糊测试和渗透性测试侧重于 Linux System 和 Android System 的代码安全检测。当检测到有疑似结果时,则输入结果验证平台,并入漏洞库,构建数据库,进行代码分析、漏洞代码演示,将这些结果进行回归验证,最后进行结果演示。本节主要介绍这 4 个方面中的静态分析和动态分析。

8.3.1 静态分析

静态分析就是在不运行代码的情况下,对代码进行语法分析、词法分析、数据流控制流分析和扫描等技术操作,看这段代码是否符合规范性、安全性、可靠性、可维护性等指标。静态分析可以帮助软件开发人员及质量保证人员查找代码中存在的结构性错误和安全漏洞等问题,从而保证软件的整体质量。

静态分析的特点是高覆盖率、高误报率。据统计,当前成熟的代码静态分析工具每秒可扫描上万行代码。源代码限制就是对于这个系统可能使用多种编程语言,那么所使用的静态分析也不止一种,其基本结构大致类似。

图 8.13 是一个静态代码分析工具的检测流程。首先输入源码(标号①),这个源码包括各种编程语言,如 C/C++、Java 等。然后通过输入的参数(标号②),对输入的源码做代码解析(标号③)。注意开始代码检查(标号⑤)时,需要结合输入风险函数检测模型(标号④),这样就能生成检查结果(标号⑥)。最后根据检查结果生成代码分析报告(标号⑦)。

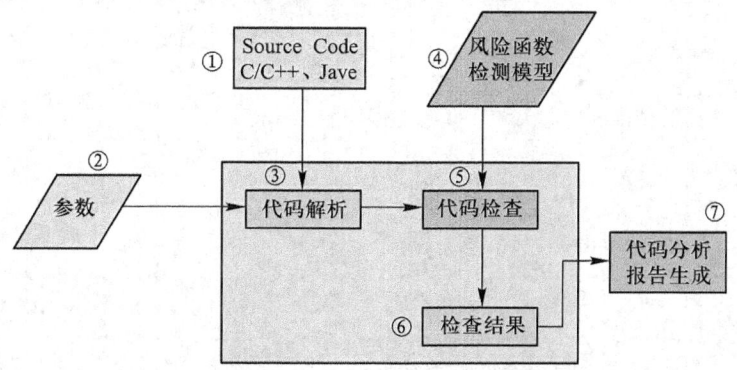

图 8.13 静态代码分析工具的检测流程

以上是所有静态代码分析的通用流程,接下来介绍代码解析技术,也就是标号③这一部分的相关内容。

代码解析技术有两种类型,一种是正则表达式匹配型,另外一种是虚拟编译或直接编译型。正则表达式的静态分析就是从左至右逐个字符读入源程序,对构成源程序的字符流进行扫描,通过使用正则表达式匹配方法将源代码转换为等价的符号(token)流,生成相关符号列表。对于

Android 程序中出现的后门,如固定网络域名、IP 地址、电话号码等,导致的安全隐患都可以通过正则表达式找到。

1. 基于正则表达式匹配型的工具

(1) Flawfinder 和 Flawcover 工具

首先介绍 Flawfinder 和 Flawcover 这两个工具。Flawfinder 是一款用 Python 语言编写的 C/C++ 程序安全审核工具,可以检查潜在的安全风险。Flawcover 是一款基于 Flawfinder 的静态分析工具,它能够覆盖 Flawfinder 所有的风险函数。由于 Flawcover 是基于 Flawfinder 的,它通过搜索检测文件源代码从而得到潜在的安全漏洞,支持检测数据库,以 HTML 格式生成报告。

这两个分析工具有一个风险函数集合,该集合中有 354 个风险函数。例如,memcpy 函数的风险等级为 2,strcat 函数的风险等级为 4。等级越高,说明风险越大。

图 8.14 是 Flawcover 对 Linux Kernel 2.6.39 的分析检测结果,检测结果为 58 226 条,检测时间仅用了约 20 分钟。如果对超过 1 700 行的代码做一个正则表达式的匹配,用 350 个风险函数去匹配,时间也不超过 20 分钟。静态分析最大的一个问题就是检测结果非常多,报出的 memcpy 错误可能就有几千个。那么如何判断这样一个结果是否真正有用,就需要对静态分析的检测结果做进一步处理。所以这也是评估一个静态检测的基本标准。

图 8.14 分析检测结果

表 8.1 是 Flawcover 静态检测工具对 Linux 内核的结果分析,其中仅 memcpy 函数的风险检测结果数量就有 15 076 个,总共会出现 5 万多条检测结果。这就是静态检测结果的一个特点,即高误报率,以至于误报的数量淹没了真实的结果。

8.3 代码安全性检测

表 8.1 Flawcover 对 Linux 内核的检测结果分析

风险函数	数量	风险函数	数量
memcpy	15 076	strlen	3 040
char	13 151	strcpy	2 961
sprintf	7 957	read	1 682
stat	4 060	strncpy	972
snprintf	4 011	crypt	770

那么这个检测结果是否真实有效？可以看 CVE-2010-4650 这个漏洞，CVE 是 "Common Vulnerabilities & Exposures" 的缩写，称为安全漏洞和暴露。CVE 就像是公共漏洞的一个字典表，它对当前人们广泛认同的信息安全漏洞或已暴露出的问题给出一个公共的名称。CVE 后面跟年，再后面是指该漏洞的编号。图 8.15 所示为检测工具检测出的问题。

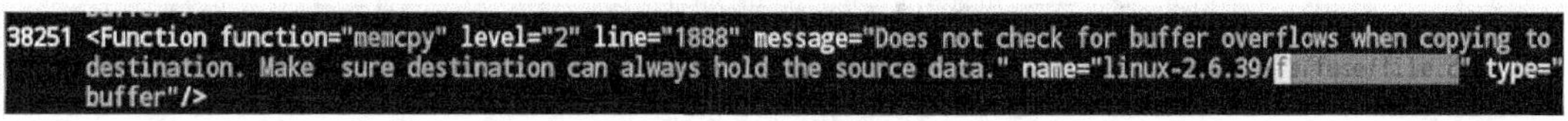

```
38251 <Function function="memcpy" level="2" line="1888" message="Does not check for buffer overflows when copying to
        destination. Make  sure destination can always hold the source data." name="linux-2.6.39/f            " type="
        buffer"/>
```

图 8.15 检测结果

它检测到在 linux-2.6.39/fs/fuse/file.c 源文件的代码行第 1 888 行有 memcpy 函数，该函数存在内存溢出的风险。该文件部分代码如下，可以看到确实在该文件的 1 888 行有一个 memcpy 函数，这个函数就是 CVE 指出的问题所在处。因此静态检测工具的检测结果确实在实际应用中是有效的。

```
if (IS_ERR(req)){
    err=PTR_ERR(req);
    req=NULL;
    goto out;
}
memcpy(req->pages, pages, sizeof(req->pages[0]) * num_pages);
req->num_pages=num_pages;

/* okay, let's send it to the client */
req->in.h.opcode=FUSE_IOCTL;
req->in.h.nodeid=ff->nodeid;
req->in.numargs=1;
req->in.args[0].size=sizeof(inarg);
req->in.args[0].value=&inarg;
if (in_size)
```

```
{
    req->in.numargs++;
    req->in.args[1].size=in_size;
    req->in.argpages=1;

    err=fuse_ioctl_copy_user(pages, in_iov, in_iovs, in_size, false);
}
```

图 8.16 为函数之间的调用关系图。如果某个函数中出现问题,那么后面一系列调用该函数之处都有可能出问题。换个角度来看,如果一个入侵者发现某个函数有问题,那么查看所有调用这个函数的地方就可能会发现应该从哪里的漏洞下手,注入故障,导致这个软件被攻击。

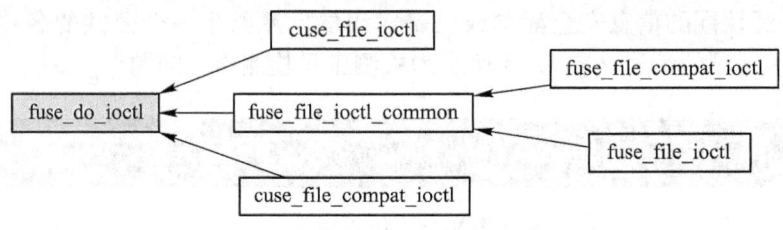

图 8.16 函数调用关系图

(2) Doxygen 工具

Doxygen 是一个程序的文件产生工具,可将程序中的特定批注转换成说明文件。通常在写程序时或多或少都会写上批注,但是对于其他人而言,要直接探索程序里的批注比较麻烦,大部分有用的批注都是针对函数、类型等的说明。所以如果能依据程序本身的结构,将批注经过处理重新整理成为一个纯粹的参考手册,对于后面利用该程序代码的人而言将会减轻很多负担。

对于未归档的源文件,也可以通过配置 Doxygen 来提取代码结构,或者借助自动生成的依赖图、继承图以及协作图来可视化文档之间的关系。

(3) Cppcheck 工具

Cppcheck 是一种 C/C++代码缺陷静态检查工具。和其他 C/C++编译器分析工具不同的是,Cppcheck 只检查编译器查不出来的 bug,不检查语法错误。所以它对源代码执行严格的逻辑检测,比如数组的边界检查、自动变量检查、异常内存使用、释放检查。

下面是该工具的使用方法。

① 显示 testcpp.c 文件。

```
1    #include<stdio.h>
2    #include<stdlib.h>
3
```

```
4    int main()
5    {
6        char *memory=malloc(16);
7        if(NULL==memory)
8        {
9            printf("memory malloc failed!\n");
10       }
11       else
12       {
13           printf("get buf OK~!\n");
14       }
15       return 0;
16   }
```

② 输入 cppcheck testcpp.c。

root@ubuntu:/home/linux# cd ./book_sec8/ch_8_3
root@ubuntu:/home/linux/book_sec8/ch_8_3# cppcheck testcpp.c
Checking testcpp.c...
[testcpp.c:15]: (error) Memory leak: memory

③ 输入 cppcheck --xml-version=2 testcpp.c，使该检测结果以 XML 的方式输出。

```
root@ubuntu:/home/linux/book_sec8/ch_8_3# cppcheck --xml-version=2 testcpp.c
<?xml version="1.0" encoding="UTF-8"?>
<results version="2">
    <cppcheck version="1.52"/>
    <errors>
Checking testcpp.c...
        <error id="memleak" severity="error" msg="Memory leak:memory" verbose="Memory leak:memory">
            <location file="testcpp.c" line="15"/>
        </error>
    </errors>
</results>
root@ubuntu:/home/linux/book_sec8/ch_8_3#
```

这里的 id 为 memleak，severity 表示检测出来错误的性质，比如 error 或 warning 等。消息"Memory leak"表明这个错误属于内存泄露。

上面使用 Cppcheck 工具的两种方式都可以得到一个共同的结果，就是在 testcpp.c 的第 15 行有内存泄露的问题，即申请了内存没有释放。

2. 基于虚拟或直接编译型的工具

下面介绍基于虚拟编译或直接编译型的代码分析技术。

（1）Checkmarx 工具

Checkmarx 静态源代码安全漏洞扫描和管理工具由以色列 Checkmarx 公司研发。其目的是从根源上识别、跟踪和修复源代码技术和逻辑上的安全缺陷。该工具独创以查询技术定位代码安全问题，克服了传统静态分析工具误报率高和漏报的缺陷。

图 8.17 为基于虚拟编译器的 Checkmarx 工作流程。图中的虚拟编译器可以处理任何源代码，并将输入的各种源代码转换成统一的形式，然后进行漏洞扫描。

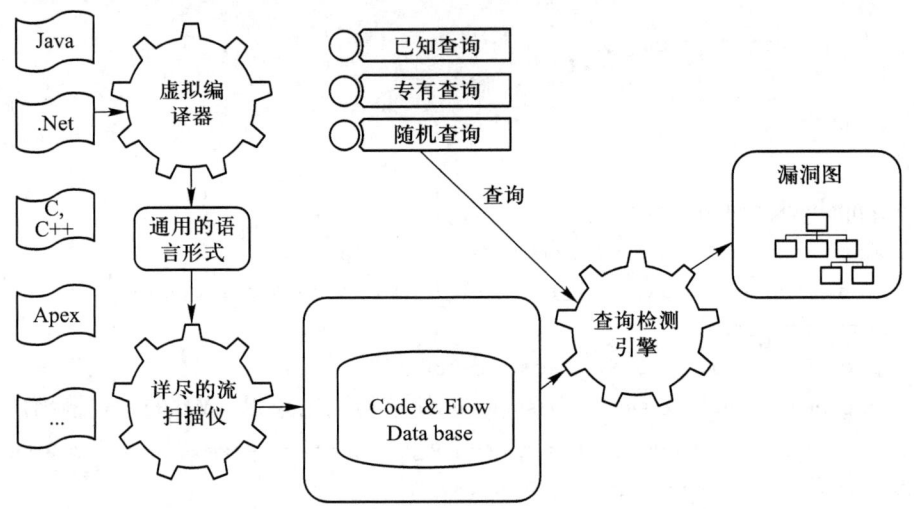

图 8.17　基于虚拟编译器的 Checkmarx 工作流程

首先在前端输入多种语言，如 Java、C、C++语言编写的各种源代码，经过虚拟编译后统一转换为通用的语言形式。这是一种将语言虚拟成为一种包含结构和数据流属性的语言形式，通过详尽的流扫描仪来执行。在一个流程图内扫描所有路径的缺陷，避免其他代码分析仪从中途简化操作。这个扫描一经完成，所有代码和流动特性都被存储在一个数据库中，有三种开放的查询方式：已知查询、随机查询和专有查询，经过查询检测引擎生成的数据流库来检查漏洞。这里其实就是现成的查询再加上为企业标准和业务逻辑的量身定做，确保对整体进行全面的漏洞检查，最终生成漏洞图。

（2）Clang-analyzer 工具

Clang-analyzer 工具是建立在 LLVM/Clang 基础上的。LLVM 是构架编译器（compiler）的框架系统，使用 C++语言编写，主要用于优化任意程序语言所编写的程序的编译时间、链接时间、运行时间以及空闲时间。

Clang 是近几年在苹果公司支持下发展得非常好的 C 家族语言编译器前端。这里的前端是指它可以识别 C/C++/Objective-C 代码，并且把它转化成某种更接近机器指令的形式。Clang-analyzer 是 Clang 的一个重要衍生项目，能够通过自动分析程序的逻辑，在编译时就找出程序潜在的 bug。在 Mac OS X 10.6 中，静态分析被集成进 Xcode 3.2，以帮助用户查找自己犯下的错误。它也可以支持 FreeBSD 系统，而且 Clang 有超越 GCC 的势头。

图 8.18 中上半部分是 Clang-analyzer 针对 Linux Kernel 2.6.39 进行相关静态分析的工具信息，包括要检测的代码路径、工具的版本号等。该图的下半部分是检测结果总结。可以看到检测结果只有 28 条，检测时间比较短（约 1 小时），但是前面的编译时间很长。也就是说做预处理的时间非常长，后面的检测时间相对就比较短了。

linux-2.6.39 - scan-build results

User:	root@safe
Working Directory:	/home/alice/src/linux-2.6.39
Command Line:	make -j16 -o /root/clang-analyzer/
Clang Version:	clang version 3.2 (trunk 165780)
Date:	Wed Oct 17 20:32:07 2012
Version:	checker-269 (2012-09-25 16:33:25)

Bug Summary

Results in this analysis run are based on analyzer build **checker-269**.

Bug Type	Quantity	Display?
All Bugs	28	☑
Dead store		
Dead assignment	22	☑
Dead initialization	1	☑
Logic error		
Dereference of null pointer	1	☑
Division by zero	1	☑
Result of operation is garbage or undefined	2	☑
Uninitialized argument value	1	☑

图 8.18 Clang-analyzer 的工具信息及检测结果总结

图 8.19 是检测结果的详细报告，从报告中可以看到存在风险的文件名以及问题代码对应的行号。

图 8.20 是使用 Clang-analyzer 静态分析工具检测 Linux Kernel 2.6.39 的检测结果。它按照文件分布块给出了检测结果，例如 IPC 模块、文件系统 fs 模块、Block 模块等，这些模块都有相应的检测结果。

Reports

Bug Group	Bug Type ▾	File	Line	Path Length	
Dead store	Dead assignment	fs/ufs/balloc.c	146	1	View Report
Dead store	Dead assignment	fs/nfsd/vfs.c	886	1	View Report
Dead store	Dead assignment	fs/ufs/inode.c	491	1	View Report
Dead store	Dead assignment	fs/ufs/balloc.c	806	1	View Report
Dead store	Dead assignment	fs/udf/balloc.c	198	1	View Report
Dead store	Dead assignment	fs/ufs/balloc.c	805	1	View Report
Dead store	Dead assignment	fs/ufs/balloc.c	511	1	View Report
Dead store	Dead assignment	fs/notify/inotify/inotify_fsnotify.c	109	1	View Report
Dead store	Dead assignment	fs/ufs/ialloc.c	70	1	View Report
Dead store	Dead assignment	fs/udf/balloc.c	195	1	View Report
Dead store	Dead assignment	fs/ufs/ialloc.c	198	1	View Report
Dead store	Dead assignment	fs/udf/unicode.c	461	1	View Report
Dead store	Dead assignment	fs/sysv/inode.c	294	1	View Report
Dead store	Dead assignment	fs/nfsd/vfs.c	885	1	View Report
Dead store	Dead assignment	fs/ufs/inode.c	472	1	View Report
Dead store	Dead assignment	fs/udf/balloc.c	430	1	View Report

图 8.19 检测结果的详细报告

表 8.2 对前面介绍的静态分析工具做了一个简单的总结，从静态工具基于的技术类型不同主要分为两大类，一类是基于正则表达式匹配型，这种技术类型的静态分析工具主要有 Flawcover、Doxygen、Cppcheck；另外一类是基于虚拟编译或直接编译型，对应的工具为 Checkmarx

Linux Module	IPC	Block	fs	init	mm
使用未定义变量	4	3	12	2	2
未定义的分支条件					1
未定义的指针变量			4		1
未定义的返回值					1
函数参数未定义	1		2		3
空指针引用	2	24	17		20
缓冲区溢出		7	3	7	6

图 8.20　Clang-analyzer 针对 Linux Kernel 2.6.39 的检测结果

和 Clang-analyzer。在使用时要根据自己的需求以及实现功能的源代码类型,选择适合自己编写的源程序的静态分析工具。比如某个项目的实现是用 C 语言,而且该项目要求检测源程序中所有可能会有内存泄露的地方,结果的准确率越高越好,那么就要使用 Clang-analyzer 或者 Cppcheck 工具。

表 8.2　静态分析工具总结

静态分析工具	基于的技术类型	检查的源代码类型	特点
Flawcover	正则表达式匹配型	C/C++	检测速率快 误报率高
Doxygen	正则表达式匹配型	C++/C/Java/IDL	生成代码关系依赖图 检测速度慢
Cppcheck	正则表达式匹配型	C/C++	执行严格的逻辑检查 检测速度适中
Checkmarx	虚拟编译型	Java/C/C++/.NET/JSP JavaScript/C#等十多种语言	降低误报率 提高漏报率
Clang-analyzer	直接编译型	C/C++/Obj-C	编译时间长 检测时间短 降低误报率

前面介绍的那些静态分析工具一样可以用于 Android 系统的静态分析。其实对于静态分析技术而言,分析的对象不管怎么变化,只要给出源代码,都是可以使用静态分析技术或者是工具进行检测的,因为给出的源代码是通过编译器或者是虚拟编译器进行编译的,之后就能得到更多的结果,这些信息反馈过来就是检测的结果。

静态分析是代码分析中比较通用的一种方式，但是它也有自己的一些局限性。

① 它是从源码级别上通过静态分析工具解析代码，在查找、匹配方面都会导致高的误报率。比如前面已经看到，使用 Cppcheck 工具对 Linux Kernel 报出了 5 万多个错误，但实际上几乎没有几个是真实的 bug。那么怎么来解决这个问题呢？后面在学习动态分析技术时，会结合动态分析工具来解决这个问题。

② 静态分析不做深入语法分析，基于正则表达式的静态分析技术效果不太好。

③ 类似于 Flawcover 的一些静态工具的检测结果还需要和其他工具结合协作执行，而且需要和真实的漏洞对比分析才行。

④ 一些静态工具发挥的作用并不是特别明显，还处于学术研究阶段，后续还需要花大量的时间和精力来研发。

静态分析是代码阅读、分析、检查的必要环节，就是将头脑中的标准抽象出来，形成一个模型或者工具。静态检测工具有很多种，各自都有擅长点，这就需要在使用静态检测工具时按照自己的需求选择合适的静态检测工具。其实在实际应用中会交叉使用几种静态检测工具。

很多静态工具都有高误报率的特点，所以在实际使用中要采用动静结合的分析方式，即使用动态检测技术对静态检测结果进行确认，这样会很大程度地降低误报率。

8.3.2 动态分析

动态分析通过运行程序代码、监视程序执行过程来分析代码是否有内存泄露、性能、规范等问题。动态分析具有高准确率、低覆盖率、低误报率、源代码限制宽松等特点。其中，高准确率是指如果在动态检测过程中出现的结果和预想的结果不一致，则一定有问题。这点和静态分析是不一样的，静态分析报出的很多结果中，可能只有一个结果和实际运行的预期相反。

低覆盖率就是运行的程序可能是沿着某种特定轨迹运行的，也许不会覆盖到所有的代码，有些代码没有执行。也就是运行时只对运行过程中对应的代码进行检测，而未运行的代码没有被检测。而静态分析是对没有运行的代码全部进行检测，所以应将静态分析和动态分析结合起来，各取一方优势，其检测结果才是比较准确的。

简单来说，动态分析就是运行程序、检测结果，而静态分析就是用静态检测工具对代码进行检测。

动态分析也有一系列工具，如 Kmemcheck、Kmemleak 工具。这两个工具主要用来在程序执行过程中检测是否有内存溢出和内存泄露的问题。

图 8.21 是动态分析工具的检测流程，该流程和静态分析基本一致，只是需要注意动态检测是在运行时被检测。当运行时动态检测工具检测到程序有异常就会产生动态检测结果，最后将动态检测结果以日志的方式或 HTML 等其他方式生成报告，供软件开发人员分析、检查、修正 bug。

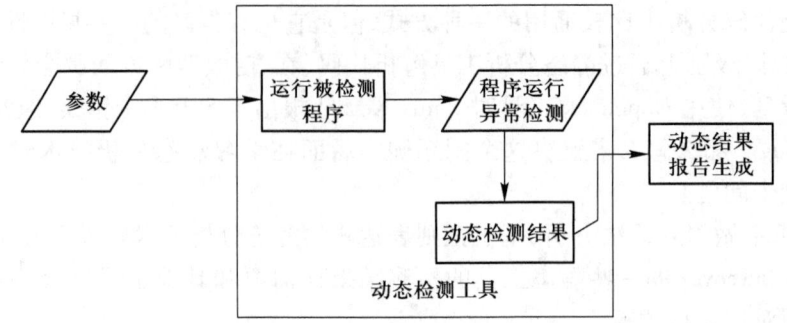

图 8.21　动态分析工具的检测流程

1. Kmemcheck 工具

在 Linux Kernel 中，Kmemcheck 和 Kmemleak 是两个非常重要的内核内存管理工具。Kmemcheck 工作于内核态，用于检测未初始化等内存非法读写访问并发出警告。如果在内核程序中使用了非法内存中的内容可能会导致系统崩溃，使用 Kmemcheck 工具可以有效地避免这类问题。Kmemcheck 功能是在 Linux 2.6.31 版本中加入的，目前该功能只支持 X86 平台。

Kmemcheck 的工作原理是记录跟踪内存中每一位内存状态，并于每次访问时检查其状态是否合法，若判断为非法访问，则给出警告信息。在使用系统中的某一块内容时 Kmemcheck 都会记录跟踪，从而会降低内核的工作速度，所以一般情况下 Kmemcheck 的功能是禁用的，只有在代码分析时才会开启该功能。

每一次动态申请一块内存时，Kmemcheck 都会有一块和申请内存一样大小的内存，称为影子内存，这块影子内存记录前面申请的内存中每个字节的内存状态。在 Kmemcheck 中使用了 4 个宏定义来标识内存的状态，分别对应的内存状态为：未分配的内存、未初始化的内存、已释放的内存及初始化的内存。在这 4 种内存状态中，对前三种状态的内存的访问都是非法的，Kmemcheck 会给出相应的警告。若程序申请了一块内存，Kmemcheck 同时也会对应申请一块影子内存来记录申请到的内存的使用情况。如果内存的标记为 KMEMCHECK_SHADOW_INITIALIZED，则标志该内存处于初始化状态，是可用的。

Kmemcheck 的工作主要包括分配内存、访问内存、释放内存和错误处理 4 个方面。

① 分配内存：对分配到的内存数据页面，Kmemcheck 会为其分配相同数量的影子页面，数据页面通过其 page 结构体中的 shadow 指针和影子页面联系起来。影子页面中的每个字节会标志为未初始化状态。

② 访问内存：主要是对内存的读和写。当对内存读写操作发生时，被 Kmemcheck 跟踪的内存将发生一次缺页中断，调用 do_page_fault( ) 函数，Kmemcheck 在其中置入的钩子函数就会起作用。

③ 释放内存：一般影子页面会随着数据页面的释放而被释放，因此当数据页面被释放之后，如果再去访问该页面，将不会出现 Kmemcheck 报警。

④ 错误处理：Kmemcheck 记录每次警告信息，包括警告类型、引发警告的内存地址及其访问长度、各寄存器的值，同时还将访问地址附近的数据页面和其对应影子页面中的内容保存在记录中。

Kmemcheck 在检测过程中存在以下三种问题：

① 低覆盖率问题，也就是程序在运行时是按照一种特定的轨迹来执行代码的，那么分支代码如何检测？

② 动静结合的情况下，比如静态检测工具检测到的地方，动态检测如何才能覆盖到？

③ 自动化分析问题，即如何动静结合？

对应上面的三种问题，Kmemcheck 检测给出了相应的解决方法。第一个解决方法是全面执行 Kernel 的操作，以提高代码的覆盖率，比如使用一些测试工具集等。第二个解决方法是使用代码执行记录工具，如 Gcov 等，记录内核被执行的代码段。最后就是开发一种自动化工具，自动化处理检测结果，生成报告。

2. Kmemleak 工具

Kmemleak 工具通过类似于垃圾收集器的功能来检测内核是否有内存泄露问题。Kmemleak 与垃圾收集器的不同之处在于，它不会释放孤儿目标（LCTT，即不会再被使用的、应该被释放而没被释放的内存区域），而是将它们输出到 /sys/kernel/debug/kmemleak 文件中。

下面是一段示例代码，从该代码的第 11 行可以看到使用 kmalloc 申请了一块内存，调用完这个函数并没有释放内存，这段代码是存在内存泄露的。

```
1   #include <linux/module.h>
2   #include <linux/kernel.h>
3   #include <linux/init.h>
4   #include <linux/slab.h>
5
6   MODULE_LICENSE("Dual BSD/GPL");
7
8   void myfun(void)
9   {
10      unsigned char *kmallocmem;
11      kmallocmem=(unsigned char *)kmalloc(3000,0);
12      printk("<8> hello world!\n");
13      //kfree(kmallocmem);
14  }
15
16  static int __init hello_init(void)
```

```
17  {
18      myfun();
19      printk("hello init");
20      return 0;
21  }
```

图 8.22 是 Kmemleak 动态检测结果分析。从该结果可以看到，Kmemleak 检测到 myfun 这个函数存在内存泄露的问题。

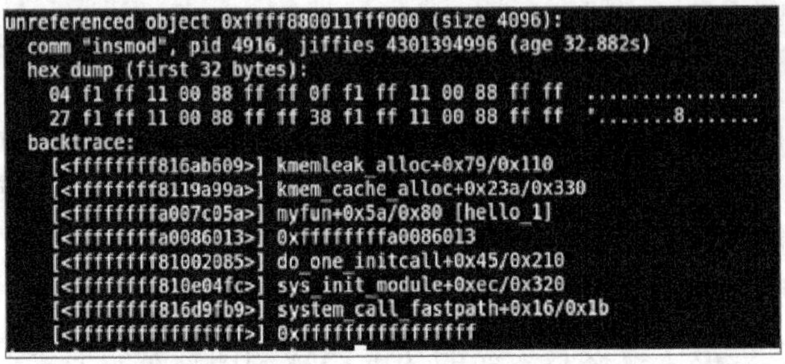

图 8.22　Kmemleak 动态检测结果分析

从图 8.23 可看到，通过读取 /proc/kallsyms 文件来获得 myfun 函数相应符号的地址，可以具体定位到是哪一行出现了问题。

图 8.23　定位出错的程序位置

表 8.3 对本节提到的 Kmemcheck 和 Kmemleak 动态分析工具做了简单的总结。这两个工具的共同点就是它们都运行于内核态，而且都是以补丁包出现在 Kernel 2.6.31 版本中。需要注意的是，Kmemcheck 工具仅适用于 X86 体系结构，而 Kmemleak 不仅适用于 X86，对 PowerPC、ARM 等其他体系结构也是支持的。此外，两个工具的检测方向也不一样，Kmemcheck 用于检测内核中非法内存的读写访问，而 Kmemleak 主要是检测内核中的内存泄露问题。

表 8.3　动态分析工具总结

动态分析工具	工作环境	内核版本号	适用硬件体系结构	功能
Kmemcheck	内核态	kernel 2.6.31	X86	用于检测未初始化等内存非法读写访问并发出警告，Kmemcheck 能够定位大多数内存错误的上下文
KmemLeak	内核态	kernel 2.6.31	X86/ARM/PPC/S390/SPARC64/SUPERH/MICR/OBLAZE	动态检测内核中实际存在的内核泄露问题

动态分析存在的问题是如何全方位激发内核,使它能够引发 bug,以及检测范围是否足够覆盖所有的内核代码。使用动态检测技术是对静态检测结果进行确认,本小节介绍的几种动态分析工具能够和静态检测结果结合起来分析,但是这种动静结合的技术目前还有很大的发展空间和学术研究潜力。另外使用符号执行技术的方向也是发展方向之一,它可以提高动态代码分析的覆盖率。

8.4 用户鉴别与验证

GDM 是 GNOME 桌面环境的登录管理器,PAM 是 Linux 中的用户验证模块,这两部分共同负责用户的登录过程。

8.4.1 Linux 登录器 GDM

GDM 的可配置项包括脚本集成点、守护进程配置、欢迎界面配置、通用会话配置 4 部分,通过配置可以定制自己的登录界面。

1. GDM 脚本集成点

GDM 脚本都放在/etc/gdm 目录中。如果没有安装 GDM 则没有这个目录,使用 apt-get install gdm 可以安装 GDM。GDM 脚本集成点包含如下文件:

① custom.conf 文件:可对登录选项进行配置。
② init 目录:可对登录图形化界面的显示进行初始化。
③ postLogin 目录:在用户成功认证之后可对会话进行初始化。
④ preSession 目录:用于会话管理或审计。
⑤ postSession 目录:用户结束会话时运行。
⑥ xSession 文件:在 preSession 与 postSession 之间运行。

custom.conf 文件可以对用户登录选项进行配置,例如可以配置某个用户无密码登录。init 目录下的脚本是对登录图形化界面的显示进行初始化。postLogin、preSession、postSession、xSeesion 是对用户登录成功的 GDM 会话进行的配置。以上所有脚本都使用 root 权限运行,默认执行目录下的 Default 脚本。

2. 守护进程配置

(1) 自动登录配置

打开/etc/gdm/custom.conf 文件,可以看到[daemon]配置项如下:

```
#AutomaticLoginEnable=true
#AutomaticLogin=user1
```

这两个选项用来配置自动登录。如果希望用户不需要输入账号密码就能登录,可以使用 AutomaticLogin 指定用户名,AutomaticLoginEnable 的值设置为 true。不建议把 root 用户配置为自动登录。配置之后需要重新启动计算机才能生效。

图 8.24 中的 TimedLoginEnable 配置项表示是否允许延时登录,TimedLogin 指定要延时登录的用户,TimedLoginDelay 表示延时的时间。

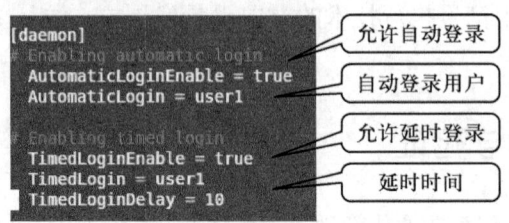

图 8.24　自动登录选项配置

(2) 安全选项配置[security]

DisallowTCP=true 表示禁用 TCP 连接。如果不使用远程连接可以禁用该选项,使系统更安全。

(3) 欢迎程序选项配置[greeter]

IncludeAll=true 表示图形登录器将显示本地所有用户,如果为 false 则显示最近登录过的用户。

Include=user1,user2 总是显示在图形登录器里的用户列表。

(4) 调试选项配置[debug]

Enable=true 会将调试输出到系统日志文件中(/var/log/messages)。

3. 欢迎界面配置

欢迎界面通过 GConf 配置。GConf 可以理解为 Linux 系统上的注册表,它是在基于 GNOME2 的 Linux 操作系统中实现对应用程序的配置及管理功能的工具。GConf 采用一种 Key/Value 的存储机制,每一个 Key 值对应应用程序的某种属性,对应的 Value 则表示该属性的配置信息。GConf 在后台实现了一个用户配置信息的数据库,类似一个文件系统,专门用于存储应用程序的 Key/Value 信息。整个文件系统主要由目录与子目录构成,其中目录对应使用 GConf 系统的应用程序,如 /apps/evolution;子目录是一系列属性配置信息的集合,如 /apps/evolution/mail,/schemas(存储属性的键信息)等。

GConf 主要由三个组件构成:一系列用户属性的配置集合,一个后台程序 gconfd-2,一个命令行工具 gconftool-2。

GNOME 系统有一个可视化的图形工具 gconf-editor 供用户使用,从而实现对 GConf 系统中应用程序的属性直观地查看、编辑和修改。

图 8.25 所示/apps/gnome-terminal/profiles/Default/font 存储的是用户的 gnome-terminal 终端使用的字体信息。

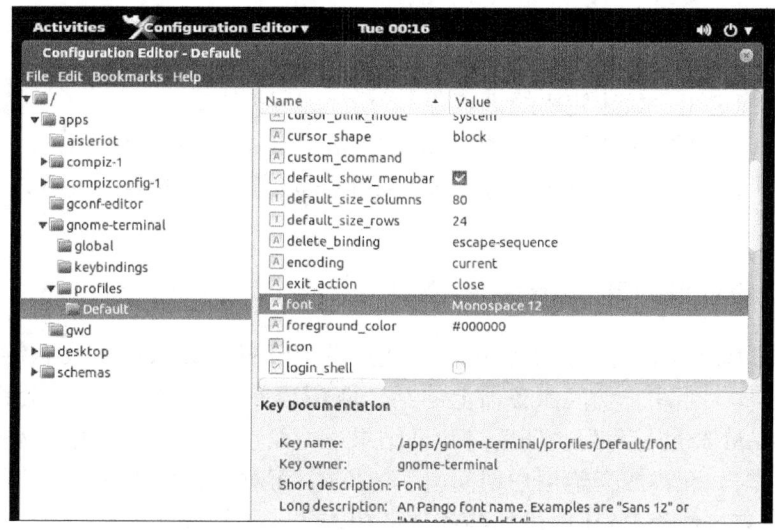

图 8.25　用户终端使用的字体信息

命令行工具 gconftool-2 可以编辑、配置欢迎界面。例如在欢迎界面上设置是否显示重启按钮、显示用户头像以及使用的主题图标等。表 8.4 为欢迎界面的配置项及说明。

表 8.4　欢迎界面的配置项及说明

可配置键值	备注
banner_message_enable	浮动信息文本是否显示
banner_message_text	欢迎窗口显示浮动文本
disable_restart_buttons	登录窗口显示重启按钮
disable_user_list	登录窗口显示用户头像
logo_icon_name	使用的主题图标名
recent-languages	语言列表
recent-layouts	键盘布局的列表
wm_use_compiz	compiz 作为窗口管理器

4. 通用会话配置

通过切换用户回到登录界面上，点击会话的按钮有系统默认会话、Ubuntu 会话、GNOME 会话。会话指的是可以选择使用不同的图形界面来操作整个 Linux 系统，不仅桌面背景改变，而且整个显示、控制、管理、图形软件都会改变。

用户选择的默认会话和语言保存在 ~/.dmrc 文件里，当用户首次登录系统，这个文件由用户初始选择来创建。~/.dmrc 文件是标准的 INI 格式,有桌面选项[Desktop]。

Session 键:指定会话的基本名。

Language 键:指定用户默认使用的语言。

默认情况下,GDM 将桌面项文件安装在/usr/share/xsessions 文件夹。

退出当前用户,用其他用户登录并选择 System Default,则登录的会话就是.dmrc 文件中设定的会话。

8.4.2　Linux 用户验证模块 PAM

PAM 是一种验证机制,它提供了应用程序调用的 API 接口以及一些动态链接库,也就是以.so 为后缀的共享库。当用户访问服务器上的某个应用程序,例如 ftp 时,ftp 会将用户的验证请求发送给 PAM,PAM 经过一系列验证后将验证结果返回给应用程序 ftp,ftp 再根据 PAM 返回结果确定下一步动作,如允许或拒绝用户访问(图 8.26)。而对于应用程序,ftp 并不需要关心底层认证的太多细节,直接使用 PAM 提供的各种认证功能。

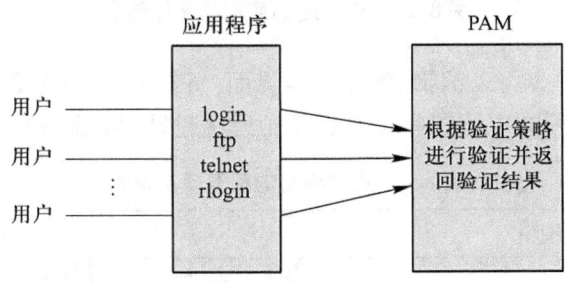

图 8.26　PAM 验证流程

PAM 配置文件指定应用程序应采用什么样的认证方法,管理员可以灵活地改变应用程序的认证机制或添加新的认证手段。

PAM 使本地系统管理员可以随意选择程序的认证方式,不需要重新编译一个包含 PAM 功能的应用程序就可以改变它使用的认证机制。应用程序只需调用应用程序接口 API 即可方便地使用 PAM 提供的各种认证功能,而无需了解太多的底层细节,升级本地认证机制时也不用修改程序。下面从层次结构、工作流程、配置过程和应用程序开发等方面了解 PAM 的验证过程。

1. PAM 的层次结构

图 8.27 为 PAM 的层次结构,最下面一层是 PAM 服务模块,用来实现不同类型的验证;最上一层是应用程序层;中间的应用接口层(PAM API)起着承上启下的作用,是联系应用程序与 PAM 服务模块的纽带,任何应用程序都可以通过 PAM API 调用 PAM 验证功能。例如在 GDM 登录管理器程序中,登录时首先需要验证用户是否合法,登录程序通过 PAM API 调用相应的 PAM 验证模块来实现对用户密码的登录认证。

8.4 用户鉴别与验证

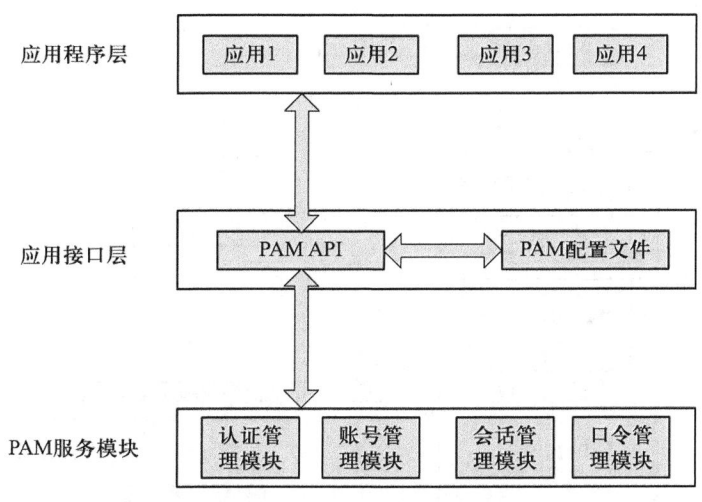

图 8.27 PAM 的层次结构

PAM API 之所以能够调用到相应的 PAM 服务模块,是因为 PAM 核心库(libpam)通过读取 PAM 配置文件,以此为依据将应用程序和相应的认证方法联系起来,这样一来应用程序就知道应该调用哪些 PAM 模块了。PAM 配置文件为不同的应用程序制定不同的认证策略。在 PAM 服务模块中如果增加一个用户自己写的认证模块,只要在 PAM 配置文件里添加这个模块的配置信息,应用程序通过 API 就能够调用这个新增的认证模块。

2. PAM 的工作流程

下面结合图 8.28 介绍 PAM 的工作流程:

① 用户调用某个应用程序以得到某种服务,例如用户登录时使用 GDM 应用程序。
② PAM 应用程序调用后台的 PAM 库进行认证工作。
③ PAM 库到/etc/pam.d/目录查找有关程序配置确定认证机制。
④ PAM 库装载所需的认证服务模块。
⑤ 上述装载的认证服务模块让 PAM 与应用程序中的会话函数进行通信。
⑥ 会话函数向用户要求有关信息。
⑦ 用户对这些要求作出回应,提供所需信息。
⑧ PAM 认证模块通过 PAM 库将认证信息提供给应用程序。
⑨ 认证完成后,应用程序做出两种选择:将所需权限赋予用户并通知用户;若认证失败,也通知用户。

3. PAM 的配置过程

在 PAM 的层次结构中提到了 PAM 配置文件,这里具体介绍 PAM 配置文件如何为应用程序制定验证策略。

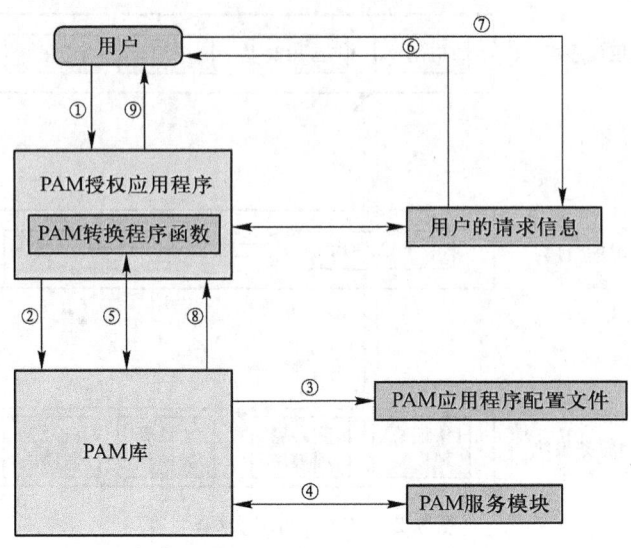

图 8.28 PAM 工作流程

(1) PAM 配置文件的格式

PAM 配置文件有两种格式,第一种格式是老的配置方法,在配置文件/etc/pam.conf 中为各个应用程序配置不同的验证策略。pam.conf 文件中的配置格式如图 8.29 所示。

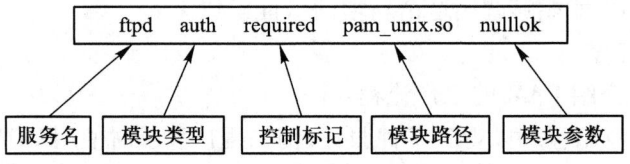

图 8.29 PAM 配置文件格式 1

其中,第一个字段 ftpd 是调用 PAM 验证的服务名(应用程序名);第二个字段 auth 是验证的模块类型,主要有 auth、account、session、password 4 种类型,下面将会详细介绍这几种类型;第三个字段 required 是控制标记;第四个字段 pam_unix.so 是 PAM 验证模块的路径,一般只写库名;第五个字段 nullok 是传递给该模块的参数。

第二种配置格式是在/etc/pam.d/目录下使用与应用程序同名的配置文件。例如 GDM 应用程序对应的 PAM 配置文件是在/etc/pam.d/gdm 文件中,或者 passwd 这个命令脚本修改密码也是调用 PAM 验证,因此 passwd 的 PAM 配置文件对应的是/etc/pam.d/passwd 文件。文件里的内容就是为应用程序制定的一套验证策略,每一行都是一个验证过程。第二种配置文件的格式如图 8.30 所示,4 个字段分别是验证的模块类型、控制标记、模块路径和模块参数。与第一种配置文件格式的区别就是少了服务名,因为在第二种格式中文件名对应的就是服务名。

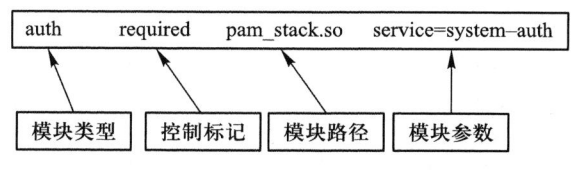

图 8.30　PAM 配置文件格式 2

常用的是第二种配置文件格式,即使第一种格式 pam.conf 文件存在,里面一般也没有什么配置信息。

(2) PAM 配置文件的 4 个配置项

① 模块类型。模块类型可以设置为以下几个值,分别代表不同的任务。

auth:主要用来识别用户身份,对用户的密码进行认证。

account:主要对账号各项属性进行检查,例如账号是否允许登录、是否过期、是否达到用户最大数、是否允许 root 用户在终端登录等。Linux 系统在登录界面基本上不允许有 root 登录用户,可以在 GDM 调用 PAM 验证时通过 account 类型对 root 用户进行限制。如果把限制这一行去掉,就会出现 root 登录用户了。

session:主要提供会话的管理,定义用户登录前及退出后所要进行的操作。

password:主要用来修改用户密码。

② 控制标记。PAM 使用控制标记来处理和判断各个模块的返回值,配置项控制标记可以取以下值。

required:如果返回失败,继续进行同类型的下一个操作,当所有此类型的模块都执行完后才返回失败值。

requisite:与 required 相似,但是如果这个模块返回失败,则立刻向应用程序返回失败,不再进行同类型后面的操作。

sufficient:如果此模块返回成功,则直接向应用程序返回成功,表示此类型成功,不再进行同类型后面的操作。

optional:使用这个标记的模块将不进行成功与否的返回,一般返回一个 PAM_IGNORE (忽略)。

③ 模块路径。模块路径即被调用模块所在的位置,通常情况下只写共享库名,如 pam_unix.so,一般存放在/lib/security(32 位)或/lib64/security(64 位)。但不同的系统存放位置稍有不同,比如 Ubuntu14.04 存放在/lib/x86_64-linux-gnu/security 或/lib/i386-linux-gnu/security,可以在/lib 目录下通过 find 命令进行查找。

同一个模块可以出现在不同的类型中。每个模块针对不同的模块类型编制了不同的执行函数。

④ 模块参数。第四个字段是传递给模块的参数,参数之间通过空格隔开。

PAM 配置文件的示例如下：
```
#判断当前用户是否为可登录用户
auth requisite pam_nologin.so
#判断当前用户是否属于无密码登录
auth sufficient pam_succeed_if.so user ingroup nopasswdlogin
#根据用户名和密码信息到/etc/passwd 和/etc/shadow 文件中验证
@include common-auth
@include common-account
session [success = ok ignore = ignore module_unknown = ignore default = bad] pam_selinux.so close
```
上述示例是 PAM 提供的已有的一些验证模块。同一模块可以有不同的验证类型，因为每个模块针对不同类型编制了不同的执行函数。

在/etc/pam.d/gdm 中有以下验证流程：

`auth requisite pam_nologin.so`

该验证过程用于判断当前用户是否为可登录用户。如果.so 模块验证用户失败，则立即返回值，告诉登录管理器该用户是不可登录的，无需再做下面的密码检查。这里使用 requisite 比较合适，requisite 意味着"一旦验证失败则立即返回，不再继续后面内容的验证"。

`auth sufficient pam_succeed_if.so user ingroup nopasswdlogin`

该验证过程用于判断当前用户是否属于无密码登录。如果 pam_succeed_if 模块验证成功，则立即返回值，告诉登录管理器 gdm 用户是可以无密码登录的，无需做下面的任何检查。因此使用 sufficient 比较合适，因为 sufficient 意味着"一旦验证成功则立即返回，不再继续后面内容的验证"。

`@include common-auth` 表示调用/etc/pam.d/common-auth 文件来验证。

通过 session 类型设置用户对系统资源的使用限制，以及设置用户的环境变量的示例如下：
```
#设置该用户对系统资源的使用限制
session required pam_limits.so
@include common-session
session [success = ok ignore = ignore module_unknown = ignore default = bad] pam_selinux.so open
session optional pam_gnome_keyring.so auto_start
#设置用户的环境变量
session required pam_env.so readenv=1
session required pam_env.so readenv=1 user_readenv=1 envfile=/etc/default/locale
@include common-password
```
表 8.5 列出了 PAM 已有的模块名和模块类型。

表 8.5　PAM 模块

模块名	模块类型
pam_unix.so	auth/account/password
pam_cracklib.so	password
pam_loginuid.so	session
pam_securetty.so	auth
pam_rootok.so	auth
pam_console.so	session
pam_permit.so	auth/account/password/session
pam_env.so	auth
pam_xauth.so	session

4. 基于 PAM 验证的应用程序开发

基于 PAM 验证的应用程序开发过程如下:首先编写 C 源码应用程序,然后编译生成可执行文件,编辑 PAM 配置文件,为应用程序制定验证策略,可能还要修改可执行程序的权限,因为在验证过程中可能需要 root 权限。最后运行程序,运行过程中能够对 PAM 验证进行调用。

(1) 编写基于 PAM 的 C 源码程序

编写基于 PAM 的 C 源码程序,需要了解以下 PAM 相关代码。

头文件:pam_appl.h、pam_misc.h、pam_modules.h。

pam_conv 结构用于与 PAM 通信:

```
static struct pam_conv conv
{
    misc_conv,
    NULL
};
```

PAM 接口 API:

```
pam_start:              //PAM 模块初始化
pam_authenticate:       //PAM 的 auth 类型验证接口
pam_acct_mgmt:          //PAM 的 account 类型验证接口
pam_end:                //PAM 模块完毕
```

在应用程序中需要引用一些 PAM 头文件,之后定义一个 pam_conv 结构体,该结构体是 PAM 与用户进行会话的结构体。

由于应用程序需要调用 PAM 验证,因此需要用到一系列 PAM API。其中,pam_start()开启

PAM 验证模块的初始化;pam_end()与 pam_start()成对出现,表示结束 PAM 验证。任何一个支持 PAM 验证的应用程序在进行认证时必须以 pam_start()开始进行初始化,以 pam_end()结束以便进行清理工作。pam_authenticate()为 auth 类型的验证,检查用户名及密码,进行认证。pam_acct_mgmt()为 account 类型的验证,检查账户本身是否有权限登录系统、是否过期等。

这里大部分接口都不必去编写,只有一个可能需要编写,就是 pam_authenticate()。在 PAM 验证模块中只要实现这个接口,然后编译成 .so 文件,再通过配置文件将 pam_authenticate 接口关联到 .so 即可。当应用程序调用 pam_authenticate 接口时,就能调用到用户自己编写的 .so 的 PAM 模块。

(2) 编译 PAM 程序

编译的命令如下:

```
cc -o pamtest pamtest.c -lpam -lpam_misc -ldl
```

调用 PAM 验证的应用程序编写好之后,就可以编译应用程序生成 pamtest 可执行文件。连接到共享库的 -l 选项是连接到 pam、pam_misc、dl 共享库。

(3) 编辑 PAM 配置文件

接着是编辑 PAM 配置文件,为应用程序 pamtest 制定验证策略,这里采用了第二种配置文件格式,以 root 身份执行 vi /etc/pam.d/pamtest,在/etc/pam.d/pamtest 中添加以下内容:

```
auth     required    /lib/security/pam_unix.so
account  required    /lib/security/pam_unix.so
```

第一行是 auth 验证类型即密码验证,验证模块是 pam_unix,无论验证是否成功都继续执行后面第二行的验证流程。

第二行是 account 验证类型,检查账号是否有登录权限等,验证模块仍然是 pam_unix。

(4) 修改可执行程序权限

由于 pam_unix.so 需要访问/etc/shadow 和/etc/passwd 文件,需要对程序附上 SUID 权限,因此需要修改可执行程序的权限。命令如下:

```
chown root.root pamtest
chmod 111 pamtest
```

可执行程序或许采用已有的登录管理器 GDM 或 lightDM,这些可执行程序权限已经满足要求。但如果是用户自己编写了登录管理器,那么需要修改可执行程序的权限,确保 pam_unix 能够访问/etc/shadow 和/etc/passwd 文件,也就是通过 chown 和 chmod 命令修改可执行程序的权限。

(5) 运行程序

运行可执行程序,pamtest 程序通过 pam_unix.so 先对用户的密码进行验证,然后对用户的账号信息进行验证。命令如下:

```
./pamtest username
```

(6) GDM 的无密码登录

通过已有的 GDM 练习实现 GDM 的无密码登录。这里 GDM 理解为应用程序,验证模块也是调用已有的验证模块,需要做的工作是对 PAM 配置文件的制定。

无密码登录的配置可以采用多种方式,前面介绍过 custom.conf 文件配置,这里给出在 GDM 中实现用户的无密码登录。

在/etc/pam.d/gdm 文件中添加"auth sufficient pam_succeed_if.so user ingroup nopasswdlogin",意思是当用户登录时,pam_succeed_if.so 模块对用户进行验证。如果用户在 nopasswdlogin 用户组中,则验证成功,并立即告诉 GDM 该用户不需要密码就可以登录,也就是说 nopasswdlogin 用户组的所有用户都可以无密码登录。

需要注意的是,配置信息的插入位置很重要,必须确保该行的插入位置在包含"pam_unix.so"的第一个位置前,因为 pam_unix 模块主要完成对用户密码、账号的检查,如果将"auth sufficient pam_succeed_if.so user ingroup nopasswdlogin"插入最后一行,很可能出现的情况是:当所有的密码验证、账号检查完后才会执行最后一行免密码登录,这样免密码登录的设定并没有真正起到作用。

在编写基于 PAM 验证的应用程序时,当不清楚配置文件中各个配置条目之间的逻辑关系时,可以将新增的 PAM 验证配置到最前面。当然,如果能够清楚新增的 PAM 验证与已有的 PAM 验证的逻辑关系,插入确切的位置更好。

下面的操作步骤是把一个用户设置成不需要输入密码即可登录。选择一个用户,比如 test,要确保 test 用户设置为需要输入密码才能登录系统。

① 编辑/etc/pam.d/gdm,添加验证策略"auth sufficient pam_succeed_if.so user ingroup nopasswdlogin"。如果该文件中已经存在可以跳过该步。

② 确认 nopasswdlogin 用户组存在。输入 cat /etc/group | grep nopasswdlogin。

③ 将无密码登录用户添加到 nopasswdlogin 用户组。输入 gpasswd -a test nopasswdlogin,当然也可以通过图形化将免密码登录的用户添加到 nopasswdlogin 组。

④ 切换到登录界面,在登录界面上登录第③步中的用户。

⑤ 现象:不需要输入密码即可登录。

这里修改配置文件制定验证策略后,并没有重新编译 gdm 程序就可以实现免密码登录,这也是 PAM 的一个特点,即验证机制和应用程序相互独立,只要运行应用程序 PAM 就会读取验证机制。

下面是 GDM 允许 root 用户登录的例子。

① 在/etc/pam.d/gdm 和/etc/pam.d/gdm-passwd 文件中查找是否存在以下配置:

auth   required   pam_succeed_if.so user != root quiet

如果有需要注释掉。

② 编辑/etc/pam.d/gdm-password,添加

```
auth sufficient pam_succeed_if.so uid eq 0 quiet
```
③ 切换到登录界面,登录界面上出现 root 用户,如图 8.31 所示。

图 8.31　GDM 允许 root 用户登录

代码"auth sufficient pam_succeed_if.so uid eq 0 quiet"中,后面的参数是 uid eq 0 quiet,root 用户的 UID 等于 0,如果登录用户 UID 等于 0,则允许该用户登录。出于安全考虑,通常情况下操作系统都限制 root 图形方式登录,本例是练习指定用户可以图形化登录。允许 root 用户图形化登录有很多方法,不同的系统的实现方法也不一样。

【本章小结】

软件的安全性非常重要。不仅黑客可利用软件中的安全问题进行攻击,造成产品的不安全、不可靠,甚至为企业带来经济或名誉损失;同时由于软件自身的不安全,在运行中也会出现不可控、不稳定、不可靠的情况。本章首先介绍了安全编程的意义,希望读者能认识到安全编程的重要性,从而在开发过程中尽量避免不安全的代码。接着从缓冲区溢出、返回值安全检查、临时文件安全、注入漏洞问题、竞争条件问题和接口封装漏洞等方面举例介绍在编程中容易出现问题的场景。随之从静态分析和动态分析两个方面来介绍如何检测代码中的漏洞。最后介绍了在 Linux 下使用的用户鉴别与验证技术。

【研讨与思考】

研讨主题:代码安全性检测方法研究。

题目说明:搜集网络扫描工具的相关资料,对代码安全性检测方法研究进行深入了解与分析,要求如下:

(1) 调研代码安全性检测方法中的静态分析和动态分析的原理。

(2) 在常见的静态分析或动态分析工具中任选一个进行研究和使用(参考:可以在 Flawcover、Cppcheck、Kmemcheck、Kmemleak 中选择一个)。

调研关键词:静态分析工具、动态分析工具

【练习与实践】

1. 分析以下程序是否会有缓冲区溢出问题。此程序是否可能输出"hello"？

```
#include <stdio.h>
#include <string.h>
void hello()
{
    printf("hello\n");
}

int fun(char *str)
{
    char buf[10];
    strcpy(buf, str);
    printf("%s\n", buf);
    return 0;
}

int main(int argc, char **argv)
{
    int i=0;
    char *str;
    str=argv[1];
    fun(str);
    return 0;
}
```

2. 简述函数调用过程中堆栈的入栈顺序。
3. 简述缓冲区溢出漏洞攻击的本质。
4. 简述 SQL 注入漏洞原理。

   $sql = "SELECT * FROM users WHERE username = '%$search%' and password=md5('')";
   如果输入'or 1 = 1#,是否有问题？请问它等价于什么？

5. 编写独立的 PAM 钩挂模块,实现对 login 的用户验证过程(pam_sm_authenticate)的钩挂,在钩挂函数中读取用户输入的用户名和密码。要求将模块编译为动态链接库文件,并在配置文件中声明该动态链接库。

6. 编写安全模块,实现对具体用户密码格式的限定。要求对户密码进行限定,密码强度不得少于 8 个字符、数字和字母混搭、字母中必须包含大小写。

参考文献

[1] STEVENS W R. UNIX 环境高级编程[M]. 3 版. 戚正伟,张亚英,尤晋元,译. 北京:人民邮电出版社,2014.

[2] BOVET D P, CESATI M. 深入理解 Linux 内核[M]. 3 版. 陈莉君,张琼声,张宏伟,译. 北京:中国电力出版社,2007.

[3] 俞甲子,石凡,潘爱民. 程序员的自我修养[M]. 北京:电子工业出版社,2009.

[4] 宋宝华. Linux 设备驱动开发详解[M]. 2 版. 北京:人民邮电出版社,2010.

[5] NADI S,HOLT R. The Linux kernel:a case study of build system variability[J]. Journal of Software:Evolution and Process,2014,26(8).

[6] TANENBAUM A S. Lessons learned from 30 years of MINIX[J]. Communications of the Acm,2016,59(3):70-78.

[7] HEISER G, ELPHINSTONE K. L4 Microkernels:the lessons from 20 Years of research and deployment. ACM Transactions on Computer Systems(TOCS),2016,34(1):1-29.

[8] 曾进群,杨建梅,陈泉. 开源软件社区知识创造沟通网络演变研究[J]. 复杂系统与复杂性科学,2014,11(02):62-71.

[9] 申华,刘龙,张云翠. 嵌入式 Linux 系统软硬件开发及应用[M]. 北京:北京航空航天大学出版社,2013.

[10] 胥峰,杨俊俊. Linux 运维最佳实践[M]. 北京:机械工业出版社,2016.

[11] 王晓明,李海庆,杨士纪. TCP/IP 实践教程[M]. 北京:清华大学出版社,2016.

[12] 郑钢. 操作系统真象还原[M]. 北京:人民邮电出版社,2016.

郑重声明

高等教育出版社依法对本书享有专有出版权。任何未经许可的复制、销售行为均违反《中华人民共和国著作权法》，其行为人将承担相应的民事责任和行政责任；构成犯罪的，将被依法追究刑事责任。为了维护市场秩序，保护读者的合法权益，避免读者误用盗版书造成不良后果，我社将配合行政执法部门和司法机关对违法犯罪的单位和个人进行严厉打击。社会各界人士如发现上述侵权行为，希望及时举报，我社将奖励举报有功人员。

反盗版举报电话　　（010）58581999　58582371
反盗版举报邮箱　　dd@hep.com.cn
通信地址　　北京市西城区德外大街4号　高等教育出版社法律事务部
邮政编码　　100120

防伪查询说明

用户购书后刮开封底防伪涂层，使用手机微信等软件扫描二维码，会跳转至防伪查询网页，获得所购图书详细信息。

防伪客服电话　　（010）58582300